護航復元

護航復元

思覺失調的療癒

周德慧、盧德臨、趙雨龍、盧慧芬
編著

香港城市大學出版社
City University of Hong Kong Press

我患有思覺失調。但請別稱呼我為「思覺失調人士」。
患有思覺失調不是我唯一的身份，
我是一個人，一個與思覺失調抗爭的人。

阿毅

謹將本書獻給所有與阿毅一起跟思覺失調抗爭的人。

本書部分圖片承蒙下列機構及人士慨允轉載，謹此致謝。

champlifezy@gmail.com（圖9.2，頁161）；Farknot_Architect（圖4.4，頁64）；horkins（圖9.1，頁156）；luchschen（圖2.4，頁16）；Martin Barraud（圖2.2，頁10）；monkeybusinessimages（圖3.1，頁34；圖3.2，頁38）；rattodisabina（圖12.1，頁221）；Rawpixel Ltd（圖10.3，頁185）；Rawpixel（圖5.1，頁79）；SARINYAPINNGAM（圖2.1，頁9）Sasiistock（圖4.2，頁51）；Tomwang112（圖5.2，頁85）；

本社已盡最大努力，確認圖片之作者或版權持有人，並作出轉載申請。唯部分圖片年份久遠，未能確認或聯絡作者或原出版社。如作者或版權持有人發現書中之圖片版權為其擁有，懇請與本社聯絡，本社當立即補辦申請手續。

國際統一書號：978-962-937-371-9

出版

　　香港城市大學出版社
　　香港九龍達之路
　　香港城市大學
　　網址：www.cityu.edu.hk/upress
　　電郵：upress@cityu.edu.hk

Voyage of Recovery: Healing of Psychosis
(in traditional Chinese characters)

ISBN: 978-962-937-371-9

First published 2019
Second printing 2020
Third printing 2023

Published by

　　City University of Hong Kong Press
　　Tat Chee Avenue
　　Kowloon, Hong Kong
　　Website: www.cityu.edu.hk/upress
　　E-mail: upress@cityu.edu.hk

Printed in Hong Kong

目錄

序一（孫天倫教授）   xv
序二（陳麗雲教授）   xvii
序三（蔡奉俊副教授）   xviii
編者序   xx
作者介紹   xxiv

基礎篇

第1章　概述   03
盧德臨　精神科專科醫生、葵涌醫院前行政總監

第2章　診斷與治療   07
盧韞妍　精神科專科醫生
盧慧芬　精神科專科醫生

診斷思覺失調   07
藥物治療   15
非藥物治療   19
精神復康訓練及支援   24

第3章　社會家庭因素   31
趙雨龍　香港城市大學社會及行為學系副教授

早期精神病患及家庭的研究   31
病者與家庭關係   36
社會標籤與文化期望   37
其他社會因素的影響   39
家屬也需要復元嗎？   40

第4章　心理成因的理論　　　　45

周德慧　香港樹仁大學輔導及心理學系副教授
王正琪　亞斯理衞理小學學生輔導員

精神分析與心理分析理論　　　　46

認知行為治療理論　　　　59

人本主義理論　　　　64

家庭治療理論　　　　67

結語　　　　70

第5章　復元路上　　　　77

陳展浩　精神科專科醫生
盧慧芬　精神科專科醫生

何謂康復？　　　　77

康復路上的挫折　　　　79

康復路上的夥伴　　　　82

對未來的展望　　　　85

治療篇

第6章　藥物治療　　　　93

楊慧琪　精神科專科醫生
盧慧芬　精神科專科醫生

抗思覺失調藥物　　　　93

抗思覺失調藥物的副作用及處理方法　　　　95

服用藥物的注意事項　　　　95

第7章　認知行為治療　　99
林孟儀　資深臨床心理學家

思覺失調症的來源：認知行為的五大成因模式　100

思覺失調症的類別　102

認知行為治療的宗旨　103

治療的步驟　106

個案分享　115

結語　118

第8章　家庭治療　　121
莊佩芬　臺東大學教育系副教授

一般系統理論　123

家庭治療與思覺失調　125

後現代家庭治療與思覺失調　131

芬蘭開放性對話分享　137

一個提醒家庭分享愛的疾病　139

個案分享　140

後記　144

第9章　藝術治療　　151
黃曉紅　臨床心理學家

序幕：現象　151

什麼是藝術治療？　155

如何進行藝術治療？　155

藝術如何醫心？　156

個案分享　164

第10章　聽聲小組　　　　　　　　　　　　　　　　173
　　陳健權　香港善導會龍澄坊督導主任
　　社會主流論述下的幻覺　　　　　　　　　　　174
　　聽聲運動　　　　　　　　　　　　　　　　　176
　　聽聲小組　　　　　　　　　　　　　　　　　182
　　走向由參與者帶領的互助小組　　　　　　　　191
　　結語　　　　　　　　　　　　　　　　　　　193

敍事篇及個案分享
第11章　病患的故事：我的復元之路　　　　　　　199
　　饒文傑　東華三院樂情軒精神健康教育及
　　　　　　推廣服務中心主任
　　温偉強　精神健康綜合社區中心社工
　　個案分享：思覺失調康復者的經歷　　　　　　200
　　如何促進自身的復元？　　　　　　　　　　　205

第12章　家屬的故事：精分劇場　　　　　　　　　207
　　周德慧　香港樹仁大學輔導及心理學系副教授
　　黃兆星　香港樹仁大學輔導及心理學系碩士研究生
　　家屬工作的發展及重要性　　　　　　　　　　207
　　敍事實踐在家屬工作中的應用　　　　　　　　210
　　家屬小組——精分劇場　　　　　　　　　　　211
　　小組的八節課　　　　　　　　　　　　　　　213
　　結語　　　　　　　　　　　　　　　　　　　229

第13章　朋輩支援專家的經歷　　237

饒文傑　　東華三院樂情軒精神健康教育及
　　　　　推廣服務中心主任

陳綺君　　東華三院樂康軒精神健康綜合社區
　　　　　中心外展社工

朋輩支援專家的起源　　237

外國經驗及成效　　238

朋輩支援在香港實行現況　　238

個案分享　　240

朋輩支援專家之重要性　　246

朋輩支援專家的感受　　248

機構培訓及支援　　249

第14章　個案經理的經歷　　253

朱漢威　　香港註冊職業治療師、美國認可認知治療師

梁志海　　香港註冊護士(精神科)、黃大仙區
　　　　　「個案復康支援計劃」高級個案經理

鄭偉莉　　黃大仙區「個案復康支援計劃」個案經理

張健英　　黃大仙區「個案復康支援計劃」助理個案經理

「社區精神科服務」的起源與轉變　　253

服務理論根基　　253

個案分享　　254

回饋、前瞻與遠景　　263

復元實用資源錦囊

第15章 醫院與社區資源   269

    程志剛   香港心理衞生會助理總幹事

    余翠琴   葵涌醫院資深護師（精神科）

    醫院管理局的資源   269

    社區資源問與答   276

    社區精神康復服務資源   278

    結語   296

鳴謝   297

序一

這不是一本普通有關思覺失調的書，這是一本有關思覺失調的整全手冊。單是從撰稿者的專業種類——精神科醫護人士、心理學家、社會工作者、精神病康復工作者、心理治療師、職業治療師等——已能一窺此書涵蓋面之廣泛性。

此書另一特點是融合了知識及實踐。譬如說，書中不僅從學術研究的方向探討思覺失調群譜，帶領讀者從生理、心理及環境層面去理解思覺失調，更通過介紹實例去闡釋各種療法的利弊。書本的編排從介紹對思覺失調的經典理論（如佛洛伊德、榮格、克萊恩、羅杰士），到實證為本的療法（如認知行為療法），到敘事藝術治療、聽聲小組，都展示了深闊的涵蓋面，令讀者對思覺失調的診斷、治療方法及過程、預後、康復歷程和維護得到具體的了解。

雖然各作者均有引用來自歐美的研究，然而本書的本土氣息非常濃烈，因為大家並不是從象牙塔向外望，而是把自己置身在當事人及其家屬的世界，共同悟出可行的療法。因此，書中經常看到作者們對集體主義的參考，並論及家庭支援對當事人的影響。

能夠打開心扉細讀本書的人，必定有以下的感受：一、思覺失調並不可怕，有如其他長期疾病般，它亦有其獨特的過程，只要能夠明白其中的起伏轉折，當事人在適切的支援下也能夠擁有豐盛的人生；二、雖然腦物質失衡已被指是思覺失調成因之一，但單憑藥物的治療只能帶來部分的緩解，而更徹底的治療則必須來自跨領域的合作；三、思覺失調的跨領域研究正在持續進行，我們不斷在研究—實踐的循環中發掘更多的可能性，時至今日，思覺失調的醫治已漸漸邁入能為當事人量身訂造的境界。

仔細地體會一下，其實我們身邊不乏處身於思覺失調群譜的人士，與其隔岸觀火，為何不去細讀本書，讓自己停止邊緣化這個社會群組，並且理解一下自己能為他們做些什麼？

孫天倫教授
香港樹仁大學學術副校長
香港樹仁大學輔導及心理學學系教授

序二

　　《護航復元——思覺失調的療癒》是第一本融合了多個專業角度分析，包括精神科醫生、醫護人員、心理治療師和社會工作者，以及涵蓋了復元人士和家屬照顧者的故事、以第一身敍述的書本。因此，我很榮幸去為本書撰寫序言，因為思覺失調並不單單是身體上的毛病，它對復元人士的身、心、靈、家人及社會都造成一定程度的衝擊。

　　與思覺失調同行其實並不可怕，因為我們已發展出不同的治療方案去幫助思覺失調復元人士，思覺失調的藥物治療與心理治療在學術上及臨床上已取得一定的成效。不過單靠藥物治療及心理治療，也不是一條全然的良方。與思覺失調同行不但聚焦在臨床醫學和不同的康復指標上，復元人士的故事對復元來說也是非常重要的。他們內在的特質和優點可以是他們復元路上的燃料推進器，而社會的明白和接納，以及家人的諒解、支持和愛，猶如復元人士的補給品，成為他們在復元路上的有力後盾。

　　本書所展示的復元可視為一個身心靈結合的生命旅程，希望大家閱讀的時候能用心去了解和體會，化身成為另類的同行者，為旅程中的復元人士和家屬吶喊打氣。

陳麗雲教授
太平紳士
香港大學思源基金（健康及社會工作學）教授
香港大學社會工作及社會行政學學系主管及教授

序三

　　非常高興可以向照顧者和精神健康業界推薦這本《護航復元——思覺失調的療癒》參考書。

　　嚴重精神病可以由能力喪失程度及其持續性長短來定義；思覺失調屬於嚴重精神病。被診斷患有思覺失調的人，容易脫離現實，並會出現幻覺及妄想的狀況，全球百分之三的人受着思覺失調的影響。思覺失調通常會在青少期後期或20歲後首次發病，它被公認為最為棘手的精神疾病類別。根據世界衞生組織統計，思覺失調影響全球超過2,100萬人口；但我相信受思覺失調所影響的人數應該更多，因為每一位思覺失調復元人士都與他身邊的人緊密連結，例如他們的家人、朋友，或是工作上的夥伴等。在香港和新加坡所處的亞洲文化中，這種人與人之間的連帶關係尤其重要。在香港和新加坡，大多數被診斷患有嚴重精神病的人都是與他們的家人同住。隨着近十年來反對院舍化的轉變，我們現在工作的重點是支持復元人士提高生活質素，回歸和融入社會。

　　不過，以病情和嚴重程度來說，照顧患有嚴重精神病的親人是極具挑戰性的。在艱辛的照顧過程中，照顧者需要嘗試明白親人所感知的世界、他們的想法及表達的感受。不但如此，照顧者亦需要在自我關顧的基礎上找出有效的方式去幫助家人，照顧他們的精神健康和身體健康。

　　因此，裝備與精神疾病相關的知識對照顧者而言十分必要。這本包含了思覺失調的診斷和治療的中文書，可以為照顧者和助人行業的服務人員提供有價值的參考。本書由精神科醫生、大學教授、心理學家、社會工作者和護士共同撰稿，宏觀概述思覺失調和幫助照顧者獲得有關思覺失調的必備知識。在新加坡心理衞生學院，我們一直都十分重視照顧者的心理教育和支

持，目前，主要是透過書刊、培訓、工作坊、個案工作、照顧者支援小組和社區支援的轉介方式來提供這方面的知識。

當照顧者對精神疾病有了充分的了解後，他們在與有思覺失調診斷的親人相處時會更加自信。而從精神護理專業和同行照顧者的支持中燃點的希望也會為他們充權，幫助他們面對因照顧壓力而產生的疲備和無助。

我相信這本信息全面的書會成為幫助你更好地照顧家人的實用指南。

蔡奉俊副教授

新加坡心理衛生學院院長

（原序言為英文，現由編者翻譯為中文。）

序三

編者序

受苦能突顯堅強的靈魂，
最明顯的特徵就是那傷口痊癒的疤痕。

哈利勒・紀伯倫

Out of suffering have emerged the strongest souls;
the most massive characters are seared with scars.

Kahlil Gibran

　　2016年初至2017年末，我在香港東九龍精神科中心由家屬組成的敍事實踐小組中，直接或間接地觸過近百位家屬，有機會聆聽他們分享怎樣對抗思覺失調和支持家人復元的經驗。那段時間，我的鼻子總是酸酸的、心裏總有股熱流在湧動，真的被家屬所分享的生命故事、他們對家人不離不棄的愛，以及對復元希望的堅持所打動。復元之路雖然充滿艱辛，但所有的努力和付出都不是徒然的。意義治療的創辦人維克多・弗蘭克 (Viktor Emil Frankl) 曾說，生命若有意義，那苦難就一定有其特殊的涵義（If there is a meaning in life at all, then there must be a meaning in suffering）。對於每個家庭而言，雖然所遭遇的痛苦和挑戰都不盡相同，但家屬們表示他們在這個過程中增加了對思覺失調、家人及自己的認識，同時亦加強了和家人的關係，因而感覺到自己變得更加堅強、寬容和溫和，並學習到如何去愛和經歷愛。這都是生命在苦難中所結出的美好果子。

　　當一個人被診斷患有思覺失調，絕對不表示他「黐線」。思覺失調如同「不速之客」，不請自來，不但帶給個人痛苦，對家人而言，更是一種不能

言喻的傷痛。有些家庭會想方設法送走這位「不速之客」；有的家庭則積極學習見招拆招，嘗試與這位「不速之客」鬥智鬥勇；亦有家庭會選擇與他立定界線，和平共處。然而值得警醒的是，我們需要處理和針對的是「不速之客」(思覺失調)，而不是處理和針對我們愛的家人。他們深受其害，極需要我們的支持，而不是一次一次的責備。

在小組中，一位家屬媽媽詢問，除了讓女兒準時吃藥，她還能做什麼。有家屬朋友建議可以帶她去見社工或臨床心理學家，找專業人士開導她心中的鬱結；又有組員建議，可以多做運動，找一份壓力不大的工作，或是申請中途宿舍，學習獨立自主和規律性的生活作息，又或者發展她的興趣和愛好，找到自己生命的強項。那位家屬媽媽聽到之後，恍然大悟，原來我們還可以去做和嘗試很多方法。

的確，復元是多面向的。問題雖大，但解決辦法總比問題多。我當時就萌生了一個念頭，如果能夠集結精神科醫生、社康護士、臨床心理學家、精神健康社工、心理治療師、復元人士、家屬和朋輩支援專家一起撰寫一本關於思覺失調療癒的書，從多角度分享經驗和心得，這是一件多麼美好的事。非常感恩的是，這不單單是我一個人的想法，從事精神健康工作多年的葵涌醫院前行政總監盧德臨醫生、精神科專科醫生盧慧芬醫生和香港城市大學趙雨龍博士也有同樣心願，我就這樣和幾位志同道合的同伴開始了籌備這本書的編寫工作。

罹患思覺失調不是個人的事情，復元也不是個人的事情。我們衷心感謝本書所提及的每一位復元人士和他們的家庭，感謝你們願意向公眾分享自己的生命故事和見證。同時，我們衷心感謝每一位來自不同業界的作者，不僅要感謝你們在撰寫本書時整理有關思覺失調的知識、工作經驗和體會時所付出的辛勞，更感謝你們一直在自己的專業上，踏實地與每一位受思覺失調影響的人相伴同行，並肩作戰。當然，不只感謝你們，還要感謝千千萬萬像你們一樣，倡導全方面復元理念，為復元之路保駕護航的精神科醫生、護士、

社工、心理治療師、職業治療師，以及倡導精神健康的媒體工作者、社福界和政府工作人員，感謝你們每一位在不同領域上支持精神復康，一起燃點復元的曙光。

近年來，媒體上常常見到鄭仲仁先生積極倡導精神健康復元的身影。在籌備這本書的過程中，我曾有機會與他傾談，其中關於「聲音」的論述，給我留下深刻的印象。他告訴我，不少被診斷患有思覺失調的人會有「聽聲經驗」，而所聽到的聲音不應該只是精神科醫生用來「斷症」的憑據。「聲音」有正面的、有負面的；有描述性、評論性或指示性的。鄭先生鼓勵聽聲者在接納和開放的環境下分享聽聲的經歷，因為透過分享，就可以整理關於聽聲的經歷，提高應對的能力，並通過整理這個經歷了解和整合自我。對於聽聲者的復元，我們的看法也改變了，除了處理聲音的困擾外，我們更加關注的是社會角色的恢復，生活質量的提高和人生意義的實現。

無論是編者或作者，我們真心希望我們所寫的都是真實的經歷，可以代表我們在工作中所獲得的體驗、感動、啟迪和使命。

本書的基礎篇會從現代醫學、心理學和社會學角度去理解思覺失調的成因和療癒。實踐篇會介紹藥物治療、認知行為治療、家庭治療、藝術治療和聽聲小組。同時，我們也鼓勵讀者主動發掘本書以外其他適用於思覺失調療癒的方法。每個人都有講故事的權利和自由。個案分享及敍事篇裏收錄了許多真實的生命故事和聲音，分別來自復元人士、家屬、朋輩支援專家及個案經理。最後復元資源錦囊整理了醫院管理局和社區資源的精神康復的服務和資源。我們深知每一位讀者都是帶着自己的經歷、需要和疑問來讀這本書的。期待你們的理解和共鳴，更歡迎你們的意見和指正。

這不是一本理論教科書，本書的目的並不是要教化讀者，而是想從多角度激發讀者思考。本書命名為《護航復元——思覺失調的療癒》，是因為我們相信，每一位與思覺失調抗爭的人，都是生命的勇士。他們不是被動地聽從精神科醫生的安排，在整個復元之路上，他們是自己生命之舟的最佳

舵手，為自己復元的航線立定持守前進的方向。無論是精神科醫生、臨床心理學家、社工或是個案經理，他們所做的工作都是為了復元護航。如果你曾被診斷患有思覺失調，我們衷心祝願你能朝着復元的方向乘風破浪、揚帆直航！請相信，在這個過程中，你不是孤單的，家人和專業人士會為你保駕護航。如果你是在精神健康領域工作的專業人士或自願者，我們欣賞你每一次的付出和每一份關愛，並祝願你的服務可以給人們的生命帶來改變！同時，我們也祝願每一位讀者——這個社會的一分子，可以一起攜手反對社會污名、反對抹黑有精神科診斷的人士和排斥他們的言論，創造一個更接納和關懷的社群，並從「我」做起！

不單跨專業的合作服務、社會的接納與關懷，現代科學、醫學日新月異的發展也會為復元前景創造新的可能性。本書截稿時，我正在意大利佛羅倫斯參加2018年4月6日至4月8日舉行的第六屆思覺失調國際研究協會研討會。研討會的主題是「綜合型預防和治療：改變我們思考的模式」。上千名來自世界各國的學者聚首一堂，探討思覺失調療癒的新方向。來自澳洲的思覺失調研究所的神經生物學家Prof. Cynthia Shannon Weickert突破以往思覺失調的腦神經方面的研究，進一步指出人體免疫系統對形成思覺失調的影響。她大膽認為思覺失調的成因和治療要從腦神經和免疫系統兩面進行。來自以色列理工學院的Prof. Asya Roll也指出人腦可以直接影響免疫系統。通過安慰劑效應的研究，她發現人的正向情緒和正向思維可以直接影響人體的生理系統。英國倫敦經濟和政治研究科學的David McDaid則從健康、就業、教育和居住各方面舉例說明復元所帶來的經濟和政治影響。世界在變，人的思維也在變，讓我們帶着復元的夢想擁抱一個更美好的將來！

周德慧
2019年7月

作者介紹

(按姓氏筆畫順序排列)

王正琪：亞斯理衛理小學學生輔導員，畢業於香港樹仁大學輔導心理學系。對於如何改善及提升香港大眾對個人情緒及思想的認識感到興趣，因此設計了一套遊戲卡加深親子之間對情緒的認識，從而改善關係。鑒於香港大眾對精神病有污名化的趨勢，希望透過本書加深大眾對思覺失調的了解，對患有思覺失調的人的經歷多一份接納和理解。

朱漢威：香港註冊職業治療師及美國認可認知治療師及動機式訪談法導師網絡會員。先後完成行政管理高級文憑、流行病學與生物統計學學士後文憑及職業復康理學碩士。自2009年於醫院管理局職業治療師中央協調委員會擔任「復元實踐培訓小組」之召集人。2013至2018年間為黃大仙區「個案復康支援計劃」之高級個案經理。

余翠琴：葵涌醫院資深護師（精神科），持有護理學學士學位，現於個案復康支援計劃(黃大仙區）擔任「高級個案經理」，從事精神科社康工作超過十年，現正研習「家庭治療」，致力於社康工作中為照顧者（家人）提供更有效的社區支援。

林孟儀：資深臨床心理學家，現任香港樹仁大學輔導及心理學系助理教授，並擔任其輔導心理學碩士課程之副總監。除了教學工作外，主要培育下一代輔導心理學家。她的教育及專業訓練源起於美國，在來香港之前，曾於美國和新加坡的各大心理機構及中心服務，其中包括曾與香港青山醫院合作交流的新加坡心理衛生學院(Institute of Mental Health)任職全職資深臨床心理學家。

周德慧：現任香港樹仁大學輔導及心理學系副教授，熱衷於敍事實踐的個案和團體工作。在聆聽一個又一個復元人士和家屬的故事時，常常被他們的愛心、不懈的堅持和平凡中的智慧所深深打動。相信每個人都有講故事的權利，也有改寫自己生命故事的自由。

陳健權：註冊社工，香港善導會龍澄坊（精神健康綜合社區中心）督導主任，完成香港浸會大學及澳洲Dulwich Centre合辦的一年制敍事實踐學位證書，曾先後於澳洲及本地接受Voices Vic及Ron Coleman的聽聲取向培訓。

陳展浩：香港精神科專科醫生，主要負責成人精神科的住院及門診的臨床工作，多年來盡心照料病人，並致力推動精神科復康服務。

陳綺君：東華三院樂康軒精神健康綜合社區中心外展社工，負責個案跟進及朋輩支援項目。於2017年成為美國認證禪繞教師，善於運用禪繞藝術以提升復元人士的身心靈健康。

梁志海：香港註冊護士（精神科），於2002年畢業於醫院管理局葵涌醫院護士學校，先後於香港大學完成護理學（榮譽）理學士及於香港中文大學取得精神健康理學碩士學位。2007年由病房轉職至社康護理服務，現於黃大仙區「個案復康支援計劃」擔任高級個案經理一職。

莊佩芬：臺東大學教育系副教授，美國德州大學奧斯汀分校精神科護理碩士，美國德州女子大學家庭治療博士，持有台灣護理師與助產士執照，心理治療資歷逾20年。擅長於大自然對話與療癒、婚姻/伴侶、家族與生態系統治療。近年將家族系統和薩滿藥輪作整合，在台灣及歐洲帶領團體療癒與治療師訓練課程。

張健英：黃大仙區「個案復康支援計劃」助理個案經理。先後於香港理工大學完成應用心理學學士及於香港城市大學完成社會工作碩士學位。2012年入職醫院管理局精神科，並接受病人服務助理（助理個案經理/社康精神科）訓練課程。

黃兆星：香港樹仁大學輔導及心理學學系碩士研究生。取得心理學學士學位後，先後於教育界及學術界工作。熱衷於正向心理學及推行青少年正向心理發展。

程志剛：香港心理衛生會助理總幹事，並於不同機構擔任公職及義務顧問，包括監護委員會委員、精神健康覆核審裁處委員、牌照上訴委員會委員、香港公開大學心理學與精神健康課程朋輩諮詢小組成員、香港精神康復者聯盟顧問等。從事精神康復服務三十多年，特別關注香港精神康復服務政策及發展和復元人士之權益。

温偉強：東華三院樂康軒精神健康綜合社區中心社工，主力推行優勢為本個案輔導及朋輩支援項目。持有香港理工大學社會工作（精神健康）文學碩士，第29屆社會工作學生聯會會長。

黃曉紅：臨床心理學家、作家、藝術治療師、香港中文大學社工系持續專業教育客席講師、心靈藝術治療學會會長、香港心理輔導專業學院總監、澳洲創造性藝術治療協會專業會員、委員及亞洲區代表、亞洲第一位獲得美國國家學院(TLC)認證的心理創傷治療專家及培訓師。經常應邀為各大學、政府、醫院、商業機構、中小學及幼稚園主講座談會，並教授心理學課程。2013及2016年邀得全球二十多個國家的藝術治療專家來到中國內地及香港舉辦國際論壇，並將所有收益撥捐心靈藝術治療學會，幫助內地、香港及其他國家地區有需要人士。

楊慧琪：精神科醫生專科。主要服務範圍為成人精神科，除了住院及門診服務外，亦參與社區精神科服務，協助病人於社區復元。

鄭偉莉：2013年於葵涌醫院黃大仙區「個案復康支援計劃」任職個案經理。畢業於精神健康學院護士課程。完成Multi-professional Case

Management Program for Case Managers(Personalized Care Program for People with Serve Mental Illness)。

趙雨龍：首批香港非政府機構精神健康社工。有感於早期精神健康服務的匱乏，遂前往英國受訓，成為首位完成精神健康博士學位的港人。他先後參與策劃首間非政府機構以「會所模式」運作的服務中心，以及地區性青少年精神健康服務。20年來一直與家屬同行，參與創立「家連家精神健康教育課程」，並將其推廣至亞洲其他城市。他先後任教於理工學院(香港理工大學前身)、香港浸會大學及新加坡國立大學。現任香港城市大學社會及行為科學系副教授。

盧德臨：精神科專科醫生、香港葵涌醫院前行政總監及九龍西醫院聯網服務總監(精神健康)。近年致力發展精神科社區支持服務，並推動葵涌醫院重建計劃。同時擔任香港心理衛生會執行委員會主席及香港大學防止自殺研究中心副總監。近期學術研究包括新一代精神科藥物調研、精神健康復元及思覺失調早期介入服務等。

盧慧芬：精神科專科醫生，葵涌醫院顧問醫生，主要服務於成人精神科，積極參與精神科服務的發展和完善工作。

盧韞妍：精神科專科醫生，現職公立醫院副顧問醫生，主要負責成人精神科專科門診及住院服務。希望透過本書提高精神病患者、照顧者及社會各界人士對精神健康的認識，從而協助精神病康復者走過復原之路。

饒文傑：東華三院樂情軒精神健康教育及推廣服務中心主任，資深精神科外展社工。除負責個案工作外，主力負責朋輩支援及社區教育等項目，持有香港大學社會科學碩士(行為健康)，曾榮獲優秀社工(新秀社工獎)。另擔任網上電台主持、話劇監製、微電影編導。著有《隨意門・重生》及《落入凡間的守護星》兩部以精神健康為題材的小說。

基礎篇

沒有思覺失調人士，是人患有思覺失調症。

Elyn Saks
患有思覺失調的律師

多角度看待思覺失調是本書的一大特色。我們期待讀者從現代醫學、心理學和社會學角度去理解思覺失調的成因和療癒，在認識精神科醫生講解關於思覺失調的診斷、其常見的藥物和非藥物治療等基礎知識的同時，又可以拓闊視野，思考精神分析、認知行為、人本主義、系統家庭等不同心理學派對思覺失調心理成因的解釋。這些知識可幫助我們看到思覺失調所產生的生理、心理和社會因素。罹患思覺失調的起因不單單是個人性的，更是家庭性的和社會性的。同樣地，精神健康領域倡導的「復元」也不只是個人層面，而是延伸至家庭和社會層面的。套用後現代敘事實踐的信念，受思覺失調影響的人並不是問題，問題才是問題。套用Satire家庭治療的信念，罹患思覺失調不是問題，如何拆解才是問題。

第1章 概述

盧德臨
精神科專科醫生
葵涌醫院前行政總監

　　「思覺失調」雖然是香港一個比較新興的詞彙，但是與之相關的精神病患歷史卻是源遠流長。早在四千多年前的埃及，已經有關於精神病患的記載。歷史上亦有很多名人，包括文藝復興時期藝術家米高安哲羅、現代物理學之父牛頓、音樂之父貝多芬、印象派繪畫大師梵高、諾貝爾數學獎得主納殊……等等，都被認為或確診為思覺失調患者。19世紀初，德國精神病學家克雷丕林（Emil Kraepelin, 1855–1926）收集了大量精神病病人的臨床數據，分析後發現患者出現幻覺妄想，興奮躁動，有的情感淡漠，行為退縮，但到後期大都趨向痴呆，故提出「早發性痴呆（dementia praecox）」這疾病名稱。及後20世紀，瑞士精神病學家布魯勒（Eugen Bleuler, 1857–1938）以精神動力學角度分析有關病理現象，認為其本質是因病態思維引致人格分裂。他於1911年首次提出精神分裂症（schizophrenia）為疾病名稱，特性4A症狀包括思維聯想障礙（loosening of association），情感淡漠（apathy），矛盾意向（ambivalence），內向性（autism）等。思覺失調指向一系列個人心理能力、邏輯思維、情感反應、現實識別及人際交流能力受損的症狀。當中可能包括精神分裂症、躁鬱病、器質性及物質（藥物）所引起的精神障礙，

甚或是一些未病先兆，回應身心壓力而產生的思想及感知覺失調等一系列症候。

由於世界各國對精神病患者存在社會歧視與偏見，導致患者與家庭被標籤。就診率和治療率低下，讓不少患者發展成慢性精神疾患。近年來國際上的學者提倡改變精神病尤其是精神分裂症的術語及名稱，如日本學者提出的「心緒失調」和香港大學學者提出的「思覺失調」就是兩例，希望能減少社會對患者的標籤，從而進一步縮短「未治期」，改善患者疾病方面的臨床參數，逐步消減慢性症候。由於精神病患不像一般的身體疾病般可以用儀器量度，因此現代精神醫學建立了一種有系統的問診方法，以幫助醫護人員了解病人的情況，確診治療。除了作出確診判斷外，醫護人員亦需要了解思覺失調患者的社會家庭因素及心理因素，以制訂個人化的治療方案，幫助患者踏上復元路。

思覺失調的治療在過往一千多年一直演化。千百來年前，人們以為思覺失調是由惡魔引起的，因此通常都是使用巫術來治療精神病患。在最近一百多年，即使人們明白到精神病是腦部的病變，但基於腦部研究的困難，治療還是一籌莫展。直到1940年代，史上第一種治療思覺失調的藥物意外面世，從此改革了現代精神醫學，亦為精神病患者帶來第一度希望之光。直到今天，已經有數十種不同的抗思覺失調藥物可供使用，讓我們有更大的彈性利用不同藥物的特點去幫助病人。除了使用藥物外，在過去的二三十年間，林林總總的心理治療亦有所發展，讓我們可以從身心靈多方面去照顧康復者的不同需要。

除了照顧思覺失調的康復者外，支援他們的家屬亦是治療過程中的重要一環。畢竟，家人的照顧和關懷對於精神病康復者十分重要，偏偏這些重擔亦令康復者的家屬承受不少壓力。因此我們探討了以敘事治療的手法幫助思覺失調患者的家屬重塑他們自己生命的故事，藉以整合人生、整理情緒，幫助他們繼續陪伴患者走過康復的道路。

另外，近年醫院管理局、社會福利署和其他社區組織亦發展了不少支援
思覺失調患者的服務，如個案復康支援計劃、朋輩支援工作員等。期望通過
精神健康服務的不斷發展，對於思覺失調康復者的支援可以更加完善及個人
化，讓他們及其家人都可以發揮所長，在不同的崗位上活出自己的一片天。

第2章 診斷與治療

盧鑼妍
精神科專科醫生

盧慧芬
精神科專科醫生

　　精神醫學是現代醫學的其中一門專科，是以臨床知識和經驗為基礎，以精神病為主要治療對象的應用科學。精神科醫生要接受基礎醫學的教育及訓練，然後再接受精神醫學的專科培訓，才能成為精神科專科醫生。本章主要從精神科醫生的角度，分三個部分講解如何診斷思覺失調、思覺失調的藥物治療和非藥物治療。第一節「診斷思覺失調」會說明如何從問診會談、精神狀況評估、臨床身體檢查及其他檢驗去為案主作臨床診斷。第二節「藥物治療」則會解釋各類用於治療思覺失調藥物的藥理和作用。第三節「非藥物治療」則會探討心理治療、精神復康訓練及社區支援等非藥物治療的方法。

診斷思覺失調

　　雖然醫學研究已證實精神病（包括思覺失調）為腦部功能的病理存在，但到目前為止，大部分精神病的診斷仍是主要依靠臨床判斷，而身體檢查主要是為了排除一些可能導致類似精神問題的身體病變。在診斷病人時，精神科醫生會用問診會談的方式了解案主的情況及病歷，同時進行精神狀態評

估、臨床身體檢查及其他有需要的檢驗，以了解病情，並依據精神病患分類的規範作臨床診斷。

問診會談

　　精神科醫生會利用會談的方式了解案主的病情、主要問題、背景及心理狀態，以達到診斷的目的。問診會談的目的在於收集充足的資料，以作正確的精神醫學診斷。會談的方式主要可分為「主動詢問」及「自然談話」兩種。「主動詢問」是醫生按照所需資料主動提出問題，要求案主按照問題回答。這種會談有助醫生有系統地收集所需的資料，避免有遺漏，亦比較節省時間。不過案主可能只會簡單地回覆，使醫生未能得到詳細資料以作全盤性及有深度的了解。「自然談話」是讓案主因他所需而隨便談他想談的話題，從而讓案主在談話間透露自己內心的思想感覺。這種會談方式能收集較詳細資料，但所需時間較長。因此，醫生會就案主的個別情況選擇採用不同的會談方式，或在會談時按情況交替使用。

　　首先，醫生會詢問案主的病歷。病歷的內容包括案主身份、主要問題、現在病史、過去史及家族史。醫生亦會在案主同意下會見其家人、朋友或同事，以取得更全面的資料。

　　「案主身份」包括姓名、年齡、性別、職業、婚姻狀況、籍貫等，這些資料有助了解案主的身份和背景。「主要問題」是指病人來求診的原因，包括發生問題的時間。「現在病史」是指病情發生的經過及其前因後果：包括病人在什麼情況下發病？有沒有誘因？是急性或慢性發病？初期症狀如何？病情有否隨時間改變？有否好轉或惡化？曾否接受治療？等等。「過去史」是指案主自出生至病發前這段時間內，與目前病況有關的各種資料，包括：案主出生及成長的地方、在學期間表現及學業成績、就業情況、婚姻狀況、人際關係、病發前的性格、酒精及藥物使用習慣，以及其他疾病史，例如案主有沒有其他長期病患，如癲癇、腦中風或需要長期服用藥物等。「家

圖2.1 精神科醫生會利用會談的方式了解案主的病情

族史」包括家庭結構，例如家庭成員之年齡、性別、就業情況、家庭氣氛和家庭成員之間的關係，以及家族成員的病史，例如是否有家族成員患過精神病、有酗酒或濫用藥物的問題，以及是否有自殺或其他行為問題等。

精神狀況評估

在問診的同時，醫生會為案主作精神狀況評估。精神狀況評估是指醫生有系統地觀察及描述案主的精神狀態。醫生一開始接觸案主，就會開始觀察他，包括儀表、穿着、待人的態度、注意力、動作反應等。此外，醫生亦會觀察案主所表現的情感，例如憂鬱、焦慮、興奮、其他情緒反應等。最後，醫生還會留意案主的行為有否異樣，例如有沒有奇怪的動作。

在與案主談話期間，醫生會就其言語去判斷其智能程度、思考內容、思考方式及有沒有思考障礙。至於有些精神活動，例如幻覺、妄想、強迫意念及病識感，就要經過特別的詢問才能加以判斷。

圖2.2 思覺失調患者可能會出現幻覺

思覺失調患者常見的症狀有知覺障礙（disorder of perception）和思考障礙（thought disorder）。知覺障礙可分為：

- 錯覺（illusion）
- 幻覺（hallucination）
- 失真感（derealization）
- 自我感喪失（depersonalization）

「錯覺」是指感覺器官受到外界刺激（如看到影子），但腦部錯誤判斷從感覺器官傳來的訊息，以致產生不正確的結論，例如在晚上誤把窗外搖晃的樹影看成有人躲在那裏。思覺失調病人最常見的知覺障礙是「幻覺」。「幻覺」是指沒有外界刺激而中樞神經卻感受到刺激之存在，可分為聽幻覺、視幻覺、觸幻覺和嗅幻覺。「失真感」是指案主覺得四周環境不是真實的，如在夢境。「自我感喪失」是指案主覺得自己不是自己，是另一個人，連自己的情感也感覺不到，自己的身體也好像不屬於自己的。

護航復元：思覺失調的療癒

「思考障礙」可根據思考之方式、過程和內容等方面去討論。思考障礙可分為四種：

- 自覺思考障礙
- 思考方式障礙
- 思考進行障礙
- 思考內容障礙

「自覺思考障礙」的例子有「思維插入」（thought insertion），即奇異的思想從外界走進案主自己的腦袋裏；「思維廣播」（thought broadcast），即案主覺得自己腦袋裏所想的事情，都被廣播出去而馬上被人知道。「思考方式障礙」的例子有「聯想鬆馳」（loosening of association），即是在案主的思考過程中，由一個想法到另一想法之間並沒有可理解的連接，甚至毫無連貫，結果所說出來的話令旁人難以理解；另一例子是「新語症」（neologism），指案主自己編造一些只有自己了解，而別人莫名奇妙的新名詞來使用。「思考進行障礙」的例子包括「意念飛躍」（flight of ideas），即是由於聯想力增加，案主不停地由一個意念跳到另一個意念，所說出來的話沒有終極目的；「思考遲緩」（thought retardation），即思考談話非常緩慢；「思考停斷」（thought block），即思維停止，腦袋忽然變得一片空白；「說話繞圈」（circumstantiality），即談話內容過於詳細及繞圈子，好不容易才能把要表達的意思表達出來；「延續症」（perseveration），即案主用同一樣的說話回答所有問題，一直延續不改；「回音症」（echolalia），即無論別人問什麼問題，案主都會像回音一樣重複其問題作為回答。而「思考內容障礙」則是指案主思想內容的問題。思覺失調患者常見的「思考內容障礙」包括「妄想」（delusions）和「強迫意念」（obsessive thoughts）。「妄想」是指病人對某些事物作錯誤的看法或不正確的解釋，而且深信不疑，例如迫害妄想、關係妄想、被控制妄想及誇大妄想等。而「強迫意念」是指案主腦袋裏常常浮現一些意念或影像，案主明知是不該有的而想除去，但卻無法除去，反而會強迫性地不斷去思考這些意念或影像。

圖2.3 思覺失調患者的常見症狀

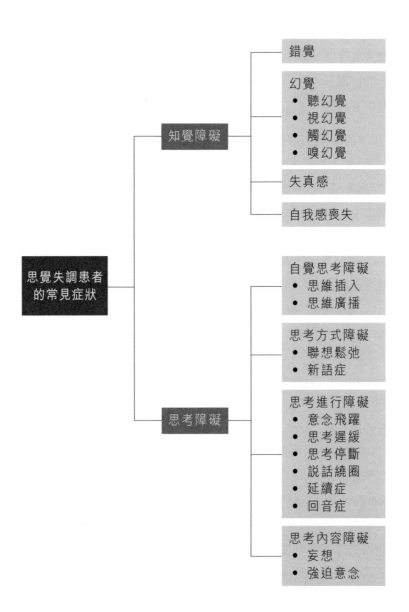

護航復元：思覺失調的療癒

最後，醫生會在會談中評估案主有沒有自殺傾向及暴力傾向。思覺失調患者可能因患病而失去工作、經濟能力、社會地位，甚至是人生目標，以致對將來感到絕望，造成情緒低落和其他抑鬱症狀。自殺傾向評估是指有技巧地詢問及檢察案主有沒有消極、厭世或自殺的意念。醫生會特別注意一些可能導致患者自殺的危險因素，例如過去曾企圖自殺、家族曾經有成員自殺、遭遇喪親或重大打擊、酒精癮或藥癮等(Dutta et al, 2011; Hawton et al, 2005)，作出風險評估，以盡量避免發生自殺行為。思覺失調患者大部分都沒有暴力傾向(Fazel et al, 2009)。不過，少數思覺失調病人可能會因為其病徵，例如幻覺或妄想，或其他因素，例如性格、生活壓力或濫藥等，而變得情緒暴躁不安，呈現暴力行為(Large & Nielssen, 2011)。在評估的時候，醫生會留意一些有可能增加案主有暴力行為的因素，例如犯罪紀錄、過往暴力行為紀錄、人格障礙、濫藥等，以謹慎評估其暴力行為的風險(Boe al, 2011)。

臨床身體檢查

然後，醫生會為案主做臨床身體檢查，以排除其他可能引致類似精神科疾病(如思覺失調)病狀的原因，例如器質性腦病、賀爾蒙失調、酒精或藥物濫用等。器質性腦病，例如柏金遜症、腦腫瘤、癲癇；賀爾蒙失調，例如甲狀線分泌失調；急性酒精中毒或濫用過量藥物都可能引起類似精神科疾病的病狀。

其他檢驗

臨床身體檢查之後，醫生會根據個別案主的情況去安排其他檢驗，例如血液化驗、尿液化驗、腦電波檢查、腦部電腦素描等。然後，醫生會根據臨床身體檢查及其他檢查和化驗的結果，排除其他可能引致類似思覺失調病狀的原因。

在問診會談、精神狀況評估、臨床身體檢查及其他檢查和化驗後，醫生會就以上所得資料作綜合分析，解釋各種誘因、病理及心理背景如何產生目前病情，再依照病理學觀點與理論，作摘要性解釋、說明及結論。

臨床診斷

最後，醫生會依照精神疾患分類方法對案主作臨床診斷，以作為案主的治療方向根據。而臨床診斷主要是根據兩個精神病分類系統，分別是「國際疾病分類系統」(International Classification of Diseases, ICD)和《精神疾病診斷與統計手冊》(*Diagnostic and Statistical Manual of Mental Disorders, DSM*)。

「國際疾病分類系統」是由世界衛生組織(World Health Organization, WHO)制定的疾病分類系統。自1948年編制的第六版開始，首次包括了精神疾病的分類。多年來經過多次修定，現在使用的版本是在1992年編定的第十版(ICD-10)。世界衛生組織現正修訂「國際疾病分類系統」第十一版(ICD-11)，並準備於2022年發行。

《精神疾病診斷與統計手冊》則是由美國精神醫學會(American Psychiatric Association, APA)編製、於美國使用的精神病分類系統。於1952年發行第一版，最新版本是在2013年修訂的第五版(DSM-5)。雖然《精神病患診斷與統計手冊》原本是為了美國本土的需要而制定的，但仍被國際許多國家翻譯並選用。

醫生會根據案主的病情作綜合分析及以精神疾病患分類方法去為有思覺失調病狀的案主作臨床診斷。常見會呈現思覺失調病狀的臨床診斷包括精神分裂症(schizophrenia)、妄想疾患(delusional disorder)、急性及短暫性精神病(acute and transient psychotic disorder)、精神分裂情感性障礙(schizoaffective disorder)、躁症發作(manic episode)、雙相情感障礙(bipolar affective disorder)、鬱症發作(depressive episode)、復發性抑鬱障礙(recurrent depressive disorder)等。而其他臨床診斷，例如器質性精神疾患(organic mental disorder)、精神作用物質濫用所致精神及行為障礙(mental and behavioural disorders due to psychoactive substance use)等，亦可能引致類似思覺失調的病狀。

制定治療計劃

　　醫生會依照案主的所有病情資料及臨床診斷，根據病情需要去擬定案主的治療方向與計劃。醫生亦會與案主及其家人商量，然後才決定目前所需的治療及長期的治療方案。

藥物治療

　　藥物治療旨在控制病徵及預防復發。目前在精神醫學界常用的藥物有很多，依其性質及作用可分為以下幾大類。

抗精神病藥

　　抗精神病藥(antipsychotics)是用作治療思覺失調的主要藥物，可有效地醫治及減輕思覺失調的病徵。醫學研究顯示，抗精神病藥能在幾星期內有效減少患者的病徵(Robinson et al, 2005)。至於長期治療效果，則因人而異(Lambert et al, 2008; Levine & Rabinowitz, 2010)。這類藥物的藥效主要在於減輕思覺失調患者的「陽性症狀」，例如幻覺、妄想、激動情緒等；但對於「陰性症狀」，例如思維貧乏、隱避傾向、孤僻行為等較沒有直接效果(Fusar-Poli et al, 2015)。

　　抗精神病藥的主要藥理作用是調節患者腦部一種名為「多巴胺」(dopamine)的神經傳導物質。多巴胺的作用在於調節個人的活動、動機、認知和分辨事物是否和自己有關的能力。醫學研究發現，思覺失調患者的腦部過量地釋出多巴胺(Kapur, 2003; Laruelle & Abi-Dargham, 1999; Seeman, 1987)，使他們不能正確地了解外界客觀事物。例如患者會對周遭的事物賦予錯誤的個人意義，從而產生妄想。因此，大部分抗精神病藥的作用是抑制腦內多巴胺的過多活動(Kapur et al, 2005)，從而減少思覺失調患者的病徵。

圖2.4 醫生會依照病者的病情處方不同的藥物

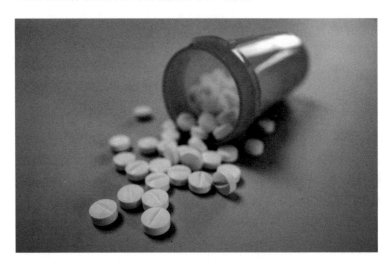

抗精神病藥雖然對治療思覺失調的症狀有效，但難免會有副作用。有些副作用是在服用初期發生，例如昏昏欲睡（sedation），患者習慣後就會逐漸減少。由於抗精神病藥會對錐體外神經系統（extrapyramidal system）產生作用，所以有可能會產生姿勢及運動協調方面的障礙（Carlsson, 1972），例如急性肌調障礙（acute dystonia）、假性柏金遜反應（parkinsonism）、靜坐不能（akathisia）及遲發性異動症（tardive dyskinesia）等。這類副作用通常以加服抗柏金遜病劑來預防及舒緩。而抗膽鹼能類副作用（anticholinergic effects）則包括口乾、視力模糊、便秘、小便困難等。醫生在開藥前會向患者及其家人詳細解釋，並根據臨床所需慎重處方。然後，醫生會依據患者的病徵、反應及副作用去調節劑量，盡量用最低的劑量去控制病情，以減少副作用。

抗抑鬱藥

抗抑鬱藥（antidepressants）的作用是提高低落的情緒，使之恢復正常，以解除患者的抑鬱病狀。如思覺失調患者有抑鬱情緒，醫生便會考慮處方抗抑

鬱藥（Clinical Practice Guideline No. 23, 2004）。這類藥物只會減輕有抑鬱病狀的患者之抑鬱情緒，而不會在情緒正常的人身上引起情緒高昂狀態。

抗抑鬱藥依其不同化學結構而分為幾個類別，常用的包括三環類抗抑鬱藥（tricyclic antidepressants, TCA）、單胺氧化酶抑制劑（monoamine oxidase inhibitors, MAOI）、選擇性血清素再攝取抑制劑（selective serotonin reuptake inhibitors, SSRI）、血清素及去甲腎上腺素再吸收抑制劑（serotonin and noradrenaline reuptake inhibitors, SNRI）和其他非典型抗抑鬱藥。

抗抑鬱藥的主要藥理作用在於調節腦部的神經傳導物質（Leonard, 2000）。根據醫學研究發現，透過藥物去調節腦部某些神經傳導物質，例如血清素、去甲腎上腺素及多巴胺，可改善情緒和減輕抑鬱的病狀（Stahl, 1998）。但由於藥物只能逐步提升神經傳導物質的水平，大多數患者需要服藥兩至四星期才會察覺病狀有所改善。

新一代的抗抑鬱藥，例如選擇性血清素再攝取抑制劑和血清素及去甲腎上腺素再吸收抑制劑，一般都很安全。比較常見的副作用包括噁心、嘔吐、消化不良、腹瀉、便秘、食慾減退、體重改變、頭痛、口乾、性慾減退、焦躁不安、失眠等（Montgomery et al, 1994; Smith et al, 2002）。醫生會根據患者的病情及身體狀況，由低劑量起處方，逐步調高劑量，以達治療效果及盡量減少副作用。患者一般會慢慢適應藥物的反應。舊一代的抗抑鬱藥，例如三環類抗抑鬱藥及單胺氧化酶抑制劑，相對來說副作用比較多，而且對心臟可能有不良作用，所以現在已較少使用（Mulsant et al, 2001）。

情緒穩定藥

情緒穩定藥（mood stabilizers）可用於治療情緒高昂躁狂狀態，也可用於治療情緒低落抑鬱狀態。這類藥物的主要作用是使患者的情緒趨向並維持於正常狀態，具有穩定情緒的功效（Smith, 2007）。它們多用於治療情緒疾病（mood disorders），例如躁症發作或雙相情感障礙等。如果有思覺失調症狀的

患者被診斷為情緒疾病，醫生就可能會在處方抗精神病藥以外，再加上情緒穩定藥以控制情緒。

常用的情緒穩定藥包括鋰劑（lithium carbonate）和一些抗癲癇藥，例如丙戊酸鈉（sodium valproate）、卡馬西平（carbamazepine）和拉莫三嗪（lamotrigine）等（Williams et al, 2002）。不同的情緒穩定藥可能引致的副作用不同，而藥物劑量亦是影響副作用的因素。某些情緒穩定藥（例如鋰劑、丙戊酸鈉和卡馬西平）的血液藥物含量水平可以從抽血檢驗得知。醫生會根據患者的病情、服藥後的反應及血液檢驗結果，去調校藥物劑量。

抗焦慮藥

抗焦慮藥（anxiolytics）的主要作用在於減輕緊張、焦慮、不安等症狀。臨床最常用的是苯二氮卓（benzodiazepines）（Martin et al, 2007）。根據藥理學來說，這類藥物的作用在於加強患者腦部伽瑪氨酪酸（gamma-aminobutyric acid, GABA）的抑制作用，以減少其他可能引致焦慮病徵的神經傳導物質的傳遞（Roy-Byrne, 2004）。此類藥物依其半衰期的長短可分為短效、中效及長效藥。

思覺失調患者假如有發作性及短暫性的焦慮，醫生可使用短效抗焦慮藥。若是長期緊張不安的慢性焦慮症狀，則可嘗試使用長效抗焦慮藥。這類藥物最常見的副作用包括疲倦、思睡、頭暈、走路不穩等。這些副作用通常較易在患者開始服藥的初期出現，隨着時間增加就會逐漸習慣。有些患者會對這類藥物產生依賴及成癮的現象，而成癮的產生往往與所使用的藥物劑量及時期有關。若患者長時期服用高劑量苯二氮卓，或突然停止服用短效苯二氮卓，便較容易產生戒斷反應（Rickels et al, 1990）。戒斷反應的徵狀包括緊張、着急、口乾、盜汗、冷熱感、發抖、噁心、肌肉酸痛、失眠等。因此，長期服用這類藥物的患者，若要停藥時，應根據醫生指示逐漸減藥。

安眠藥

思覺失調患者如有睡眠困難，醫生可處方安眠藥(hypnotics)幫助患者改善睡眠(Holbrook et al, 2000)。安眠藥主要分為苯二氮卓類和非苯二氮卓類兩種。苯二氮卓類藥除了可用作抗焦慮藥外，亦可作為安眠藥使用。而苯二氮卓的藥性及副作用已於上文討論過。非苯二氮卓類安眠藥與苯二氮卓類安眠藥在藥效上非常相似，也可引致類似的副作用(Terzano et al, 2003)。然而，兩者的化學結構卻完全不同。常用的非苯二氮卓類安眠藥有佐匹克隆(zopiclone)和唑吡坦(zolpidem)。總括而言，兩類安眠藥都有成癮傾向及睡後仍疲倦等副作用，所以並不建議患者長期使用。

非藥物治療

心理治療

心理治療(psychotherapy)是指應用心理學的原則及方法來治療案主的心理問題。案主的心理問題大致可分為四方面，包括認知問題、情緒問題、行為問題及人格問題。對思覺失調患者來說，心理治療旨在協助他們適應及克服病患對個人及生活構成的困難。治療師會按照個別患者的需要，並配合其不同階段的康復情況而制定治療方案。

由於治療時間不同，心理治療可分為長期和短期。長期心理治療的目的主要在於改善性格或長期情緒問題，故治療時間較長，通常要半年或一年以上；短期心理治療主要幫助患者處理急性問題，減除症狀，其治療時間大多少於半年。

心理治療亦因應治療對象之多寡，分為「個人心理治療」(individual psychotherapy)和「團體心理治療」(group psychotherapy)(Lockwood et al, 2004)。

「個人心理治療」是指一位治療師看一位患者，其特點在於針對該患者的個人問題，作出深入的討論和分析。如果一位治療師同時看一組患者，通常是十位左右，以小組方式進行，則稱為「團體心理治療」。其特點在於治療師能實際觀察患者之人際關係，而患者亦能獲得小組成員間之分析、支持和鼓勵。如果一位治療師同時看一對夫婦，或者一家人，則稱為「夫妻治療」或「家庭治療」。治療師在面見患者的時候，可能發現問題之所在並不單在患者身上，而是整個家庭，包括其他家庭成員都有問題。「夫妻治療」和「家庭治療」的特點是一方面可獲得多方面的資料，以及實際觀察夫妻或家庭成員間之相互關係，另一方面則可利用治療時間，讓患者與配偶或家人互相談論，彼此了解及促進關係。

不同的心理治療方式各有其特點，治療師會按照個別案主的特殊需要而決定採用哪一種。醫學研究亦顯示不同的心理治療方式，例如支持性心理治療、認知治療、行為治療、家庭治療等，都能有效地減少思覺失調患者的病徵及預防復發 (Dickerson & Lehman, 2011; Muller , Laier & Bechdolf, 2014)。

1. 支持性心理治療

支持性心理治療 (supportive psychotherapy) 的主要目的是利用治療師與案主間之良好關係，以治療師的知識和權威去支持案主，使案主能渡過生活危機及適應困難。這種心理治療用於思覺失調患者，不但能減輕患者適應病狀的壓力，也能幫助他們發揮潛在能力，使他們日後可以不依靠治療師而能夠自己解決生活中的各種問題。支持性心理治療的目的，不在於幫助患者了解自己情況之潛在心理因素及其成因，也不是要改變其性格及反應，而是透過支持去協助他們適應目前的情況及環境。亦有研究顯示，支持性心理治療能幫助思覺失調患者減少病徵 (Tarrier et al, 2000)。

支持性心理治療的主要治療方式有以下幾種，包括支持、傾訴、控制、解釋、訓練及改變環境。「支持」是指治療師先讓案主感到與治療師有「治療同盟關係」(therapeutic alliance)，然後在案主面對困難時，站在案主的立場與他並肩作戰，支

持、鼓勵及幫助他去解決生活中的困難(Norcross & Wampold, 2011)。「傾訴」是指讓案主把內心的感受，例如傷心、氣憤、煩惱、委屈等，向治療師傾吐出來，以減輕其心理負擔。傾訴有助案主鬆弛緊張情緒，亦能幫助治療師收集與案主情感有關的資料。「控制」是指治療師協助案主控制內心的衝動、情緒和慾望，以及使案主能盡量學習自我控制。「解釋」是指治療師運用其專業知識與經驗，向案主解釋說明其疑難，並配合案主的領悟能力指示方向，盡量讓案主自行體會。「訓練」是指協助案主養成較健康的行為反應去適應環境。最後，有些案主的心理問題大部分源自環境因素。因此，「改變環境」也是屬於支持性心理治癒方式之一。不過在改變環境之前，例如轉校、轉工、搬家等，案主要先慎重考慮可能獲得的好處及壞處，才去作決定。一般來說，治療師會盡可能幫助案主學習如何適應原有環境，而非草率地決定改變環境。

2. 認知治療

認知治療(cognitive therapy)的重點在於矯正案主的認知問題，嘗試通過案主對自己、對其他人或對事物的看法及態度的改變，來改善他們的心理問題。「認知」是指一個人對一件事情或某個對象的認識和看法，例如對自己的看法、對他人的想法、對環境的認識或對事情的見解等。

認知治療的理論基礎是認為一個人的心理和行為，是跟其本人對自己、對其他人及對事物的認知與看法有關。而案主的非適應性或非功能性的心理和行為，是因為受其不正確或扭曲的認知而產生。這些不正確或扭曲的認知，通常源自案主小時候的經驗、過去所遭遇的特別事件或環境背景。假如治療師能更改或修正案主不正確的認知，便可改善其心理和行為。

有些思覺失調患者會有抑鬱或焦慮等症狀，而這種心理治療方法能有效治療抑鬱或焦慮，從而幫助他們穩定情緒(Gloaguen et al, 1998)。至於有妄想症狀的思覺失調患者，在認知上也有其問題。例如有迫害妄想的患者，基本上假設所有人都是壞人，會互相傷害，所以他們對人常要謹慎防禦，以防被

人陷害。治療師會訓練患者作更全面及多元化的思考，例如嘗試用妄想的內容和現實作比較，以糾正患者不正確的看法和態度，從而減低妄想對患者生活的影響，以及糾正因妄想而產生的其他想法。醫學研究亦顯示，認知治療配合藥物治療能有效減少思覺失調患者的病徵（Drury et al, 1996; Gould et al, 2001; Zimmermann et al, 2005）。

3. 行為治療

行為治療(behavioural therapy)的目的是訓練案主改善目前的症狀及行為反應，而非幫助他們了解其問題發生的緣由及性質。這種治療的特點在於應用人類會「學習」的心理知識，設計一個有計劃的治療過程，製造實驗性的治療場景，從而訓練案主改變其異常的情緒和行為反應。

行為治療的理論基礎源自人類會「學習」的心理知識。實驗心理學認為影響一個人學習新反應的因素有二，一是行為產生時的狀況，另一是行為發生後的後果。基於此理論，行為治療之基本技巧也可分為兩大類，即調節行為產生時的狀況及調節行為發生後的後果。

調節行為產生時的狀況之治療方法包括減敏感法(desensitization)、相對抑制法(reciprocal inhibition)及條件迴避法(conditioned avoidance)。調節行為發生後的後果之治療方法則包括正性增強法(positive reinforcement)、負性增強法(negative reinforcement)、條件嫌惡法(aversive conditioning)及負性練習法(negative practice)。

有些思覺失調患者會出現強迫意念或重覆行為等病狀，行為治療便能針對這類病狀作出治療(Tundo et al, 2012)。此外，針對有幻聽症狀的思覺失調患者，行為治療能幫助他們學習如何控制因幻聽而引起的困擾和憤怒反應，嘗試與幻聽共存(Tarrier et al, 2000; Zimmermann et al, 2005)。

4. 婚姻治療

婚姻治療(marital therapy)是以一對夫婦為治療對象,以夫妻關係及婚姻問題為主要焦點而進行的治療。治療期間會探討夫婦二人之間的感情、相處關係、溝通情況及所扮演的角色等。婚姻治療之目的在於增進夫妻之間的溝通交流、調整職責分配、培養感情、協助他們解決面對的問題,以及順利渡過婚姻的各階段。若思覺失調患者面對婚姻問題,這種治療便可幫助他們改善婚姻關係,間接幫助他們穩定病情。

5. 家庭治療

家庭治療(family therapy)是以家庭為對象的心理治療,是屬於人際關係方面的治療。這種治療的特點是把焦點放在家庭各成員之間的關係上,而不太注重各家庭成員的個人心理狀態。家庭治療之理論是在家庭內任何成員的行為表現,都會受家庭內其他成員的影響。個人的行為影響家庭系統,而家庭系統也影響家庭成員的情緒行為。這種相關聯繫的連鎖反應,可導致許多病態家庭現象。而一個家庭成員的病態情緒行為,也常因其他成員的心理狀況或行為而維持。因此,家庭治療的理念是要改變案主的病態現象或行為,並不能單從治療個人著手,而是要以整個家庭系統為對象。

如思覺失調患者在與家人相處上出現長期問題,醫生便會按個別情況考慮建議患者及其家人接受家庭治療。研究亦顯示家庭治療能有效減低思覺失調患者復發的機會(Asen, 2002; Pharoah et al, 2003; Pilling et al, 2002)。

6. 團體心理治療

團體心理治療(group therapy)是指以團體為對象的心理治療。這種治療通常由一至兩位治療師主持,大概十個案主參加,定期進行治療。每次時間為一個半小時左右,每周一次,為期幾個月或以上。每次治療期間,參加的案主會互相討論有

關自己和他人的心理問題。在討論與反應的過程當中，案主嘗試改善自己的心理與行為反應。治療師會加以批評、建議及分析，促進團體成員的討論，以增加各人對自己心理狀況與行為的了解(Leszcz & Kobos, 2008)。

團體心理治療的治療功效主要源於團體的情感支持，團體各人的互相學習，群體的正性體驗，例如團聚性、歸屬感和認同感，學習團體的性質與系統，以及支持體驗「感情糾正經驗」(corrective emotional experience)。支持體驗「感情糾正經驗」是指運用群體的影響去協助案主重新處理以往曾受創傷的體驗，以達到治療的效果(Frank & Ascher, 1951)。

在進行團體心理治療之前，治療師先要決定治療之目標，然後小心選擇適合的案主參加。例如治療師會邀請有剩餘幻聽症狀的思覺失調患者參加以協助患者面對和處理剩餘思覺失調病徵為治療目標的團體心理治療，這樣才能達到最理想的治療效果。此外，亦有研究顯示團體認知行為治療有助改善思覺失調患者的自信心及減少他們的負面思想(Barrowclough et al, 2006)。

7. 其他心理治療

心理治療的種類繁多，還有敘事治療、藝術治療等，在此未能盡錄。這些心理治療方式各有理念，針對不同的病狀，運用不同方法去幫助有不同治療需要的思覺失調患者。本書之後的章節會詳細說明、解釋和討論以上的心理治療方法。

精神復康訓練及支援

「精神復康訓練及支援」是指透過復康訓練、醫護人員及社會的支援，協助思覺失調患者重投社會。

1. 職業治療

職業治療旨在協助思覺失調患者重投社會學習或工作。思覺失調患者可能因病而失去自我照顧能力，或因難以應付學習或工作的壓力而失學或失業。職業治療的範疇包括日常生活自理、社區生活適應和就業輔導支援等。這些支援都有助思覺失調患者走上復原之路，重投社會。

2. 個案復康支援計劃

醫院管理局於2010年起開始推行「個案復康支援計劃」（Personalized Care Programme, PCP），以個案管理模式，為有需要的精神病康復者（包括思覺失調患者）提供社區支援。個案經理主要由精神科社康護士及職業治療師擔任。個案經理會定期探訪患者，跟進其在社區的康復情況，並聯繫不同支援單位，包括家人、醫護團隊及各社區支援機構，使患者獲得最適當的支援。有研究顯示個案管理模式的支援服務能改善患者的社會功能及生活質素（Holloway F, 1991）。

3. 社會支援

社會福利署亦有為精神病患者（包括思覺失調患者）提供社會支援。社會福利署轄下的綜合家庭服務中心為患者提供婚姻、家庭及住屋方面的支援。而社會福利署提供的綜合社會保障援助計劃則為有需要的案主提供經濟上的援助。至於復康服務方面，社會福利署亦為精神病康復者提供不同服務，包括日間訓練；職業康復服務，例如庇護工場、輔助就業和職業培訓；以及住宿服務，例如中途宿舍。此外，社會福利署自2010年起與非政府社會服務機構合作，在全港各區設立了「精神健康綜合社區中心」（Integrated Community Centre for Mental Wellness, ICCMW），為精神病康復者提供一站式的綜合服務，以協助他們盡早融入社區生活。

4. 照顧者支援

最後，照顧者支援服務也是思覺失調治療的重要一環。如家中有人患上思覺失調，整個家庭也要面對生活上的改變。家人要照顧患者，處理他們的情緒行為，因而承受壓力，甚至導致生活質素下降。照顧者支援服務包括為患者家屬提供心理教育、與患者相處的技巧和減壓方法。另外，亦可透過成立照顧者支援小組，為照顧者提供一個平台去分享經驗及互相支持，以增加照顧者對思覺失調患者病情的了解，協助他們適應和克服照顧患者的困難。有研究顯示照顧者支援服務能改善照顧者的生活質素及減少他們的困擾（Yesufu-Udechuku et al, 2015）。

參考資料

Asen, E. (2002). Outcome research in family therapy. *Advances in Psychiatric Treatment, 8,* 230–238.

Barrowclough, C., Haddock, G., Lobban, F., Jones, S., Siddle, R., Roberts, C. & Gregg, L. (2006). Group cognitive-behavioural therapy for schizophrenia. Randomized controlled trial. *British Journal of Psychiatry, 189,* 527–532.

Bo, S., Abu-Akel, A., Kongerslev, M., Haahr, U. H. & Simonsen, E. (2011). Risk factors for violence among patients with schizophrenia. *Clinical Psychology Review, 31,* 711–726.

Carlsson, A. (1972). Biochemical and pharmacological aspects of Parkinsonism. *Acta Neurologica Scandinavica. Supplementum, 51,* 11–42.

Dickerson, F. B. & Lehman, A. F. (2011). Evidence-based psychotherapy for schizophrenia 2011 update. *The Journal of Nervous and Mental Disease, 199,* 520–526.

Drury, V., Birchwood, M., Cochrane, R. & Macmillan, F. (1996). Cognitive therapy and recovery from acute psychosis: A controlled trial. I; Impact on psychotic symptoms. *The British Journal of Psychiatry, 169*(5), 593–601.

Dutta, R., Murray, R. M., Allardyce, J., Jones, P. B. & Boydell, J. (2011). Early risk factors for suicide in an epidemiological first episode psychosis cohort. *Schizophrenia Research, 126,* 11–19.

Fazel, S., Gulati, G., Linsell, L., Geddes, J. R. & Grann, M. (2009). Schizophrenia and violence: Systematic review and meta-analysis. *PLOS Medicine, 6,* 1–14.

Frank, J. D. & Ascher, E. (1951). Corrective emotional experiences in group therapy. *American Journal of Psychiatry, 108*(2), 126–131.

Fusar-Poli, P., Papanastasiou, E., Stahl, D., Rocchetti, M., Carpenter, W., Shergill, S. & McGuire, P. (2015). Treatments of negative symptoms in schizophrenia: Meta-analysis of 168 randomized placebo-controlled trials. *Schizophrenia Bulletin, 41*(4), 892–899.

Gloaguen, V., Cottraux, J., Cucherat, M. & Blackburn, I. M. (1998). A Meta-analysis of the effects of cognitive therapy in depressed patients. *Journal of Affective Disorders, 49*(1), 59–72.

Gould, R. A., Mueser, K. T., Bolton, E., Mays, V. & Goff, D. (2001). Cognitive therapy for psychosis in schizophrenia: An effect size analysis. *Schizophrenia Research, 48,* 335–342.

Hawton, K., Sutton, L., Haw, C., Sinclair, J. & Deeks, J. J. (2005). Schizophrenia and suicide: Systematic review of risk factors. *British Journal of Psychiatry, 187,* 9–20.

第 2 章 診斷與治療

Holbrook, A. M., Crowther, R., Lotter, A., Cheng, C. & King, D. (2000). The diagnosis and management of insomnia in clinical practice: A practical evidence-based approach. *Canadian Medical Association Journal, 162*(2), 216–220.

Holloway, F. (1991). Case management for the mentally ill: Looking at the evidence. *International Journal of Social Psychiatry, 37*(1), 2–13.

Kapur, S. (2003). Psychosis as a state of aberrant salience: A framework linking biology, phenomenology, and pharmacology in schizophrenia. *American Journal of Psychiatry, 160,* 13–23.

Kapur, S., Mizrahi, R. & Li, M. (2005). From dopamine to salience to psychosis-linking biology, pharmacology and phenomenology of psychosis. *Schizophrenia Research, 79,* 59–68.

Lambert, M., Naber, D., Schacht, A., Wanger, T., Hundemer, H. P., Karow, A. et al. (2008). Rates and predictors of remission and recovery during 3 years in 392 never-treated patients with schizophrenia. *Acta Psychiatrica Schandinavica, 118,* 220–229.

Large, M. & Nielssen, O. (2011). Violence in first-episode psychosis: A systematic review and meta-analysis. *Schizophrenia Research, 125,* 209–220.

Laruelle, M. & Abi-Dargham, A. (1999). Dopamine as the wind of the psychotic fire: New evidence from brain imaging studies. *Journal of Psychopharmacology, 13,* 358–371.

Leonard, B. E. (2000). Evidence of a biochemical lesion in depression. *Journal of Clinical Psychiatry, 61*(suppl6), 12–17.

Leszcz, M. & Kobos, J. C. (2008). Evidence-based group psychotherapy: Using AGPA's practice guidelines to enhance clinical effectiveness. *Journal of Clinical Psychology, 64*(11), 1238–1260.

Levine, S. Z. & Rabinowitz, J. (2010). Trajectories and antecedents of treatment response over time in early-episode psychosis. *Schizophrenia Bulletin, 36,* 624–632.

Lockwood, C., Page, T., NursCert, H. & Conroy-Hiller, T. (2004). Effectiveness of Individual therapy and group therapy in the treatment of schizophrenia. *JBI Library of Systematic Reviews, 2*(2), 1–44.

Martin, J. L., Sainz-Pardo, M., Furukawa, T. A., Martin-Sanchez, E., Seoane, T. & Galan, C. (2007). Benzodiazepines in generalized anxiety disorder: Heterogeneity of outcomes based on a systematic review and meta-analysis of clinical trials. *Journal of Psychopharmacology, 21*(7), 774–782.

護航復元：思覺失調的療癒

Montgomery, S. A., Henry, J., McDonald, G., Dinan, T., Lader, M., Hindmarch, I. et al. (1994). Selective serotonin reuptake inhibitors: Meta-analysis of discontinuation rates. *International Clinical Psychopharmacology, 9*, 47–53.

Muller, H., Laier, S. & Bechdolf, A. (2014). Evidence-based psychotherapy for the prevention and treatment of first-episode psychosis. *European Archives of Psychiatry and Clinical Neuroscience, 264*(suppl.1), 17–25.

Mulsant, B. H., Pollack, B. G., Nebes, R., Miller, M. D., Sweet, R. A., Stack, J., Houch, P. R. et al. (2001). A twelve-week, double-blind, randomized comparison of nortriptyline and paroxetine in older depressed inpatients and outpatients. *American Journal of Geriatric Psychiatry, 9*(4), 406–414.

National Institute of Clinical Excellence (2004). Depression: Management of depression in primary and secondary care. *Clinical Practice Guideline No 23*. London: NICE.

Norcross, J. C. & Wampold, B. E. (2011). Evidence-based therapy relationships: Research conclusions and clinical practices. *Psychotherapy (Chic), 48*(1), 98–102.

Pharoah, F. M., Rathbone, J., Mari, J. J. & Streiner, D. (2003). Family intervention for schizophrenia. *Cochrane Database of Systematic Reviews, 4*.

Pilling, S., Bebbington, P., Kuipers, E., Garety, P., Geddes, J., Orbach, G. & Morgan, C. (2002). Psychological treatments in schizophrenia: 1. Meta-analysis of family intervention and cognitive behavioural therapy. *Psychological Medicine, 32*, 763–782.

Rickels, K., Schweizer, E., Case. G. et al. (1990). Long-term therapeutic use of benzodiazepines, pt 1: Effects of abrupt discontinuation. *Archives of General Psychiatry, 47*, 899–907.

Robinson, D. G., Woerner, M. G., Delmon, H. M. & Kane, J. M. (2005). Pharmacological treatments for first-episode schizophrenia. *Schizophrenia Bulletin, 31*, 705–722.

Rosenbaum J.F., chair. Utilizing benzodiazepines in clinical practice: an evidence-based discussion [Academic Highlights]. *Journal of Clinical Psychiatry, 65*(11), 1565–1574.

Roy-Byrne, P. P. (2005). The GABA-benzodiazepine receptor complex: Structure, function, and role in anxiety. *Journal of Clinical Psychiatry, 66* (suppl. 2), 14–20.

Seeman, P. (1987). Dopamine receptors and the dopamine hypothesis of schizophrenia. *Synapse, 1*, 133–152.

Smith, D., Dempster, C., Glanville, J., Freemantle, N. & Anderson, I. (2002). Efficacy and tolerability of venlafaxine compared with selective serotonin reuptake inhibitors and other antidepressants: A meta-analysis. *British Journal of Psychiatry, 180*, 396–404.

Smith, L. A. (2007). Effectiveness of mood stabilizers and antipsychotics in the maintenance phase of bipolar disorder: A systematic review of randomized controlled trials. *Bipolar Disorders, 9*(4), 394–412.

Stahl, S. M. (1998). Basic psychopharmacology of antidepressants, part 1: Antidepressants have seven distinct mechanisms of action. *Journal of Clinical Psychiatry, 59*(suppl.4), 5–14.

Tarrier, N., Kinney, C., McCarthy, E., Humphreys, L., Wittkowski, A. & Morris, J. (2000). Two-year follow-up of cognitive-behavioral therapy and supportive counseling in the treatment of persistent symptoms in chronic schizophrenia. *Journal of Consulting and Clinical Psychology, 68*(5), 917–922.

Terzano, M. G., Rossi, M., Palomba, V., Smerieri, A. & Parrino, L. (2003). New drugs for insomnia: Comparative tolerability of zopiclone, zolpidem and zaleplon. *Drugs, 26*(4), 261–282.

Tundo, A., Salvati, L., Di Spigno, D., Cieri, L., Parena, A., Necci, R. et al. (2012). Cognitive-behavioral therapy for obsessive-compulsive disorder as a comorbidity with schizophrenia or schizoaffective disorder. *Psychotherapy and Psychosomatics, 81*, 58–60.

Williams, R. S., Cheng, L., Mudge, A. W. & Harwood, A. J. (2002). A common mechanism of action for three mood-stabilizing drugs. *Nature, 417*(6886), 292–295.

Yesufu-Udechuku, A., Harrison, B., Mayo-Wilson, E., Young, N., Woodhams, P., Shiers, D. et al. (2015). Interventions to improve the experience of caring for people with severe mental illness: Systematic review and meta-analysis. *British Journal of Psychiatry, 206*(4), 268–274.

Zimmermann, G., Favrod, J., Trieu, V. H. & Pomini, V. (2005). The effect of cognitive behavioral treatment on the positive symptoms of schizophrenia spectrum disorders: A meta-analysis. *Schizophrenia Research, 77*, 1–9.

護航復元：思覺失調的療癒

第3章 社會家庭因素

趙雨龍
香港城市大學社會及行為學系副教授

病患不是單單一件個人的遭遇和事件。毫無置疑,家庭作為人類社會最基本的組織單元,不可能不受家人的精神病患所牽連和影響。社會學的角度將幫助我們對病患和健康的理解,從個人的層面提升至群組和眾人的層面。筆者希望能透過這一章令讀者有較全面和動態的了解,不局限於狹窄的個人化和病理化的觀念。

早期精神病患及家庭研究

雙胞與收養研究

早期的社會學研究視家庭為問題的主要來源,傳統的遺傳學透過一系列對同卵/異卵雙生(Gottesman & Shields, 1982),及收養孩童(Kendler & Gruenberg, 1984; Ingraham & Kety, 2000)的病發率的查察,確定思覺失調(舊稱「精神分裂症」)的家族遺傳機率,遠比常態人口高。其後更加透過對同住與非同住的組別控制,確定環境性的影響力。Cardno & Gottesman(2000)對各研究仔細綜合

分析，發覺各研究比率有相當大的差距，由10%至80%。這種差異源於研究對象是自然群組，而非嚴格控制的實驗性群組，群組內個別差異自然會較大，加上樣本性質不同，取樣方法有異，所以各類估計數字也有一定的差別。他們認為較合理的推斷是不高於六成。這些雙生的研究，被指假設了同卵/異卵雙生的成長環境相同，並無考慮在成長處境中，不同孩子極有可能受到不同的對待。這些研究數字，在整體上至少有兩點令家屬感到迷網：第一，機率指的相關人口的一般發生率，它不能準確地預測某人是在機率以內，抑或是在機率以外。舉個例子，假若同卵雙生兄弟的病發機率是40%，而同卵雙生的一方被確診思覺失調，另一方同樣患上思覺失調的機會是40%，然而我們卻無法確定另一方是會病發的40%，抑或是那40%以外沒有發病的一般人口。因此在應用機率於個人層面時要小心，只能作為參考，不要被數字牽引變成宿命論者。另一點值得注意的是，即使兩者基因原則上是完全相同，同卵雙生人士的病發率也不多於60%，這說明環境因素有一定的影響，我們不應該用宿命論去理解思覺失調。

群體與自殺

許多研究都指出自殺與抑鬱的關聯性很強，而最早是社會學和人類學從事相關的研究。Emile Durkheim在1897年已經把自殺歸類，其中一種為失範性自殺（anomic），並指出族群中的成員一旦個人與所屬的群體疏離，個人生活價值便失去群體的認同和接納，被排斥甚至放逐，在這種游離狀態下的個體，最容易自殺。族群性越強，彼此越相互依賴，個人必須依從群體的期望與守則生活。雖然現代社會的自殺個案成因，要比原始部落的生活環境複雜得多，但這些研究卻明確表明社會因素本身對個人帶來一定的壓力，也同時可能與先天性因素（如基因）互相影響，誘發了精神病患。這些例子比比皆是，如：經濟不景氣下的失業中年男士容易患上抑鬱和自殺；以家庭為重的

婦女遇上丈夫婚外情，自尊、自我價值受嚴重打擊；生活經濟不佳而又有長期病患的長者也是高危一族。

雙難溝通與思覺失調

有關精神病患者原生家庭的研究，Bateson, Jackson, Haley & Weakland（1963）最先於權威家庭研究期刊*Family Process*中報道了他們多年來對思覺失調家庭溝通模式的研究。透過大量對病者家庭溝通的觀察，研究人員發現病者與家人之間的溝通，常有多重訊息，並以聲音、語調、活動和處境來決定，而且內容常有矛盾，並不一致。原作者提出一個大膽的假設和理論，試圖以不能迴避和失衡的溝通解釋這些尖銳矛盾如何使病者不知所措，產生極大的矛盾，使病者無論有任何選擇，都感到為難。例如友善的問好配上了突兀的一巴掌，會令孩子不知如何回應，跌入矛盾當中。究竟孩子是要否定剛才一刻的粗暴對待，抑或不敢向前踏步，卻妄想自己已經向前回應了媽媽的要求。其後的醫療研究（Schuham, 1967）嘗試對這個大膽的理論作出驗證，都發現理論只屬推測，缺乏具體證據說明這種不良和失效的溝通是造成病者患病的成因。失效和雙難（double-bind）溝通訊息，無疑很仔細地說明了病者的家庭處境，但以兩者同時出現而因此推論一者導致另一者，這個可能犯了邏輯上的錯誤。失效的溝通極有可能是結果而不是思覺失調的成因。當然在現實的家庭個案裏，失效的溝通可能造成困窘的局面，加深了病者和照顧者之間的矛盾，不利復元，甚至造成病者的困擾和加深病情。其實雙難的溝通也存在於一般家庭之中，它是否只對病者家庭才會造成負面影響，這個亦有待驗證。但以此作為思覺失調的主要成因，未免過於牽強。更重要的是，作為照顧者遇到此等論述，會百上加斤，更感到無奈。從另一方面來評價，也可以說明因病患過程和病情對病者認知和社交能力的虧損，家人與病者的溝通是困難重重，這些研究為家庭治療提供了非常清晰的方向，令實務工作人員，能有系統地評估病者家庭中的溝通方式和障礙，使專業的介入更有效。

圖3.1 家庭間失效的溝通可影響思覺失調患者的病情；
相反，有效的溝通與關懷則可協助病者康復。

家的疑惑

一些較為激進的精神科醫師雖然沒有確切贊同家庭中的雙難溝通是思覺失調的原因，卻深信家庭是培植精神病患的地方（Laing, 1964），著名和傳奇的R. D. Laing醫生本身有酗酒和抑鬱，他認為思覺失調診斷並不真實存在，它只是一種人在精神困惑中的經驗。所謂妄念、幻覺等病徵只是人在精神困惑中的表達，經驗過了，病者會變得更有睿智，對生命有更多覺醒。這些想法明顯地與他早年學習存在主義哲學有關，那個時候他接受的精神專科訓練，流行胰島素和腦電擊治療。面對無效的治療但卻堅稱專業的精神科，他感覺必須從其他方面去理解思覺失調。基本上，他認為思覺失調只是一個精神科理論，對於病者而言，它卻只是個經驗。許多人認為他是個反精神醫療的精神科醫生，也有人認為他本人精神有問題，但可惜的是，在他的子女眼中，他並非一位負責任的父親，這對於他提出家庭是精神病患的搖籃，理應理順家庭生活有所矛盾。

情緒表達與思覺失調

　　另一個研究病患和家庭溝通的路線是情緒表達（expressed emotion）的概念研究，最早由兩位英國皇家精神醫學會的教授——Vaughn及Leff在1976年提出，Julian Leff更曾於2013年來過香港演講。他們的研究指出家庭中的情緒氣氛是否有助思覺失調病者康復至為重要。他們發現病者在家庭中的互動溝通，常見的負面情緒有尖銳評語、衝突和負面批評。在高/低互動量和正/負面情況的交叉分析裏，高互動量而又負面情緒表達的組別中，他們的復發率最高。由此可見，失衡的家庭溝通不利病者康復。其後經過不同學者將近40年的研究，慢慢釐清這些失效溝通的本質，發現其中的兩個主要因素：家人對病者的負面批評和病者情緒上過分的參與。前者標示着具支持性的家庭關係和溝通對病者的復元是何等的重要；反過來說，失效的家庭關係和溝通，容易導致病發。至於病者情緒上過分的參與與病者情緒能力虧損有關。一般人士都有自我調控的功能（self-regulation），用以處理過高或過低的參與，而思覺失調患者自我情況調控的能力受損，容易過分情緒參與而不能自制，造成一定的壓力。當這兩個因素同時發動時，會互為影響，損害病者精神健康。

小結

　　這些主線的研究，都有着它們的時代背景。綜合而言，我們不難發現大部分研究仍然是圍繞着病患者，缺乏以家屬為主體的研究，而且這些研究都是聚焦於失衡家庭對病者的負面影響，並把責任放在家屬身上。這個情況跟殘障兒童的家庭研究相似，把那些兒童的情緒和行為問題，歸究於照顧者的不良照顧方式。這個方向的研究，基本上可以視為醫學模式的延伸，認為問題的所在與解決，可以用疾病的過程來理解，只要能識別病源，便能找出相應的治療來處理問題。可惜現實卻沒有那麼簡單，先天性因素、後天因素及彼此的互動，都是現階段醫學不了解的。不是說不能了解，而是不能完全了解。

不要忘記思覺失調發生在家庭裏，家屬也是受影響的人，家庭關係和溝通，是雙向和互動的，在精神病患上，沒有誰比誰幸福，更沒有誰比誰更需要背上罪名，因為同是一家人，同在困難之中。如果是溝通和關係需要改善的話，專業人士和其他人士應該加以協助，促使大家有能力去改變，而不是對家屬有更多的控訴。

雖然西方講求個人主義，但不少研究都指出當家庭有人患上嚴重精神病患，整個家庭都會因此而產生轉變。該些轉變會因人而異，要視乎病發前個人及家庭的情況、病發時的處境狀況、能否得到適時和適切的診治、治後康復及支援各種不同情況所決定。

病者與家庭關係

暴力與傷害

假若病者因為妄念和幻覺而認為家人是敵人或對其迫害的人，病者會對家人施以暴力和傷害；也有一些病者對自己的身體產生幻覺，自我殘害。即使情況不太嚴重，但一兩次的同類經歷已足以摧毀家屬對病者的信任，當病者再次發脾氣時，家屬可能因為內心的恐懼和過往不愉快的經歷而誤以為病者再次病發，於是設法把病者送院治理。

尷尬和債務問題

有些病者在病發的過程中理財紊亂，在妄念或幻覺的驅使下，進行不適當的經濟交易，有的會大量購物或使用信用卡，或輕易向財務公司借貸，以致負債累累，被銀行或財務公司追債，為家人增添許多麻煩。這些由病患引致的額外心理和財務壓力，自然令家屬感到不勝煩擾，對病者留下非常壞的印象。如果病者病發時對家人或別人做成滋擾，家屬會感到十分羞愧，例

如不斷向親友藉詞借錢，或嘗試觸摸他人身體，最後麻煩都找到家人的頭上來，那種尷尬和壓力，真的不是一般醫療專業所能了解。

社會標籤與文化期望

家庭角色期望的重置

　　大部分思覺失調患者都在青少年期病發，這本是他們在學、在職和初嘗愛情，締造和學習進入親密關係的重要時期，然而思覺失調卻破壞了他們的黃金檔期，也徹底摧毀了父母對子女常有的期望。中國人父母已經不敢對子女有成龍成鳳的念頭，接下來茫茫的前路，更不知哪天才能卸下照顧的擔子。親友子女成才的故事，父母每聽一次都是刺心的提醒和羨慕。特別是那些有其他事業有成的子女的父母，他們對患病子女的期望會有極大的落差：一個子女是專業人士，成就斐然；另一個是思覺失調，一無所有，還可能終身依賴父母。Yang and Kleinman(2008)指出中國的「面子」文化，視精神問題為家族的污點，既對病者及其直屬親人的未來成功打了折扣，更對血脈的純正與優良提出問號，使家族沒有按本來應有的責任為病者提供支援。筆者在2006年的家屬研究中(Chiu, Wei and Lee, 2006)，發現一些缺乏支援的家屬仍然視家人的精神病患為計時炸彈，看法與其他人士無異。

　　如果發病的是伴侶，更會對角色期望產生巨大的衝擊，一方面治療需時，工作與家庭收入頓時受到影響。一些市民對公立醫療服務的觀感較差，於是轉向私家精神科醫生求診，因此需要長期負擔一定的費用。更嚴重的是病者受病情影響，夫妻間的溝通不復以前，令照顧者產生疏離感。所謂「親密的陌生人」(intimate stranger)，是對這種矛盾的最佳描繪，既是共同生活多年，每晚同床共枕，但卻感到很陌生。本來這個名詞是用來形容父母照顧患有思覺失調的子女(Darmi, Bellali, Papazoglou, Karamitri & Papadatou, 2017)，但筆者覺得用來描繪夫妻之間的失落，更為適合和傳神。

圖3.2 病者的病情可能導致家人產生疏離感

外在污名影響家內互動

　　病者在外受到別人的眼光和不公的對待,自然地會把失望和負面情緒帶回家中,因為家庭是病者可以自由抒發的安全地方。傳統的社會標籤理論只關注社會人士對病患者的標籤,鮮有着眼於對家人的標籤;直至近代,學者才提出「關聯標籤」(affiliate stigma)(Mak & Cheung, 2018, 2012)的看法,指出雖然家人不是病者,但因為與病者的關係,會被視為同樣有問題人士,被拒應有的看待,所以有不少家屬都把家人患病視為秘密,絕少告訴他人。若長期面對標籤,不難想像家屬也會對病者有所埋怨。筆者以往的研究指出,一些沒有得到協助的家屬,對病者所抱的態度無異於一般公眾人士,同樣對病者有負面的看法。這些在家庭裏的標籤和污名,有異於家庭以外的,因為病者面向家人,無法採取隱藏策略去保護自己;其次是病者會期望家人能彼此保護而不是傷害,所以來自家人歧視會更具傷害性。筆者曾遇到一個位案主,他的家人在他留院期間搬走,不留下任何聯絡方法,令他感到被家人遺棄,十分悲傷。

另一方面，病發時候的處理手法亦充分反映出文化因素如何影響家人的求助途徑。由於長期缺乏適當的資訊，精神病患常被視為神秘而污穢，不容易獲得正面討論。如此局限的文化理解，使人容易訴之於鬼神之說，以為病者撞邪或遇上靈界污物，家人繼而嘗試找師傅，到寺廟參拜。然而，家屬往往既破了財，事後又對於延誤診治感到懊悔，捲進自責的循環裏。許多時候因為社會標籤的緣故，家屬非走到盡頭沒有辦法，也不願意驚動警方。這令家屬往往成為「病發暴力」的受害者，儘管「病發暴力」並非經常發生。

社會文化因素同時也影響着復元者和家屬的求助動機和方式。有些人認為求助就是弱者，難以向人披露及尋求協助。有些人對中醫藥有正面印象，較容易受別人影響，會嘗試以中醫藥作為主要或輔助治療。本來求醫的動機是值得鼓勵的，但由於暫時還未知道以中醫作為主要治療思覺失調的實效，恐怕因持續接受中醫治療而耽誤了西醫治療。另一方面，中國人對名醫和特效藥的信賴，也會令到一些家人不惜高昂費用尋找名醫，希望盡快把思覺失調「醫好」。不少家庭在家人病發的數年內，把家庭積蓄全花光在星級名醫治療上。

其他社會因素的影響

近年歐美各國備受毒品問題困擾，青少年濫藥，導致藥理性思覺失調。吸毒本身是一個嚴重的社會問題，吸毒成因和是否能順利康復，環境因素十分關鍵。思覺失調與濫藥的關係並沒有我們想像的簡單，濫藥可以導致思覺失調（而且治療後的療效往往比純思覺失調差）；反過來，思覺失調患者亦較一般人容易濫藥。部分治療思覺失調的藥物會令病者較有食慾，而疲倦和缺乏持之以恆的運動會使病者容易增加體重，也增加了病者糖尿病的風險。另一方面，不少思覺失調患者認為沒有事情比患上思覺失調更糟糕，於是輕視濫藥的影響，其防備吸毒的意識也會變得鬆懈。再加上青少年的好奇心和網

上流傳冰毒可以減肥，所以有些病者會嘗試吸毒。一旦與毒品拉上關係，思覺失調就會變得更複雜，難於處理。

家屬也需要復元嗎？

復元的概念

　　復元的概念，始於對病者的尊重和信賴，植根於對人性美善本質的堅持，明白精神病患會奪去病者的自主和人生，而復元便是要令病者重拾人生，過一個有尊嚴、能自我掌控的人生，恢復生命活力，擁有夢想和各樣的機會。如果這是病者復元的旅程，家屬何嘗不需要同步的復元？

家屬的需要

(1) 家屬的人生不要跟着病者團團轉，不要因病患而失去自己的人生；
(2) 家屬的寶貴照顧經驗須被認可及參考；
(3) 家屬需要有適切的服務；
(4) 心靈受傷的家屬需要包紮、醫治與安慰；
(5) 家屬需要疏理因為家人病發而引致的種種情緒；
(6) 家屬要重拾希望；
(7) 家屬須明白不但病者的復元過程是跌跌盪盪的，就連自己的復元過程也是如此。

家屬復元的階段

1. 自我內心復元

　　如果我們能透視人心，可能會看到幾乎每位家屬都是傷痕纍纍的，他們的內心充滿各種心情：不安、驚恐、自責、被傷害、憂慮和內心缺乏平安。

基於照顧病者的責任，許多家屬都沒有時間和機會安靜下來，檢視自己內心的傷痕和情緒狀況，只是一直往前衝，希望安頓好病者。在夜深人靜或與病者衝突的時候，家屬的怨憤可能爆發出來，時而憤怒，時而自責。束縛着的心靈，只有在檢視、原諒和包容下才能得到釋放。要原諒其實不容易，要原諒也不困難，起點是找到能明白自己的朋友來分享，或向家屬自助組織、專業輔導求助。人必須從種種內心情緒中走出來，才能使心靈有力量。

2. 與病者關係的復元

家屬不應迷信私家醫生，因為不論是公立還是私家醫生，只要願意花時間去聆聽和關心病者的都是好醫生。家屬應顧及病者的感受，不妨多問病者的意見，看他如何評價他的主診醫生。家屬要信任病者，更要相信自己，不要盲目相信權威。關係復元的關鍵在於締造有效的溝通方式。家屬應學習新的、非對抗性對話，減少衝突，以重建有效的溝通，增進彼此的了解，締造新而密切的關係。家屬與病者的最理想關係，應是同行者而非單向的照顧者。「同行者」標誌着平等尊重的關係，「照顧者」容易變成單向輸送，也突顯照顧者能弄耍權力，令病者屈從。

3. 與他人及資源連結

沒有家庭是自給自足的單位，家人在匱乏的時候可連結社區有關的資源，化外力為己用，這也可以確定家庭內外都有人關懷，不會孤獨面對。其實社區有不少相關的資源，但家屬不一定知道這些資訊，相關的社區資源資訊包將會十分有用。除了資訊性的連結外，具體地協助家屬連結所需的服務也很重要，這可讓家屬從想像到具體，增強家屬日後的求助動機。

4. 投身與轉化，再走一里路

傳統的專業服務止步於資源連結或轉介，但近代不同領域的研究都指出，困境雖在，但當事人及家屬還是可以有所昇華與超脫的。只要家屬能看

到種種不幸中的意義，便可由勞苦的照顧者轉化為其他人士的同行者，他不但是家中復元人士的同行者，更是其他類似遭遇的家屬的同行者。存大愛，為家屬們再走一里路。

結語

　　筆者雖然沒有作出多項研究以支持家屬也需要復元的說法，但過去二十多年來與無數家屬接觸，我深深體會到家屬並不是額外的「受助者」。真正和持久的改善，只會在家屬的醒覺和轉化中發生。筆者過往在心社教育課程——「家連家」在香港、泰國和台灣的推行及評鑑，確定由家屬自己主領的課程能夠讓家屬減少內心的矛盾，增強自信，有效地使用相關社會服務資源，並且從容地面對病發的挑戰 (Chiu, Wei, Lee, Choovanichvong & Wong, 2013)。他們不是一群「被研究」的對象，研究者必須以謙和的態度，共同持份的方式涉入 (engage) 家屬，成為他們的同行者，令他們明白，過去發生的事情雖然不如意，但未來還是由他們和家人自己決定的。社會學觀點拒絕宿命論，指出還有許多環境因素和其中的互動可以更動和協調。20年以來，我一直認為家屬並非永不枯竭的井，任由復元支援者取水，學者與實務人員不要再重蹈早期研究的覆轍，視家屬為問題的根源。他們需要認可、支援和同行。復元理論和實踐，必須是雙軌 (dual track) 進行的，復元者與家屬，缺一不可。

參考資料

Bateson, G., Jackson, D. D., Haley, J., & Weakland, J. H. (1963). A note on the double bind–1962. *Family Process, 2*(1), 154–161.

Cardno, A. G., & Gottesman, I. I. (2000). Twin studies of schizophrenia: From bow-and-arrow concordances to star wars Mx and functional genomics. *American Journal of Medical Genetics, 97*(1), 12–17.

Chiu, M. Y. L., Wei, G. F. W., & Lee, S. (2006). Personal tragedy or system failure: A qualitative analysis of narratives of caregivers of people with severe mental illness in Hong Kong and Taiwan. *International Journal of Social Psychiatry, 52*(5), 413–423.

Chiu, M. Y., Wei, G. F., Lee, S., Choovanichvong, S., & Wong, F. H. (2013). Empowering caregivers: Impact analysis of FamilyLink education Programme (FLEP) in Hong Kong, Taipei and Bangkok. *International Journal of Social Psychiatry, 59*(1), 28–39.

Darmi, E., Bellali, T., Papazoglou, I., Karamitri, I., & Papadatou, D. (2017). Caring for an intimate stranger: parenting a child with psychosis. *Journal of psychiatric and mental health nursing, 24*(4), 194–202.

Durkheim, E. (1897/1951). *Suicide: A study in Sociology*. New York: The Free Press.

Gottesman, I. I., & Shields, J. (1982). *Schizophrenia*. CUP Archive.

Ingraham, L. J., & Kety, S. S. (2000). Adoption studies of schizophrenia. *American Journal of Medical Genetics, 97*(1), 18–22.

Kendler, K. S., & Gruenberg, A. M. (1984). An independent analysis of the Danish adoption study of schizophrenia: VI. The relationship between psychiatric disorders as defined by DSM-III in the relatives and adoptees. *Archives of General Psychiatry, 41*(6), 555–564.

Laing, R. D., & Esterson A. (1964). *Sanity, Madness and the Family*. London: Tavistock Pubns.

Mak, W. W., & Cheung, R. Y. (2008). Affiliate stigma among caregivers of people with intellectual disability or mental illness. *Journal of Applied Research in Intellectual Disabilities, 21*(6), 532–545.

Mak, W. W., & Cheung, R. Y. (2012). Psychological distress and subjective burden of caregivers of people with mental illness: The role of affiliate stigma and face concern. *Community Mental Health Journal, 48*(3), 270–274.

Schuham, A. I. (1967). The double-bind hypothesis a decade later. *Psychological Bulletin, 68*(6), 409.

Vaughn, C. E., & Leff, J. P. (1976). The influence of family and social factors on the course of psychiatric illness: A comparison of schizophrenic and depressed neurotic patients. *The British Journal of Psychiatry, 129*(2), 125–137.

Yang, L. H., & Kleinman, A. (2008). "Face" and the embodiment of stigma in China: The cases of schizophrenia and AIDS. *Social Science & Medicine, 67*(3), 398–408.

護
航
復
元
：
思
覺
失
調
的
療
癒

第4章 心理成因的理論

周德慧
香港樹仁大學輔導及心理學系副教授

王正琪
亞斯理衛理小學學生輔導員

在阿慧大學四年級那年，男友突然提出分手。正準備找工作、憧憬未來的她感到晴天霹靂。失望、疑惑、憤怒、羞愧和憂傷就如一波又一波的潮水向她襲來。情感的決堤衝擊了她的理性世界。她已經不記得那時把自己關在房間裏冥思苦想、抱頭痛哭了多久。她只是一心希望想要明白，為什麼那個曾經與她海誓山盟的男生，竟然以性格不合的理由棄她而去。後來，她開始聽見一些聲音在譏笑她。這笑聲有男有女。這鬼魅的笑聲會在不同場合出現，也不知何時出現，使她猝不及防。這笑聲令她感到心寒、驚恐、揮之不去、無處可逃。

許多研究表明部分罹患思覺失調的人(schizophrenia / psychosis)都受到遺傳因素影響(Healey, 1993; Harrison & Weinberger, 2005)，亦有可能是神經傳導素多巴胺分泌過多引起(Sternberg, Vankammen, Lerner & Bunney, 1982)。van Os、Kenis和Rutten(2010)在《自然科學》(*Nature*)雜誌上發表了一篇文章，指出先天遺傳基因是需要與環境因素交互作用才能引發思覺失調。

在思覺失調發作（psychotic episode）前，大多數人會經歷高高低低的情緒波動。很多人也可能像阿慧一樣，經歷失業、失戀或是其他創傷，精神飽受煎熬、不堪負荷才出現思覺失調的徵狀。他們不僅要面對幻聽、幻覺和被害妄想的困擾，還經常承受社會標籤、歧視和污名無情的衝擊，再加上藥物的副作用、旁人的不理解，容易出現情緒不穩、社交退縮，並對生活欠缺動力和失去信心。

面對這一切，精神科藥物的治療必不可少。在使用針對性藥物治療的基礎上，家人的關懷、專業的心理支援和當事人的自我心理調適也至關重要。心理治療或心理輔導往往是應用專業的心理理論框架和技巧，以同理心陪伴復元人士一起面對其情緒困擾或成長中的創傷經歷，協助他們從不同層面、有系統地去認識並覺察自己的思想、感知、情感及行為的內容和模式，重新認識自我內心真實的情感和思想，並鼓勵他們自我成長，建立自信，重新面對現實生活。

不同心理學流派對思覺失調產生的心理成因和治療方案也有所不同，以下會從精神分析、認知行為、人本主義，以及家庭治療理論來探討思覺失調的心理成因。

精神分析與心理分析理論

思覺失調的研究和治療貫穿了精神分析及心理分析發展史的不同進程。然而，不同的精神分析師或心理分析師也有不同的側重。以下將會介紹精神分析和心理分析理論的相關學說。

弗洛伊德的自我理論

心理學之父弗洛伊德（Sigmund Freud）將「我」（self）分為「自我」（ego）、「本我」（id）和「超我」（superego）。「自我」是現實生活中的我，有自我意識。「本我」

圖4.1　弗洛伊德認為「我」可分為「自我」、「本我」和「超我」

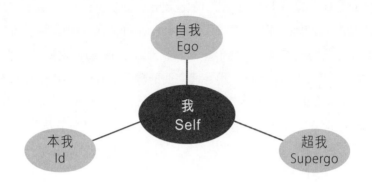

的拉丁文為 "id"，它代表人最原始的本能衝動和慾望。本我遵循滿足慾望、避免痛苦的快樂原則(pleasure principle)。與之相對，「超我」是人格結構中的管制者，受道德原則支配。由於本我和超我之間常針鋒相對，自我需要協調本我和超我之間的矛盾，對環境作出合適的反應。

　　在極端狀態下，自我的能力衰退，而可能會淪陷於本我或超我一方或兩方交替的完全掌控下，使人難以分清自我與現實世界(Freud, 1924)。當人在面對重大人生事件和沉重壓力時，他的自我功能可能不堪重負而出現退化(regression)，變得愈來愈軟弱。面對本我和超我之間強烈的衝突，會出現自我混亂(ego disorganization)，繼而失去有效管理本我和超我衝突的能力。例如當超我不能接受某些慾望時，便會把某些慾望當作威脅。自我運作(ego functioning)的受損更使人失去了現實檢驗(reality testing)的能力，他們不能清晰地分割自我與外在世界及分辨自己思想與他人的想法(Glassman & Hadad, 2009)。在這個退化的過程中，一些思覺失調症狀會因而產生，包括原始的退化行為(primitive regressive behaviors)、混亂而且可怕的幻覺(hallucinations)、身體知覺的變化、奇異無理不安的感覺及一些誇大的妄想(grandeur)(Shean, 2004)。

除了退化徵狀外，再發生表徵（re-situational symptoms）亦會同時出現。再發生表徵主要是指妄想（delusions）及幻聽（auditory hallucinations）。由於思覺失調患者的自我因着難以承受的壓力處於混亂狀態（ego disorganization），而妄想的出現在一定程度上幫助他們重新建構信念，令部分混亂的經驗顯得更合情理。透過妄想，部分的自我控制（ego control）與客體之間的關係（object relation）能被重新理解（Shean, 2004）。因此，新的現實環境可重新建立，脆弱的自我也不會被輕易壓倒。幻聽的出現通常會被認為是超我的投射（projections）。由於自我脆弱，超我的要求使自我更易衰退，所以為了維持自我控制的假象，這些超我的要求被外化成幻聽的形式，例如以上帝聲音的方式出現。

沙利文的人際關係理論

沙利文（Hany Stack Sullivan）是美國精神病學家，也是精神分析學派中社會學派的代表人物之一。沙利文的人格理論又被稱為人際關理論（Sullivan's Interpersonal Theory）。他在治療一些患有嚴重思覺失調的少年工作中，強調了人的社會性。他在人際關係中解釋思覺失調，也相信適當的人際關係有助於其復元（Sullivan, 1962）。

在沙利文（Sullivan, 1947, 1953a, 1953b）看來，人的存在和發展與其人際關係密不可分。人是在人際關係中生存和發展的。從嬰兒哇哇墜地，就開始面對父母與照顧者的關係。人的一生都活在一個錯綜複雜、不斷變動的人際關係中。人際關係構成了人的社會性。人的人格就是這種社會性的產物。如果要探究一個人的人格發展或是了解精神病病徵背後的原因，需要探究這個人與其生命中重要人物之間的相互關係。

沙利文（Sullivan, 1962）不同意思覺失調是一種自戀狀態或是一種遺傳，他認為思覺失調主要是緣於人際關係的分裂所產生的焦慮。一個人童年的人際關係遭到嚴重破壞，內在會充滿焦慮和懷疑，繼而可能產生思想怪癖或象徵化行為，從而操控自己或其他人，導致思維、情感、行為的歪曲和與現實經驗的分裂。思覺失調症狀的出現成為他們處理焦慮的極端方式。

沙利文認為焦慮既是人際關係的產物，同時又反作用於人際關係。在成長的各個階段，人會經驗到不同程度的焦慮。譬如嬰兒處於無助階段，只好透過啼哭和吵鬧來引起父母注意，以獲得食物和滋養。隨着年齡增加，兒童慢慢形成一種自我系統。如果外界事物和他人的評價與自我系統不符合時，就會產生焦慮。

面對人際關係的焦慮和矛盾時，個體會對人際關係的操作產生心理防衛機制。有些人會調節自我系統去適應外界事物或他人的評價，迎合他人的期望，藉以減輕焦慮，獲得安全感。有些人則會用分裂形式處理焦慮，企圖迴避導致焦慮的人際情境來減少焦慮。譬如，有些人一旦受到斥責時，會裝作事不關己、完全不給予注意；亦有少部分人在面對導致焦慮的人際情境時，會出現沙利文稱之為「反應的歪曲」的行為。他們會傾向以錯誤的感知、理解和標籤去接收現實，從而減輕內在的焦慮。他們在人際領域中歪曲地理解自己和他人的行為，以自欺欺人、警戒性、防禦性，有時甚至是以異乎尋常的方式與人交往，並出現幻聽、幻覺，時不時懷疑別人要監控和迫害自己。

沙利文在自己的臨床工作中，常常鼓勵患有思覺失調的人重新認識人際關係的狀況。他倡導使用一系列策略幫助他們察覺自己在人際關係中的歪曲現象及相應產生出來的焦慮。他鼓勵復元者重新體驗自己真實的思想和情感，並用合適的方式去表達自己的思想和情感，力求建立自己與他人的正常關係。他認為患有思覺失調的人與常人一樣，並不是什麼特殊的人，因為常人偶爾也會出現象徵化行為和怪癖思想。故此治療者必須與復元者合作，成為復元者在學習人際關係新應對模式過程中的積極參與者，協助他們適應日常生活和社會環境。

克萊恩的客體關係理論

梅蘭妮・克萊恩(Melanie Klein)是一位卓越的兒童精神分析師，她創立了客體關係理論。克萊恩(Klein, 1932)認為，生命的第一年在人成長過程中會起到不可替代的重要作用。她指出思覺失調的出現往往與他們在嬰兒

期經歷「偏執—類分裂心理位置」（paranoid-schizoid position）時出現問題相關。在偏執—類分裂心理階段，嬰兒會出現分裂（splitting）及投射性認同（projective identification）的防衛心理機制。

根據客體關係理論（object relations theory），當客體（objects）未能滿足嬰兒需要時，嬰兒會感到混亂且恐懼，因此很自然會分裂（splitting）並外化出他們不能接受的部分。譬如，在接受哺乳的經驗中，嬰兒開始將外在客體區分為好的客體（good object）或壞的客體（bad object）。好與壞取決於當時客體是否滿足他們的需要。如果當嬰兒感到飢餓時，母親會立刻哺乳，他們便認為這是好的客體；相反，如果母親沒有及時回應他們的需要，嬰兒會認為她是壞的客體。

在一個好母親的幫助下，嬰兒在經歷偏執—類分裂心理階段時，會建立客觀現實感，逐漸體會到愛的客體（love object）是在自體之外，便會從偏執—類分裂心理位置順利過渡到下一個心理位置。當母親或照顧者常常不回應嬰兒的需要，嬰兒的內在情感無法投射到外在客觀事物，就會影響個體性格。如果是正面情緒，孩子可能變得比較自戀；如果是負面情緒，孩子就變得比較偏執。有些嬰兒無論如何努力啼哭表達自己的需要，還是無人回應，便會產生妄想及幻聽以減低其所承受的焦慮。

克萊恩認為嬰兒的體驗包含着大量的幻想經驗，他們難以分清幻想及現實世界。如果嬰兒長期沒有感受到被愛，他們便會把這些經驗內化為自己的「壞我」（bad me）及感到被客體迫害。他們會利用投射性認同處理這些混亂的經驗。透過幻想，讓部分的「壞我」及內化的客體從自己身上分裂出來，然後把這部分視為外在的客體，從而象徵性地減低這些客體對自己的威脅性（Shean, 2004）。譬如他們會把部分對自我的憎恨轉向母親。

比昂（Bion）也認為早期的內化分裂及投射性認同的心理機制是形成思覺失調的重要過程（Bion, 1955, 1967）。他認為在嬰兒期，大多父母都好比一個容

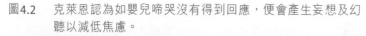

圖4.2 克萊恩認為如嬰兒啼哭沒有得到回應，便會產生妄想及幻
聽以減低焦慮。

器（container），會盛載及容納嬰兒的負面及難以處理的情緒。一旦父母不能
成為嬰兒投射性認同的容器，嬰兒只能獨自承受這些混亂而又可怕的經驗。

榮格的原型理論

　　榮格（或譯容格，Carl Gustav Jung, 1875-1961）是分析心理學（analytical
psychology）或稱為原型心理學的開創者。在他的心理學體系中，人格作為一
個整體被稱之為「心靈」。他認為人的心理結構是由意識（conscious）、個體無
意識（personal unconscious）和集體無意識（collective unconscious）三個層次相互
作用而形成的。

　　意識是指人在現實生活中可直接感知的部分，包括感覺、知覺及思維
等。人的意識成長會經歷與生俱來的「個性化」（individuation）過程。個性化
是指在意識的指導下，更清楚地認識自我（ego），意識和潛意識不斷溝通，從

而獲得一種清晰的自我意識的過程。榮格認為，個性化過程對於人生命成長至關重要。人只有透過個性化過程才會具備平衡和統一的人格。

個體無意識多指那些被遺忘或被壓抑的記憶、知覺和心理體驗。個體無意識只是處於人潛意識的表層，通常會透過「情結」（complexes）表現出來。在榮格看來，更為深層的潛意識是集體無意識。在集體無意識中，個體無意識彷彿滄海一粟，微不足道。那些沉澱於人類心靈底層的生物本能和人類文明的精髓，構成了人與生俱來的知覺情感及思想行為的終極心理要素。它們影響和制約了人的個體行為。

集體無意識是遠古以來人類所承傳的共同心理部分，它以原型（archetype）的形式存在。我們可以在各民族的神話傳說及文藝創作中見到許多普世的原型。在眾多的原型中，榮格研究得比較多的原型是人格面具（persona）、陰影（shadow）、阿妮瑪（anima）、阿妮姆斯（animus）和自性（self）。它們在人格形成中起了不同的作用。

譬如，「陰影」被稱為同性原型，與人格面具相對立，是集體無意識中黑暗的部分，可以說是遺傳了人類邪惡的劣根性，常以妖魔、鬼怪或仇敵的形象投射出來。「阿妮瑪」和「阿妮姆斯」是異性原型。阿妮瑪指男性心靈中的女性意象，阿妮姆斯則是指女性心靈中的男性意象。譬如，當社會要求男性具備陽剛之氣時，勢必會令男性在現實生活中割捨自己優柔寡斷、多愁善感的陰影。在戀愛中，當一個男人邂逅那位具有他自我陰影特質的阿妮瑪，他會情難自禁，尤如飛蛾撲火，奮不顧身。其實這也正是他靈魂深處感受到整全生命的契機。戀人走向彼此的過程就是一個與自我和解、整合生命的歷程。兩人的結合會令他慶幸在人海之中，尋到自己的另一半，生命得以完整。反之，他會經歷再度自我分裂的痛苦。

「自性」是整合和秩序的原型，在人格結構中處於核心位置。自性的原型可以包含其他原型。它的作用是協調整合組成人格的各部分成為一個和諧的整體，為人格確定方向和意義。它既是人格的起源開端，也是它的終極目的。

圖4.3　榮格認為人的心理結構是由意識、個體無意識和集體無意識三個層次形成

集體無意識浩瀚無邊又深不可測。一旦人開啟了集體無意識的大門，那些有堅韌自性的個體會如同勇士奧德賽（Odyssey）般，披荊斬棘，在集體無意識的海洋中乘風破浪，一波接一波，經歷一場不斷深入認識自我、整合自我的自性化之旅；而自性脆弱的人很可能就會被集體無意識強悍的力量所吞噬。

榮格在面對精神分裂症的臨床經驗中，發現許多案主的潛意識經驗中，都會出現與不同古老文明類似的原型意象。這些豐富的集體無意識的原型充斥和搖撼着他們的精神世界，解離核心的防禦機制。榮格認為，與其說精神疾病是由外部事件引起，倒不如是無意識推動着那些外部事件，對個體產生深刻影響，令他們被集體無意識的力量淹沒了（Jung, 1939）。那些幻聽、幻覺的心靈事件對於案主而言，可能比外部事件更為真實。對於精神分裂症的治療和描述，榮格這樣寫道：

　　五十多年來，通過實踐經驗，我確信的是，精神分裂症障礙可以通過心理學的方法得到治療和療癒。我發現，就治療來說，精神分裂症的病人和神經症（neurotic）的病人沒有什麼不同。他也有同樣

的情結（complex）、同樣的領悟（insights）和同樣的需要（needs），而只是對他自己的（心理）基礎沒有神經症者那樣的確定性⋯⋯潛伏性精神分裂症者的特徵是對自己精神基礎的不確定感，擔心自己會解體或者失去和所有人的聯繫，覺得自己的人生會受到偶然發生事件所造成的混亂侵襲。而這種不確定感，會在夢中表現出來，譬如說夢到宇宙巨變、夢到世界末日、夢到自己站立的大地開始突起，牆壁曲折凸起，堅實的大地變成一片澤國，風暴把自己捲到空中，所有的親屬都死了等。（Jung, 1958, pp. 258–259）

當你閱讀以上描述時，是否也能感受到個體經歷這類超現實經驗時的極度恐懼和絕望呢？榮格深知集體無意識積聚洪荒之力，但他同時認為，普通人在睡夢或積極想像中也會湧現集體無意識的原型。人即使在集體無意識中失去平衡，卻不一定會罹患精神病。那種超現實的體驗不過是自我對於失去平衡的恐懼。只要作為心靈全體的自性還在發揮機能，個體就能保存良好的自我功能。

事實上，榮格自己也曾一度出現過幻覺，並經歷過深刻的靈性體驗。他不但沒有逃避這類超心理（parapsychology）的體驗，還將這一類經歷作為認識和整合自己良好的契機。他認為，人真正意義上的自我實現，就是去經歷意識和無意識之間不斷溝通和整合的自性化的過程。人在這個過程中會逐漸學習認識、理解和接納真正的自己。這也反映榮格對人類精神人格所持的統一性、完整性及超越性的觀念。

榮格用了16年時間，在一大本紅色的皮革日記簿裏繪畫、筆錄，詳盡地記載了他在無意識精神世界所聽到、所看到或所感受到的一切。2009年，在榮格去世近半個世紀後，這本被稱為《紅皮書》（The Red Book）的曠世奇書終於問世（Jung, 2009）。

在榮格記錄自己超現實體驗的過程中，他繪製了大量曼陀羅（梵語mandala音譯）。曼陀羅最大的特徵是一個圓形的意象。中國人講求人生圓滿圓融，而

榮格認為，曼陀羅具有統一和諧及完整圓融的特點，可以用來象徵自性。在繪製曼陀羅的過程中，人會不自覺地將自己的內心投射在繪畫之中。每一張曼陀羅都對應人不同的生命或修為境界。人在不斷繪製曼陀羅的過程中，會逐漸整合凝聚心靈系統的完整，建立回歸中心的自覺能力，圓滿自性。

自我分裂和自我整合的理論

雖然Mueser & Berenbaum(1990)在回顧和展望精神分析思覺失調的應用時，也曾提及過弗洛伊德學派並不贊同思覺失調人士適合進行精神分析，但精神分析理論運用在思覺失調治療方面已有上百年的歷史，也積累了相當豐富的臨床經驗(例如Feinsilver, 1986; Fromm-Reichmann, 1950; Pao, 1979; Rosen, 1947; Lempa, von Haebler & Montag, 2016)。

在香港，葉錦成教授總結了精神分裂症的徵狀，並根據英國著名的存在主義精神病學家萊因(Laing, 1960)在《分裂的自我》所闡述的分裂過程，整合了一套自我分裂和自我整合的理論(葉錦成，2013)。

他概括了精神分裂症三種交互徵狀：第一、顯性或陽性徵狀(positive symptoms)包括明顯的幻聽、幻覺、妄想及凌亂的語言和古怪的行為。第二、隱性或陰性徵狀(negative symptoms)包括自我退縮的行為、情感遲緩和表達不清。第三、自我分裂徵狀，也就是無法區分外部世界和自我的徵狀。Schneider(1959)認為這一徵狀是精神分裂症最主要的徵狀。因此，自我分裂的徵狀又被稱為第一類徵狀(first rank symptoms)。

葉錦成(2013)指出這三個徵狀與人成長中的三種需要相互關聯。他用A軸、B軸、C軸表示：

A軸：人有向外展示自身需要及與外界溝通的需要。

B軸：人有向內接受其他人要求和感受、並內化外在知識的需要。

C軸：人有保持自我獨特型和完整性的需要。

這三種需要構成人成長的動力。葉錦成（2013）認為這三種需要與弗洛伊德的超我、本我、自我息息相關，也與萊因在描述人在罹患精神分裂症前所處的的三種焦慮狀態（Laing, 1960）存在一定程度的對應關係。

葉錦成（2013）進一步闡述人在罹患精神分裂的過程中，A軸、B軸、C軸會充滿各類錯綜複雜的自我矛盾（見表4.1），其中包含自我斷裂與自我融合的矛盾、自我隱藏與自我展示的矛盾，以及自我摧毀與自我保存的矛盾。在這場針鋒相對的自我矛盾拉鋸戰中，自我存在岌岌可危。復元就是要協助復元者進行自我整合，促進他從自我斷裂與自我融合的矛盾中走出來，逐漸實現現實和積極的自我融合，從自我顯現與自我隱藏的矛盾中釋放出積極和現實的自我顯現，並從自我摧毀與自我保存的矛盾中最終學習到如何在現實世界中尋找建立自我真正的存在。

社會環境在復元的過程中具有至關重要的作用。萊因（Laing, 1960, 1961）認為，如果能夠給予復元者一個足夠好的環境（good enough environment），他就會慢慢脫離那種瘋狂的狀態。葉錦成（2013）認為在一個培養獨立、自主、尊重、關懷和安慰的社會環境中，自我斷裂與自我融合、自我隱藏與自我展示，以及自我摧毀與自我保存的多重矛盾在A軸、B軸、C軸上都會出現一系列良性改變。具體來說，A軸的良性改變需要一個尊重、被看重和欣賞的社會環境；B軸的良性改變需要一個支持性和關懷性的社會環境；C軸的良性改變需要一個培養獨立自主的社會環境。譬如，在尊重和關懷環境中，復元者可以學習與周圍的人真誠地溝通，即不再需要用誇大的妄想（delusion of grandiosity）去滿足自我存在的需要，也不再需要用迫害妄想來保護自己擔驚受怕的心靈。如果無需面對難以承受的社會責難和歧視，復元者可以開始尋求展現和發揮自己的個性，而不再需要退縮隱藏自我身份。當周圍的人看重、欣賞復元者，同時鼓勵他們獨立自主，他們便會逐漸清晰自己的自我界限。透過與人和睦相處、社區活動和積極工作，他們會慢慢建立自我存在的真實感。

表4.1 A、B、C軸中的自我斷裂與自我融合的矛盾、自我隱藏與自我展示的矛盾,以及自我摧毀與自我保存的矛盾。

	矛盾衝突	
	自我斷裂	**自我融合**
A軸	超我與本我分裂: • 外在世界分裂為好的其他人與壞的其他人 • 內在世界斷裂成為良我與劣我	超我與本我結合: • 外在世界與內在世界的融合 • 壞的自我與壞的其他人融合為逼害感 • 好的自我與好的其他人結合成為超能的自我
B軸	本我協調超我與本能的能力減弱,無法管束本能	本能和本我聯結: • 自我的成熟極度退行與本能接近 • 愈來愈衰退的本我與本能愈來愈接近
C軸	自我意識被壓迫性的環境不斷吞噬	利用外界的意識去證明自己意識的實在和存有,將別人的意識帶進自我意識當中
	自我隱藏	**自我展示**
A軸	在A軸中真正的內在自我是隱藏的,用以去保護自己較脆弱的自我形象、需要和感覺	顯現的是誇張、害怕、僵直的妄想和幻覺
B軸	自我功能在退行中不斷隱藏、壓抑,甚至忘記過往所受的傷害、創傷和無奈	表現幼稚和不斷重覆的動作及本能的展示如性、侵略行為及食慾的衝動
C軸	自我用別人的身份去檢視自己(把自我身份隱藏起來),自我和其他人身份不停對調	以自我的身份去代表別人(把自我展示出來,又安全地隱藏自我),自我和其他人身份不停對調

（續上表）

	矛盾衝突	
	自我摧毀	**自我保存**
A軸	• 幻覺和自我摧毀在被壓迫現實中調節和束縛，不斷瘋狂地增長 • 過度逃離現實，自我反而失去建設性、能力和自由	• 保存自我在內在世界的增長性、自主性和創造性的感覺 • 不斷失控地逃離現實以滿足自我保存的需要
B軸	• 假象自我與外在世界結合 • 摧毀真正自我在外在世界滿足的可能性 • 真正自我摧毀式的生存	• 假象自我保存外在世界的要求 • 保存假象自我的存在 • 保存與其他人的假象聯繫 • 保存自我與其他人的距離 • 假象自我自下而上式的摧毀
C軸	• 摧毀完整的意識和演繹 • 摧毀意識和演繹中的不斷性、個人性、獨特性、主觀和彈性 • 以沒有或凌亂意識去摧毀意識和演繹 • 用不存在的感覺去摧毀在現實世界中的存在	• 以凌亂的意識和演繹去保存意識和演繹的存在 • 保存意識中的不完整、間斷、失去個人、沒有獨特，缺乏彈性的特點 • 以凌亂成不完整意識去保存意識和演繹的存在，或用主觀不存在去保存自我的存在
A、B、C軸	自我吞噬　◄──────►　避免被其他人吞噬 自我壓迫　◄──────►　避免被其他人壓迫 自我物化　◄──────►　避免被其他人物化	

資料來源：葉錦成（2013）。《自我分裂與自我整合。精神分裂個案的實踐與挑戰》北京：社會科學文獻出版社。50、52–54頁。

護航復元：思覺失調的療癒

認知行為治療理論（Cognitive Behavioral Therapy, CBT）

亞倫・貝克（Aaron T. Beck）所應用的認知行為治療理論（Cognitive Behavioral Therapy, CBT）在整個認知行為治療學派中有着重要的地位。1952 年，貝克已成功利用CBT處理妄想症狀（Morrison, 2009）。在往後思覺失調的復元工作中，CBT的技巧不斷被應用及改善。直至現時，美國和英國以CBT為治療思覺失調的首選療法（Wykes, Steel, Everitt & Tarrier, 2008）。貝克的認知行為療法可挑戰復元人士的非理性信念，改善妄想及幻聽的狀況。實證研究發現，CBT治療陽性症狀有較理想的效果，尤其是命令型幻聽（Morrison, 2009; Addington & Lecomte, 2012; Wykes, et al., 2008）。

認知、情感、動機及行為經驗的混合構成了個人對環境理解的系統，亦即是基模(schema)。認知行為治療強調的是基模當中的認知和信念能改變人的情感、動機及行為經驗。例如當人認為自己值得被愛，他的情感會自然地變得正向積極，建立人際關係的動機會提高，因此他會更努力地在關係中表達真誠的自己。這能為他帶來更多正面的經驗，從而鞏固他的基模。然而，當人的基模出現失衡或異常，訊息的輸入便會被扭曲，即是所接收新的資訊難以與原有的基模融合，因此不能接收新的資訊(Beck & Rector, 2005)。例如當人認為世界是危險的，即使他遇上了好人好事，已建立的基模也會使他誤解別人良好的動機。當我們所理解的資訊不完整或不準確時，就是「認知扭曲」(cognitive distortion)。

人經歷過一些重大的人生事件或創傷經驗，便會產生非理性信念，並建立負面基模(Beavan, 2007)。如何從這些非理性的信念中分辨出是否有妄想？以下四種因素可協助分辨：

(1) 遍佈性：指我們每時每刻的意識有多大程度地影響着核心信念；
(2) 堅信性：指我們有多大程度相信自己的信念是正確無誤；
(3) 重要性：指此刻的信念對我們的重要性；
(4) 靈活的程度：指我們的信念是否合乎邏輯。（Beck, Rector, Stolar & Grant, 2009）。

表4.2 患有思覺失調的人常見的認知扭曲

認知扭曲	定義	例子
1. 斷定性思想	以偏概全，以其中一個無關的理據，推斷出所謂的事實。	「我是中國人，康熙也是中國人，因此我也是皇帝。」
2. 過早賦予意義	在仔細地過濾外在的刺激前，就給予意義。這種認知扭曲與被害形妄想有着明顯的關係。	「我感受到有人看着我，他們想殺害我。」
3. 過度自我中心	認為周遭發生的事情都與自己有關，對現實與幻想感到混淆。	「他們不斷地談話，莫非是討論我？」
4. 不能理解抽象事情	不能理解象徵或比喻，只能從事情的表面特徵去了解。同時，他們會將抽象的思想轉化成知覺現象，例如幻聽。	「媽媽説我是她心中的太陽，難怪我總是覺得熱，莫非我是太陽神下凡？」

患有思覺失調的人士通常對於自己的信念堅信無誤，難以質疑這些信念，而且這些信念對他的生活有重大的影響，因而產生認知扭曲，形成妄想。常見的認知扭曲可分為四種，詳見表4.2（Shean, 2004）。貝克認為要明白妄想的形成和內容必須先理解妄想背後的故事和造成的心理問題（Beck & Rector, 2005）。

在多項研究中，研究人員發現許多思覺失調患者曾經歷過身體虐待、性虐待、父母離異、目擊他人受創的過程等（Friedman & Tin, 2007; Holowka, King, Saheb, Pukall & Brunet, 2003; Lysaker, Outcalt & Ringer, 2010）。創傷過後，他們認為世界是危險且難以控制的（Garcelán, 2004）。當面對事件時，一般人會選擇接受，又或被心理防禦機制抑壓。但是，當這些方法皆不能有效地處理創

傷時，妄想便會出現，以與現實脫軌的想法保護那個受傷、沒有自信的自己（Prasko, Diveky, Grambal, Kamaradova, Latalova, Mainerova, Vrbova & Trcova, 2010）。例如自大型妄想的案主是為了彌補寂寞、沒有自我價值及無力的感覺，他們因此便想像自己成為著名的人，又或者像上帝一樣全能（Beck & Rector, 2005）。

除了妄想以外，思覺失調患者不時會受到幻覺的干擾，包括觸覺、聽覺、視覺及嗅覺的幻覺。當中最常見的是聽覺及視覺的幻覺。他們的神經認知系統通常出現缺損，因而注意力出現缺陷（defective attention），令他們對於一些與現實相關的刺激感到難以集中，而且會混淆內在及外在的刺激，不能分辨清楚聲音是來自內在的想法還是他人的想法，失去了來源監控（source monitoring）的能力（Glassman & Hadad, 2009; Beavan, 2007）。例如當聽到有聲音責備他時，由於不能分辨內在和外在的刺激，他便誤以為是外在的聲音在責備他，事實上只是他內心的想法演變成為聲音。同時，復元人士過往的經驗、性格、最近的想法和感受也會影響聲音的力量及意義（Glassman & Hadad, 2009）。他們過往的人生經驗會轉化成內在表徵及意義，當被觸發時，會以視覺或其他感知的渠道表達出來（Beck & Rector, 2005）。同時，感知系統會受到他們的情緒影響。例如當他們最近的心情較低落時，感知系統的門檻會較低，分辨聲音真假的能力便減弱，聲音出現的頻率便有可能增強。

在治療思覺失調時，CBT的主要對象是恢復期的復元人士，因為他們較有病識感（患者對於自己健康狀態的知覺能力），因而有較大的動力去改變認知基模（Torrey, 2011）。

在進行CBT時，需要達到五個主要目標（Morrison, 2009; Shean, 2004）：

(1) 讓復元人士更留意自己面對聲音困擾時的態度，增加他們尋找外在證據的動機；

(2) 串連他們的人生事件、面對幻聽和妄想時的感受及想法，使他們更了解症狀背後的原因；

(3) 鼓勵他們探究自己的基模與思想內容的關係;

(4) 讓他們發現,需要更實在地留意現實經驗;

(5) 協助他們就着症狀建立新的應對策略及增強現有的應對策略。

改變負面基模不是一朝一夕的工作,因此讓復元人士明白自己現時的行為及信念模式與基模的關係尤其重要。在治療的過程中,治療師會透過與復元人士討論「ABC理論」,讓他們組織混亂的經驗。首先,治療師會讓復元人士以0至10分指出現時感受到的分數;然後,治療師會從情緒及行為方面拆解幻覺(A: activating events)所造成的後果(C: consequences);接着,治療師會與復元人士一起探討什麼事件會引發後果,再把A及C作出連結;最後,他們會一起討論復元人士的信念(B: belief)與C的因果關係,以合理化復元人士因幻覺所造成的困擾(Kingdon, 2006)。

在應用「ABC理論」的過程中,治療師可與復元人士分析聲音(Torrey, 2011)。治療師會首先詳細地詢問聲音的內容、力量及意義,以了解當中的關聯(新生精神康復會,2016)。例如:聲音對他們有什麼意義、他們怎樣理解那些聲音、這些聲音會怎樣影響他們等(新生精神康復會,2016)。當了解聲音的詳細內容後,治療師便會討論聲音中不合理的想法,以及聲音與復元人士過往經歷的關係,以重新檢視聲音的意義和目的。例如了解復元人士童年時與家人的相處、有沒有一些受傷難忘的經歷,以及成功處理聲音的經驗等。透過這些深入的問題,復元人士會慢慢加深對自己狀況的理解,焦慮或許因而減低。對於某些復元人士來説,發現幻覺及妄想的形成,有助減低幻覺及妄想對他們的影響。在貝克的一次臨床經驗中,復元人士是一名28歲二戰退役的士兵(Beck, 1952),這位復元人士認為自己患上了梅毒,而且經常被50個由聯邦調查局派來的男人監視,對此他感到無助和羞愧。然而,當貝克指出這一切特徵和徵狀都與他父親有關,他所承受的無助和羞愧感覺都是由父親而來,他的妄想情況開始改善,那些「由聯邦調查局派來監視他的男人」也逐漸由50個減至2至3個。

此外，治療師會嘗試為復元人士進行認知重建（cognitive restructuring）。認知重建是一個過程，可讓復元人士發現自己的認知扭曲，繼而協助他們以正面的自述取代認知扭曲的信念。貝克認為與他們進行認知重建的過程十分困難，因為他們在過程中所作出的回應或對治療方向是沒有關係而且無效的，所以需要找出復元人士行為背後的原因，以作出假設（Beck Institute for Cognitive Behavior Therapy, 2015）。他在訪問中舉了一個經常在醫院裸跑的復元人士為例。在治療開始時，治療師希望藉着復元人士的興趣與他建立關係。在其後的過程中，復元人士逐漸透露他想成為一名汽車維修員，並喋喋不休地說了15分鐘。談話中，他突然提到自己因為眼睛看不清楚，所以不能進行扭螺絲的工作。治療師於是帶他配戴眼鏡，他戴上眼鏡後便看清楚東西。最後，該復元人士能積極地接受治療並離開醫院。貝克指出這位復元人士喜歡裸跑是因為感到被社會孤立，不能完成自己的理想，因此一旦發現問題的根源，便能改善病情。

另外，有時候聲音的「力量」太大會令復元人士變得無力，因此需要利用記錄卡、預演壓力及分散對聲音的專注等方法，以增加應對聲音的力量。記錄卡能夠幫助他們記下聲音出現時的過程及細節，並且協助他們記錄有力的回應（新生精神康復會，2016）。這些方法的目的是希望復元人士能夠重奪主動權，減低聲音的威脅，逐漸地認清現實與幻想。另外，治療師也可幫助他們預演受到幻聽及妄想影響時的情況，從而協助他們應對（新生精神康復會，2016）。這樣可加強他們的抗壓能力，讓他們更有信心和力量對抗及控制聲音。此外，治療師也會與復元人士一起探討分散注意力的方法和刺激，減少對幻聽的注意，例如聽音樂、與別人談天、大聲叫嚷等（Torrey, 2011）。

除此以外，復元人士由於長期受幻覺及妄想的困擾，較難建立一個健康的人際關係，自信心亦會較低，因此發掘他們的興趣和長處尤其重要（新生精神康復會，2016）。社交技巧訓練（social skills training）亦是一個重要的方法幫助他們在復元的過程中更融入社會，發展健康的社交圈子。

圖4.4　以記錄卡記下聲音出現時的過程及細節，可幫助復元人士
　　　　逐漸認清現實與幻想。

人本主義理論

　　「人本主義心理學」（Humanistic Psychology）繼精神分析和認知行為主義之後，被稱為心理學的第三種思潮。人本主義心理學總結了人不同層次的需要，重視人的內在潛能、自我成長和自我實現。

　　卡爾・羅傑斯（Carl Rogers）在心理治療實踐和研究的基礎上，逐步整理出獨樹一幟的「以人為中心」的心理治療理論（Rogers, 1951）。羅傑斯指出人生來就有自我實現的傾向，作為有機體的人類與生俱來就具備一種「肌體智慧」，幫助他們判斷如何行事可以促進自我成長。譬如嬰孩學步時，雖然不斷跌倒，但從來沒有一個嬰孩會因為疼痛而放棄學習走路。他在自身內在生命成長的驅動力之下，本能地知道學走路跌倒的疼痛對生命不但無害，更是成長必需經歷和克服的。於是他跌倒了，爬起來再繼續走，再跌倒再爬起來，這樣就學會走路了。

羅傑斯相信人自我成長和自我療癒的能力（Rogers, 1957, 1961）。一旦人被完全地接納、完全地信任，自己就會產生自我實現的趨向，並依賴他與生俱來的機體評價能力，調整和指導自己的行為，並對環境作出良好的主觀選擇與適應，逐步實現自我。羅傑斯強調「無條件積極關注」（unconditional positive regard）對個人成長的關鍵作用。「無條件積極關注」是指人在任何時候，即使是軟弱和錯誤時，都能被聆聽、被關懷、被接納、被相信和被支持。當人被無條件地積極關注了，他就可以相信自己並實現自我。在孩童的成長過程中，大多數父母不能給予孩子成長所需的無條件積極關注，而只能給孩子有條件的積極關注。孩子順從父母，父母會讚賞他；一旦孩子不順從父母，父母便會表達憤怒或鄙視，一心想要孩子成為他們心目中的樣子。更有甚者，有些父母連有條件的積極關注也無法提供。無論孩子如何期盼、懇求或調皮搗蛋試圖引起父母的注意，父母都無視孩子的內在需要，這會在孩子的人格形成過程中造成極大的損害。

自我概念是人本主義的核心理論。人本主義認為，人的自我概念是在個體和環境的互動中形成，以人為中心治療就是要創造一個安全支持的環境。羅傑斯在《論人的成長》中表示，他關注的重點不再是怎樣治療或改變一個人，而是怎樣提供一種關係，使這個人可以借助這關係來進行自我成長（Rogers, 1961）。復元者需要透過他人對自己的理解、接納和尊重來重新認識和接納自己，並且重建其人格。在這個過程中，第一、治療師需要保持完全的真誠，表裏如一，給予復元者足夠的安全感和信賴感，令其可以自然地分享自己的情感和態度問題。第二、是無條件積極關注。即使復元者的描述，有多麼難以置信，治療師都要用非批判的態度積極地傾聽，以表尊重。第三、是同理心。治療師需要放下自己的主觀態度，設身處地去體會復元者的經歷，感其所感（Rogers, 1951, 1957, 1966）。

在現實生活中，思覺失調復元者所表現出的行為，很少會獲得現實社會的理解，更不用說接納和無條件積極關注。相反，很多復元者及其家人都飽

受社會污名、社會標籤的負面影響。從這個角度上講，如果心理治療師可以用無條件的積極關注去聆聽和嘗試理解復元者的現實和內在經驗，這對促進其自我成長是十分重要的。

羅傑斯本人就曾用「以人為中心」的心理治療方案與精神分裂症的復元者工作。對他而言，最大的挑戰是他們缺乏動機。不過他相信，只要治療師可以堅持無條件接納和以同理心理解復元者，就可以推進治療進程（Rogers, 1967a, 1967b）。羅傑斯曾分享一個案例：吉姆•布朗被診斷患有精神分裂症，他有高中教育程度。在羅傑斯與布朗的對話裏（Rogers, 1967b），很多時候布朗都是長久地沉默和流淚。在「以人為中心」的心理治療框架下，最常用的技巧是反映式的回應（reflective response），即在理解的基礎上重覆對方的話。巧婦難為無米之炊，當布朗一言不發的時候，如何做反映式的回應呢？讀這個案例的時候，我見到羅傑斯要以無比的耐心去盛載、理解和接納那份沉默，同時也要以他的關懷去溫暖這份沉默，等待它冰釋的一刻。

此外，德國精神病理學家卡爾・雅斯貝爾斯（Karl Jaspers, 1883–1969）認為復元人士有其獨特的內在經驗，這部分經驗需要被聆聽和整理。他反對精神科醫生無視復元者的自發積極性，在未曾進入復元者主觀世界之前，就妄加論斷。他使用現象學的方法，提倡在治療中，要以復元人士為中心，鼓勵他們描述所經歷的幻覺、妄想、自我意識、情緒等內在經驗。在他的臨床觀察中，他發現精神症狀是復元者企圖適應或理解自己社會經歷的一種嘗試。人經歷生活環境的巨變，對個人和他人的看法開始扭曲，行為出現異常，脫離現實，繼而會嘗試用非常個人的方法去理解自己的異常經歷。有些人，當其理想狀態和現實狀態存在天壤之別時，會不知不覺用幻覺或自我創作來解釋或解決這種矛盾和不協調。在我們透過詢問和聆聽了解了復元人士的過往經歷時，無論是多麼荒謬的幻覺和妄想，我們都可以在他的敘述中找到合理的解釋。他認為精神分裂症是一種特殊形式對其社會處境的適應不良（Jasper, 1968）。

另外，雅斯貝爾斯認為人的存在離不開現實處境。死亡、苦難、鬥爭和罪是人不能避免的邊緣處境。當人處在邊緣處境上，才能真正認識自己的實存，同時，人才能成為人自身。一個人若沒有罹患思覺失調的經歷，實在很難了解復元人士所經歷的痛苦掙扎。雅斯貝爾斯主張去聆聽復元人士的心路歷程。一個人「罹患」思覺失調後，自我意識如何？他是如何看待自己和自己所處的狀態呢？如果他之後完全復元，自知力恢復正常後，復元人士又會怎樣看待自己患病時的精神狀況呢？

家庭治療理論（Family therapy）

著名的數學家約翰・奈許（John Nash）曾經患上思覺失調。他自幼十分聰明，23歲之齡便考獲博士學位，又被普林斯頓大學的研究院錄取專門研究數學。在博士畢業後，奈許取得了前麻省理工學院的教席，還開始建立婚姻生活。然而，在風光的背後，奈許需要面對沉重的壓力和無力感，而這些壓力在一定程度上引發了思覺失調，令他在這段期間出現了各樣的古怪思想和行為。他曾經向身邊的人表示有外星生物，又指各國政府透過《紐約時報》傳達一些訊息給他；他又曾經認為自己是具有特殊能力及特別的偉大人物，因而不眠不休地寫信給外交大使，要求他們支持他成立世界政府。除了出現這些古怪的思想外，奈許在腦海中更聽到一些反對他的聲音。他在一些訪問中更描述這些妄想的概念就像數學算式一樣，不斷在他腦海中出現。奈許的情況日漸嚴重，他的太太希望他入院接受治療，並對他不離不棄，繼續留在奈許身邊照顧及支持他。最後，奈許的病情終於穩定下來。在1994年，他更榮獲諾貝爾經濟學獎。

從奈許的故事可見，家庭對思覺失調患者的情況有重大的影響。家庭更是影響個人成長的一個最重要因素。因此，家庭當中的機會率有着密不可分的關係。在治療的過程中，家庭關係是十分重要的考慮因素。在家庭治療理論學派中，博域家庭系統理論嘗試解釋復元人士患上思覺失調的成因。

博域家庭系統理論（Bowen Family Systems Theory）是由梅利‧博域（Murray Bowen）所創立的。博域的理論並不在於解釋博域家庭系統的效用，而是集中解釋家庭如何成為導致思覺失調的其中一個因素（Massie & Beels, 1972）。博域認為家庭是一個情緒系統，成員之間擁有強烈的情緒連繫。這種情緒連繫被家庭成員之間的溝通模式所影響。博域認為家庭成員之間的溝通模式影響着思覺失調的發病率。與其他學派不同的是，博域認為這種溝通模式是世代相傳的，並不只是由於復元人士與現時在家庭成員中不良關係所引致的。

　　博域提出了跨代家庭承傳（multigenerational transmission process），強調家庭情緒系統會延伸數代。在這個過程中，上一代的情緒系統會投射（projection）承傳到下一代身上（Marley, 2013）。例如當夫妻彼此的情緒長期不穩定時，他們的子女便學習了父母表達情緒的方式，並在自己組成的家庭中表現出來。在婚姻的關係中，一個人如果自我分化（differentiation of self）程度低，即是他難以區分事情中的理性及情感，通常便與相似自我分化程度的另一半結婚。他們在婚後也會容易感到焦慮，同時亦會難以區分自己與對方的感受（Marley, 2013）。

　　自我分化程度相似的雙方在婚後衝突影響着孩子的成長。結婚後，雙方產生的磨擦因着自我分化程度低而愈來愈激烈，彼此的情緒和思想愈來愈混亂。雙方為着各自的想法爭持不下，為了爭取最大的支持，其中一方或會下意識地拉攏子女結成聯盟，形成三角關係（triangle），從而增加個人力量。在普遍的家庭中，當一方採取主動時，另一方便會變得被動，而主動的一方通常是妻子，因此她和孩子的關係更親密，同時她也下意識地向孩子表達了在婚姻關係中更多的不安或焦慮（Shean, 2004）。博域在這裏舉出了一個例子，當妻子感到焦慮時，她會全心全意地聚焦在孩子身上，並且以無微不至的愛以合理化自己的行為；相反，當妻子沒有感到焦慮時，她會以堅定的態度對待孩子，以合理化自己的行為（Bowen, 1993）。每個孩子都會為了生存而滿足父母的期望。他們會因而接受及認同父母的評論，並且否定及忽略自己個人重要的需要，這就是一個內化的過程（introjection）（Bowen, 1960）。

父母對孩子的情感投射有可能使孩子在青少年時期出現思覺失調的症狀。當小孩踏入青少年時期，他們的內心會有更強烈的掙扎。一方面，他們想滿足父母的期望；另一方面，他們開始變得更獨立。當孩子在過程中愈成熟，父母便愈將他們當成小孩去看待。矛盾的地方是，當孩子性格顯出孩子氣時，父母便要求他們長大，變得更成熟。對於自我分化程度低的孩子來說，這種環境使他更感到焦慮。同時，成長的要求使他們需要在心理上拉遠與父母的關係，但他們卻需要處理尋找自我的任務。一位罹患思覺失調的少女描述這種情況就像被磁場一樣圍繞着自己，當她與母親太接近時，會被母親掌控，失去自我；相反，當她嘗試遠離母親時，她發現找不到自己（Bowen, 1993）。一般來說，當孩子面對這種狀態時，會以不同的方法減低焦慮，例如找代替物取代母親、以身體疾病的方式去表達壓抑的感受及拉遠與家人之間的距離等（Bowen, 1960）。然而，當這些方法都不能有效減低焦慮時，便會出現精神崩潰，最後甚至會無法區分出自己和其他人的思想與感受（Bowen, 1960; Goldenberg & Goldenberg, 1996）。因此，一些孩子在青少年時期會出現幻聽、妄想等症狀以外化家庭情緒系統的威脅，減低恐懼。

　　即使在這類家庭下成長的青少年尚未出現思覺失調的症狀，但是對於自我分化程度低的孩子在親密關係中或會與相似程度的另一半結婚，於是他們的家庭也承傳了這種情緒系統。這種模式持續了最少三代後，下一代患上思覺失調的機會便大大增加（Bowen, 1960）。

　　在家庭治療當中，復元人士往往就是父母之間角力的工具，亦是父母注意力的所在。因此，為了更容易地處理父母間的衝突，家庭治療師通常會與復元人士建立一個更緊密的聯盟，增加他們的力量，逃離父母之間的角力，減低焦慮（Marley, 2013），以慢慢緩和他的症狀。如果復元人士已婚，最重要的面向並不是處理他與父母的關係，而是夫妻關係。

　　除了以家庭治療理論理解整個家庭的關係對復元人士的影響外，治療師亦會以不同的方向減低家庭成員的焦慮。例如為家庭進行心理教育

(psychoeducation)，協助他們了解復元人士的困難和需要。此外，家庭成員在照顧復元人士時的壓力也會增加，個人或小組輔導有助他們減低無助感，同時亦讓他們發現成員之間的關係對復元人士、甚至整個家庭造成的影響。

結語

綜上所述，每一種心理學理論都與它出現年代所盛行的思潮有着密不可分的關係，隨着其信念及側重角度的不同，不同心理學流派關於思覺失調成因的論述都有其獨到之處，治療方案也不盡相同，實在春蘭秋菊，各有千秋。再加上文化因素，並沒有任何一個心理理論可以放之四海皆準，能在思覺失調的療癒上保證有立竿見影的效果。論到心理治療的多樣性，日本聚焦取向的心理治療大師池見陽（2017）曾這樣説：「有多少家咖啡店，就有多少種咖啡的味道；有多少心理治療師，也有多少種心理治療。」筆者鼓勵心理治療師可以站在巨人的肩膀上，結合本土文化和與復元者工作的臨床經驗，不斷嘗試新的心理支援模式和總結其經驗。另外，每個思覺失調復元人士都是一個獨特的人，他們有與別不同的個性和成長故事。每個人喜歡的咖啡種類都不同，應該積極嘗試和選取最適合自己的心理支援模式。

由於篇幅有限，本章簡單扼要地介紹了心理動力理論、認知行為治療理論、人本理論，以及家庭治療理論，嘗試從心理學不同流派去探討思覺失調的成因，旨在拋磚引玉。在本書治療篇中，不同心理工作者將結合自己的實踐工作，透過分享真實個案，進一步勾勒出不同心理理論應用於思覺失調療癒上的框架。

參考資料

戈登伯格・艾林、戈登伯格・赫爾伯特（Goldenberg, I., & Goldenberg, H.），翁樹澍、王大維譯（1996）。《家族治療：理論與技術》。台北：揚智文化。

托利・福樂（Torrey, E. F.），丁凡譯（2011）。《精神分裂症完全手冊：給病患、家屬及助人者的實用指南》。台北：心靈工坊文化。

池見陽，李明譯（2017）。《傾聽・感覺・說話的更新換代：心理治療中的聚焦向》。北京：中國輕工業出版社。

陳友凱、陳喆燁、張穎宗、李浩銘、許麗明（2014）。《思覺失調個案剖析》。香港：中華書局。

葉錦成（2013）。《自我分裂與自我整合。精神分裂個案的實踐與挑戰》。北京：社會科學文獻出版社。

新生精神康復會（2016）。《改變幻聽的世界》。香港：經濟日報出版社。

Addington, J., & Lecomte, T. (2012). Cognitive behavior therapy for schizophrenia. *F1000 Medicine Reports, 4* (6). doi: http://doi.org/10.3410/M4-6

Beavan, V. (2007). *Angels at out tables; New Zealanders' experiences of hearing voices.* Auckland: Doctorial Thesis, University of Auckland. Retrieved from https://researchspace.auckland.ac.nz/bitstream/handle/2292/3175/02whole.pdf?sequence=7

Beck, A. T. (1952). Successful outpatient psychotherapy of a chronic schizophrenic with a delusion based on borrowed guilt. *Psychiatry*, 15, 305–312.

Beck, A. T., & Rector, N. A. (2005). Cognitive approaches to schizophrenia: Theory and therapy. *Annual Review of Clinical Psychology, 1*, 577–606.

Beck, A. T., Rector, N. A., Stolar, N., & Grant, P. (2009). *Schizophrenia: Cognitive theory, research, and therapy.* New York: The Guilford Press.

Beck Institute for Cognitive Behavior Therapy (21 January, 2015). *Tips for implementing cognitive restructuring.* [Video file]. Retrieved from https://youtube.com/watch?v=rNrnY8r97Fo

Bion, W. R. (1955). Language and the schizophrenic. In M. Klein, P. Heimann and R. Money-Kyrle (Eds.). *New directions in psychoanalysis* (pp. 220–239). London: Tavistock Publications.

Bion, W. R. (1967). *Second thoughts.* London: William Heinemann.

Birchwood, M. & Jackson, C. (2011). *Schizophrenia.* New York: Psychology Press.

Bowen, M. (1960). A family concept of schizophrenia. In D. D. Jackson (Ed.). *The etiology of schizophrenia* (pp. 346–372). New York: Basic Books.

Bowen, M. (1993). *Family therapy in clinical practice*. Lanham: Rowman & Littlefield Publishers, Inc.

Elliott, J. L. (2008). When words are not enough: A literature review for mindfulness based art therapy. Athabasca: Master's thesis, Athabasca University. Retrieved from http://dtpr.lib. athabascau.ca/action/download.php?filename=gcap/joanneelliottprojectfinal.pdf

Feinsilver D. B. (1986) (Ed.) *Towards a comprehensive model for schizophrenic disorders: Psychoanalytic essays in memory of Ping-Nie Pao*. M. D. New Jersey: The Analytic Press: Hillsdale.

Friedman, T., & Tin, N. N. (2007). Childhood sexual abuse and the development of schizophrenia. *Postgraduate Medical Journal, 83*(982), 507–508.

Fromm-Reichmann F. (1950). *Principles of intensive psychotherapy*. Chicago: University of Chicago Press.

Frued, S. (1924/1983). *On psychopathology*. London: Penguin Books.

Freud, S. & Crick, J. (1999). *The interpretation of dreams*. Oxford: Oxford University Press.

Garcelán, S. P. (2004). A psychological model for verbal auditory hallucinations. *International Journal of Psychology and Psychological Therapy, 4*, 129–153.

Glassman, W. E. & Hadad, M. (2009). *Approaches to psychology* (5th ed.). London: McGraw-Hill Education.

Harrison, P. J. & Weinberger, D. R. (2005). Schizophrenia genes, gene expression, and neuropathology: On the matter of their convergence. *Molecular Psychiatry, 10*(1), 40–68; image 5. doi:http://dx.doi.org/10.1038/sj.mp.4001558

Healy, D. (1993). *Psychiatric drug explained*. London: Mosby.

Holowka, D. W., King, S., Saheb, D., Pukall, M. & Brunet, A. (2003). Childhood abuse and dissociative symptoms in adult schizophrenia. *Schizophrenia Research, 60*, 87–90.

Jasper, K. (1968). *General psychopathology*. Chicago: University of Chicago Press.

Jung, C. G. (2009). *The red book=Liber Novus* (S. Shamdasani, Introduction & Ed.). New York: W. W. Norton & Co.

Jung, C. G. (1958). Schizophrenia. In *The Psychogenesis of Mental Disease* (1960). Collected Works, Volume 3. New Jersey: Princeton University Press.

Jung C. G. (1939). On the psychogenesis of schizophrenia. In *The Psychogenesis of Mental Disease* (1960). Collected Works, Volume 3. New Jersey: Princeton University Press.

Kingdon, D. (20 June, 2006). The ABCs of Cognitive-Behavioral Therapy for schizophrenia [Blog Post]. Retrieved from www.psychiatrictimes.com/schizophrenia/abcs-cognitive-behavioral-therapy-schizophrenia

Klein, M. (1932). *The psychoanalysis of children*. London: The Hogarth Press.

Laing, R. D. (1960). *The divided self: An existential study in sanity and madness*. Harmondsworth: Penguin.

Laing, R. D. (1961). *The self and others*. London: Tavistock Publications.

Lempa, G., von Haebler, D., & Montag, C. (2016). *Psychodynamische Psychotherapie der Schizophrenien*. Giessen: Psychosoziale-Verlag.

Lysaker, P. H., Outcalt, S. D. & Ringer, J. M. (2010). Clinical and psychosocial significance of trauma history in schizophrenia spectrum disorders. *Expert Review of Neurotherapeutics, 10*(7), 1143–1151.

Marley, J. A. (2013). *Family involvement in treating schizophrenia: Models, essential skills, and process*. New York: Routledge.

Maslow, A. H. (1943). A theory of human motivation. *Psychological Review, 50*, 370–396.

Maslow, A. H. (1954a). *Motivation and personality*. New York: Harper.

Maslow, A. H. (1954b). The instinctoid nature of basic needs. *Journal of Personality, 22*(3), 326–347.

Maslow, A. H. (1970). *Motivation and personality* (2nd ed.). New York: Harper and Row.

Maslow, A. H. (1975). *The farther reaches of human nature*. New York: Viking Press.

Massie, H. N. & Beels, C. C. (1972). The outcome of the family treatment of schizophrenia. *Schizophrenia Bulletin, 1*(6), 24–36. Retrieved from http://citeseerx.ist.psu.edu/viewdoc/download?doi=10.1.1.922.9328&rep=rep1&type=pdf

Mueser, K. T. & Berenbaum, H. (1990). Psychodynamic treatment of schizophrenia: Is there a future? *Psychological Medicine, 20*(2), 252–262.

Morrison, A. K. (2009). Cognitive behavior therapy for people with schizophrenia. *Psychiatry (Edgmont), 6*(12), 32–39. Retrieved from www.ncbi.nlm.nih.gov/pmc/articles/PMC2811142/#B13

第
4
章
心
理
成
因
的
理
論

Pao P. N. (1979). *Schizophrenic disorders: Theory and treatment from a psychodynamic point of view*. New York: International Universities Press.

Prasko, J., Diveky, T., Grambal, A., Kamaradova, D., Latalova, K. Mainerova, B., Vrbova, K., & Trcova, A. (2010). Narrative cognitive behavior therapy for psychosis. *Activitas Nervosa Superior Rediviva, 52*(2), 135–146.

Rogers, C. R. (1951). *Client-Centered Therapy*. Boston: Houghton Mifflin.

Rogers, C. R. (1957). The necessary and sufficient conditions of therapeutic personality change, *Journal of Consulting Psychology, 21*, 97–103.

Rogers, C. R. (1961). *On Becoming a Person*. Boston: Houghton Mifflin.

Rogers, C. R. (1962). The interpersonal relationship: The core of guidance, *Harvard Educational Review, 32*, 416–29.

Rogers, C. R. (1966). Client-centered therapy. In S. Arieti (ed.), *American Handbook of Psychiatry* (Vol. 3, pp. 183–200). New York: Basic Books..

Rogers, C. R. (1967a). Some learnings from a study of psychotherapy with schizophrenics. In C. R. Rogers and B. Stevens (Eds.), *Person to Person* (pp. 181–91). Lafayette, Ca: Real People Press.

Rogers, C. R. (1967b). *A silent young man*. In C. R. Rogers et al. (Eds.). (1967a), op. cit. pp. 401–16.

Rosen J. (1947). The treatment of schizophrenic psychosis by direct analytic therapy. *Psychiatric Quarterly, 21*, 3–37.

Schneider, K. (1959). *Clinical psychopathology* (M. W. Hamilton, & E. W. Anderson, Trans.). New York: Grnue & Straton.

Shean, G. D. (2004). *Understand and treating schizophrenia: Contemporary research, theory, and practice*. New York: The Haworth Clinical Practice Press.

Sternberg, D. E., Vankammen, D. P., Lerner, P. & Bunney, W. E. (1982). Schizophrenia: Dopamine beta-hydroxylase activity and treatment response. *Science, 216*(4553), 1423–1425. DOI: 10.1126/science.6124036

Sullivan, H. S. (1947). *Conceptions of modern psychiatry: The first William Alanson white memorial lectures*. Washington, D.C.: William Alanson White Psychiatric Foundation.

Sullivan, H. S. (1953a). *The interpersonal theory of psychiatry*. New York: W. W. Norton & Co.

Sullivan, H. S. (1953b). *Clinical studies in psychiatry*. New York: W. W. Norton & Co.

Sullivan, H. S. (1962). *Schizophrenia as a human process*. New York: W. W. Norton & Co.

護航復元：思覺失調的療癒

van Os, J., Kenis, G., & Rutten, B. P. F. (2010). The environment and schizophrenia. *Nature, 468*(7321), 203–212. Retrieved from http://0-search.proquest.com.lib.hksyu.edu.hk/docview/804784618?accountid=16964

Wykes, T., Steel, C., Everitt, B., & Tarrier, N. (2008). Cognitive behavior therapy for schizophrenia: Effect sizes, clinical models, and methodological rigor. *Schizophrenia Bulletin, 34*(3), 523–537. Retrieved from www.ncbi.nlm.nih.gov/pubmed/17962231

Zucker, L. J. (1958). *Ego structure in paranoid schizophrenia: A new method of evaluating projective material*. Springfield: Charles C Thomas Publisher.

第
4
章

心
理
成
因
的
理
論

第5章 復元路上

陳展浩
精神科專科醫生

盧慧芬
精神科專科醫生

何謂康復？

康復的定義

　　思覺失調通常在二十多歲時病發，但亦可以在任何年齡中發生。從醫學角度看，思覺失調是由多種先天和後天因素造成腦部受損而形成。腦部受損了，就很難完全痊癒。對很多病人來說，他們很難接受先天腦部缺損的事實，容易感到絕望。有部分病人一生中只會發病一次，但很多患者卻在康復之後仍面對着復發的危機。另外有一部分患者即使接受了治療，仍無法完全消除病徵。因此，對很多人來說，精神分裂症彷彿是一個終身包袱，帶來持續的困擾。

　　在醫學角度上，康復一般是指患者的病徵減少或完全消退，並重拾對自己生命的控制權，以及在學業、工作、人際關係上，重新找到社會中應有的機會及角色。隨着醫療及研究的水平提升，近代學者提倡將康復定義為一個建立個人興趣和能力的生命旅程。就算患者的病徵未能完全消退，醫療團隊

也希望能帶領患者在新生活中尋找到人生的意義和目標，發現一個更積極的自我、啟發潛在的能力、克服病患所帶來的挑戰，過着自主的生活。

要達到這些目標，精神科藥物十分重要，因為藥物能夠糾正大腦的功能障礙，從而減低各種病徵。隨着病徵得到改善，再加上復康訓練及親友的支持，復元人士便能慢慢走上康復的旅程，重拾他在家庭、朋友及工作間的角色。

如何促進康復？

康復進程就如一場馬拉松比賽，需要很多勇氣和毅力，而希望就是重要的原動力。康復也可比作一段漫長的旅程，身旁的旅伴，包括家人、朋友、地區工作者及醫護人員，會陪伴患者經歷旅途上的起伏，提供精神支持和專業意見，以增加患者的力量去克服障礙，達到康復的目標。

一般而言，思覺失調患者比較容易出現健康的問題，這往往與他們的生活習慣有關。不少思覺失調患者都會因為失去動力而缺乏運動，生活圈子也普遍比較狹窄。他們往往有抽煙和不健康的飲食習慣，忽視了身體的健康。患者還可能因為藥物的副作用而感到疲倦或者食慾增加，以致肥胖。以上種種都會增加他們患上心血管毛病的風險。此外，當他們病情不穩時，便會較少留意自己的健康狀況，增加了其他疾病的病發率。由於部分患者病發後難免會遇到歧視的情況，所以有不少人會停止工作，更可能會封閉自己，這樣往後要重新就業就會遇上困難。

藥物治療能有效控制病徵，社交因素亦能有效改善患者的病情。患者所身處的環境如家庭、工作場所等對其病情均有一定的影響。身旁的人可以藉着鼓勵幫助患者恢復以往的技能。相反，如患者不斷遭到催迫及批評，他們的病情便可能惡化。同樣地，如果家人對病者過分照顧，令他們過分依賴，亦可能令他們無所事事，缺乏動力，加重病情。

因此，讓思覺失調患者投入有意義的活動或者重拾社會角色，能幫助他們康復。重新投入社會工作，與社會接軌，不但能夠能加強自信心，也能得

圖5.1　家人朋友的鼓勵可幫助患者康復及恢復以往的技能

到身份的認同。除了工作外，患者亦可選擇進修、參與義務工作或病人組織來強化他們的社會角色，促進康復。總結而言，思覺失調患者的康復，除了依賴藥物治療外，家人朋友的支持、重新投入社交生活亦十分重要。另外，消除社會上對思覺失調患者的歧視，營造一個更理想的康復環境，也可以令他們在康復的道路上走得更輕鬆。

康復路上的挫折

走過低谷，應對復發

　　復元人士在康復的路途上難免會遇到復發，但千萬不要感到氣餒，更不要輕視這情況。有大概一半的復元人士在初次發病三年內，病徵會再次出現。病人可能變得非常敏感和不安，被幻覺和妄想影響判斷力。家人可以在

這時候擔當一個重要的角色,及早發現患者的復發徵兆,學習運用舒緩徵兆的方法,鼓勵患者與醫療團隊溝通,陪伴患者一同及早尋求協助,以防止情況惡化。此外,建立一套有效的管理生活壓力方法,避免不良的生活習慣,也可以預防因生活壓力誘發病徵。

找出復發的誘因也是重要的一步。其中最常導致復發的原因是患者服用藥物的依從性不足。其他比較常見的原因是濫用藥物或酒精、睡眠不足、生活的壓力和家人的不恰當過度情感表達。另外病情也可能會隨着時間的流逝而加重。當患者的病情好轉時,往往遺忘了藥物的重要性,更可能會認為自己已經不再需要藥物的幫助。不過事實上,按時服藥或接受針藥治療對病情的控制和維持康復都是非常重要的。抗思覺失調藥物不僅能緩解復元人士的思覺失調徵狀,更在康復階段預防復發上,發揮了無可替代的作用。因此,復元人士一般需要接受長期抗思覺失調藥物的治療,以穩定病情。醫生一般建議初期發病的思覺失調患者接受最少為期一至兩年的藥物治療。當病徵消失後,醫生會根據病人覆診時的評估,平衡療效和副作用,再與病人一同商討用藥的時間長短。

掌握病情,防止復發

復發難免是康復旅程的一部分,千萬不要放棄,更要重新振作。在復發的痛苦經驗中學習,患者和家人可以更加掌握病情,訂立預防計劃,以防止將來復發。家人可與患者一同協助培養依時服藥的習慣、建立健康生活模式和處理壓力源頭。除了家人之外,朋友及醫療團隊都可成為患者重要的支援夥伴,嘗試明白及支持患者。我們應盡量避免過度的批評和怪責,嘗試正面地鼓勵復元人士,令他們感到信任而不是孤軍作戰。復元人士應了解服用藥物的正確方法及其副作用,當感覺不適時便要清楚地向醫生反映,以便調校藥物。復元人士和家人也應該認識社區內提供支援服務的機構及其聯絡方法,以備不時之需。

雙面刃？家人的過度情感表達

復元人士往往最嚮往家人的關懷，但是大家又是否知道家人的過度關心也可能會變成一把雙面刃，無意間令患者的病情轉差？

與患有思覺失調的復元人士一起生活，可能會引起緊張的氣氛。很多時候，家人在初期對思覺失調的認識有限，難免對復元人士有很多誤解，更可能會出現過度情感表達的問題。

過度情感表達包括敵意、過度情緒參與和批評性的評論。家人可能會覺得過度情感表達的行為能幫助患者，但事實上，如果復元人士長期與有過度情感表達的家人生活，會承受巨大的壓力，很大機會令病情惡化。

敵意是指家人對復元人士懷有負面、消極的態度。他們常將復元人士的疾病視為家中矛盾的原因。而敵意的出現往往源於誤解。思覺失調患者在情緒不穩時，難免會因病徵而出現沒條理的話語和奇怪的行為，家人有可能誤以為這些行為是故意的，是復元人士選擇不去改善，以致會容易指責復元人士。

情緒過度介入是指一部分的家人會將復元人士的患病歸咎於自己身上，從而出現愧疚和渴望補償的情緒和行為。家人可能會出現過分保護、過分關心和囉唆的行為，不自覺地佔據了復元人士的私人空間。如家人對復元人士抱有過高和不合理的期望，會容易感到失望和發怒，以致復元人士受壓。

批評性的評論往往伴隨着期望的落空，家人認為批評可帶來改善，事無大小都責備患者。可是家人嚴苛的責難，情緒化或負面情緒的溝通難免會影響復元人士的病情。醫療團隊要盡力維繫病人和家屬的關係，指導家人如何適當表達關懷和給予復元人士適當的空間，避免彼此的關係惡化。團隊如若發現家人出現過度情感表達，更要小心處理，在聽取家人的傾訴時也要顧及病人的想法，增進各方面的溝通及舒緩彼此的壓力。希望大家能夠給予復元人士適切而非過度的關心，並明白到尊重復元人士的生活和私人空間的重要。

精神病的標籤

電視劇和電影不時把患有思覺失調人士描述成有暴力傾向的人，傳媒也傾向將暴力案件與「精神病」等字眼掛鈎，令社會大眾產生誤解，認為精神分裂症患者是暴力和危險的。事實上，大部分犯法或有暴力行為的罪犯都與精神疾病無直接關係。

標籤效應是指人們對於某群組的成員加上標籤辨認，又將負面的特徵加於標籤上，令該群組的地位及名聲受到損害，從而被孤立、針對和歧視。標籤效應常常出現在少數族群、新移民、性小眾和精神病人身上。當中，社會大眾普遍對於精神病患者有標籤印象，對精神病的認知比較負面：他們對精神病的理解較淺，認為精神病難以於短時間內治癒，而病患所帶來的影響亦較嚴重，且病情不能為個人所控制。大眾傾向遠離被標籤者，增加與精神病患者的社會距離。標籤也常常蔓延到家人及朋友，他們可能會不自覺地認同公眾對精神疾病的偏見，認為病人是奇怪的，因自己是病人的朋友和家人而覺得丟臉，影響家人關係及鄰里和睦。

這些標籤都會對復元人士的生活造成不便，影響他們的自我形象、社交及工作機會，阻礙他們重投社會。

康復路上的夥伴

病識感

很多患有思覺失調的人士都會覺得自己所經歷的徵狀，例如幻覺和妄想，都十分真實，不覺得自己有病，更不會認同自己需要接受治療。即使患者偶爾對發生在自己身上的事情產生疑問，也會選擇以否認的方式去面對內心不安的情緒，很難去接受家人或醫生的解釋，接受自己患病的事實。這種情況大多是因為患者的病識感普遍較低而導致的。病識感可大致分為四大範疇，分別為：

(1) 認出自己的病徵實為不尋常的經驗；

(2) 明白病徵的出現是源於精神病患；

(3) 體會對藥物和心理治療的好處；

(4) 認同持續的藥物治療可鞏固康復過程。

　　通過提升病者的病識感，不但可以增加他們對疾病的認識和減少他們的不安，更可以減低復發的機會。即使是已經康復的患者，他們的病識感可能會因復發而減退，更可能否定患病的事實，不信任醫療團隊和家人。若出現這種情況，請以平靜的態度去聆聽他們的想法，並鼓勵他們盡快與醫療團隊商討治療的方案。

家人和朋友

　　對於思覺失調復元人士而言，人際關係和社區支援在康復路上顯然很重要，家人、朋友和同事的支持亦有深遠的影響。家人和朋友應幫忙勸導病人準時服藥以維持治療，定時去醫院覆診，讓醫生可以評估病情和制訂康復的計劃。同時，調整家庭關係，改善家庭成員之間的溝通與交流也十分重要。

　　病發初期，患者身邊的夥伴一般十分關注病人的情況，願意花時間和精力去了解和支持病者。可是，擔當照顧者角色的家人，除了日常生活外，還要處理復元人士的情緒行為，面對社會的標籤。隨着時間過去，家人可能會感受到相當沉重的精神負擔。如果家人得不到應有的支援，他們會表現出焦慮、內疚、沮喪等情緒反應，失去動力，不能持續向病人提供支援。有些家人更可能會表達負面的情感、迴避問題或否定患病，不再支持病人求診和接受治療。

　　家屬可主動跟醫療團隊溝通，成為醫護團隊的一分子，進一步了解病徵，與病人保持良好關係，給予病人適當的引導，協助病人康復。

醫療團隊

　　儘管康復旅程未必如想像中平坦，但復元人士並不會孤單。因為在路上會有同行者的陪伴與支持，一同攜手向前，在挫折中學習，在起伏中成長。

　　醫療團隊是由一個不同專業界別組成的隊伍，包括醫生、護士、臨床心理學家、職業治療師、醫務社工、物理治療師、營養師及朋輩支援師。除了藥物治療和心理輔導外，還會提供各項支援給予病人和他們的家人。

　　因為思覺失調影響了腦部負責策劃及動力等重要功能，對個人訂立長期目標的影響甚大。很多時候，復元人士都受病情影響而失去自信和從前的興趣。陰性徵狀也會令他們的思想和說話條理變弱，喪失生活上的方向，影響人際交往，變得孤立，失去關注生活周遭的人和事的興趣。由於單靠藥物難以根治所有問題，所以醫療團隊也會針對思覺失調病人的個人需要，擬訂康復計劃，協助他們培養個人潛能，提高對未來的盼望和抗逆力。心理和職業治療例如精神健康教育和生活重整技巧可以幫助病人建立個人主動性、恆心、自信，協助病人達成目標。放眼全球，朋輩支援在治療團隊的地位愈見重要，可以讓病者多一個機會找到一個互相扶持的同伴，分享自身的康復旅程，在人生的舞台共舞。社會上亦有不少非牟利機構和病人組織，他們也會為患者提供適切的支援。

地區工作者

　　除了社會福利署提供的服務，一些非牟利機構如香港心理衞生會、利民會、新生會、香港明愛等，都會以不同的形式協助患者及其家人。患者於病後收窄社交網絡是很常見的情況，因為病人害怕偏見而避開以前的朋友，在社交孤立的情況下，其實更難重拾正常的生活，以至病人進一步退縮，造成惡性循環。自我形象低落在思覺失調病人身上經常都可以見到，亦會影響其康復進度。因此病人可以透過參與地區工作者的活動，得到適切的社區支援，慢慢重投社會。

圖5.2　醫療團隊可為患者及其家人提供各項支援

對未來的展望

復元的概念

　　過往傳統的精神復康概念多着重減少病徵，並透過藥物穩定病情，而患有重度精神病例如思覺失調，更給人一種不治之症的印象。因此，本港的精神科服務團隊希望參考西方社會的經驗，把過往精神治療的方向重新定位，致力推動復元的概念，讓復元人士可以在康復過程中再次尋找生命的意義，克服及適應病患所帶來的挑戰，重燃盼望，建立新生活。

　　「復元」有「恢復元氣」之意，更有「一元復始，萬象更新」的意思。復元着重自我接納、個人經驗及成長。這概念希望將患者及康復者視為整全的人，而非精神病病人，提升他們的自信和個人形象。復元亦可以視為生命蛻變及痊癒的過程，即使康復者未必能恢復至病發前的狀態，仍可能受着病徵影響，但卻可找到有滿足感、有希望的生活方式，在恢復元氣之時更可探索新的人生意義和目標。每一位復元人士都有獨特的優勢和抗逆力，也有各

圖5.3　復元概念的十個元素

自的喜好和需要。每一段復元旅程都是獨一無二的，在個人康復的計劃中，患者及康復者都有自身的旅程，醫護人員、家屬及朋友會與之相伴同行。

　　復元概念強調的十個復元元素：希望、發揮強項、尊重、自我主導、朋輩支援、賦權、全人關顧、以個人為中心、在起伏中成長和個人責任，都會在精神病醫院復康部門中得到落實，復元人士可根據個人需要參與復元活動，強化自我管理能力、發掘及發揮潛能、肯定自我價值，及建立支援網絡，從而克服障礙，促進復元。復元人士在同行者協作下了解個人優勢和障礙，制訂實質可行的個人目標和行動計劃。

公眾認知

　　世界各地不同的文化都會影響公眾對精神病的看法，東方國家普遍比西方國家對精神病存在更多的偏見和歧視。在香港，公眾一般對「精神病」字眼感覺負面，而社會對精神病患者仍有標籤，這不但影響患者的康復進度，

也會令不少人諱疾忌醫。思覺失調患者往往是遭到最多誤解、標籤及歧視的一群。

近年來，一些精神病設施，例如精神健康綜合社區中心及中途宿舍，在選址上常常受到地區居民的反對。居民的憂慮是能夠理解的，但病人的權益也需要大家的包容。要締造一個融洽和諧的社會，去除標籤效應是一項不可缺少的挑戰和任務。政府應加強有關重度精神病的教育及反歧視計劃，參考外國的經驗，由教育開始培養社會大眾對精神疾病的正確知識及態度。

社會資源及政策

本港在精神科支援資源偏低，精神科醫生比率僅為西方國家的四分之一，心理學家和護士人手也短缺。政府應逐步加強醫療培訓，提升對復元人士的社區支援，顧及他們及其照顧者的需要。

不少復元人士受病徵困擾和大眾的歧視而不能持續工作，以致難以維持生計。家屬也可能因為要照顧病人而犧牲了就業機會。有見及此，政府和一些非牟利機構都會提供相應的援助，運用社會資源協助患者處理因病引起的情緒或生活問題，發展社交、工作和經濟上的潛能，令他們更容易應付工作，並且融入社會。

社會福利署、精神病醫院和專科門診亦為精神病康復者提供不同的復康服務，包括日間訓練或職業復康服務，如日間醫院、庇護工場、輔助就業等。地區亦設置精神健康綜合社區中心及中途宿舍，為精神病康復者、關注精神健康問題的人士、他們的家人及照顧者提供社區支援及康復服務，提供早期介入、預防和危機處理。

政府在2017年公佈精神健康檢討報告，為將來整體精神健康服務提出建議和展望。政策方向是鼓勵社區支援及日間護理服務，並提供必需和必要的

住院服務，旨在建立一個精神健康友善的社會，讓有精神健康需要的人士重新融入社區。另外，政府已向醫院管理局增加精神健康服務撥款，增加精神科服務人手，以加強精神健康服務。此外，在香港未來的醫院重建計劃中，希望能把復元的元素帶入新的精神病院，加強保障病人的私隱，維護他們的自尊心，消除他們對治療的負面印象。

參考資料

香港特別行政區食物及衛生局：《精神健康檢討報告》，http://hpdo.gov.hk/tc/mhr_background.html

Birchwood, M., Smith, J., Macmillan, F., Hogg, B., Prasad, R., Harvey, C., & Bering, S. (1989). Predicting relapse in schizophrenia: The development and implementation of an early signs monitoring system using patients and families as observers, a preliminary investigation. *Psychological Medicine, 19*(3), 649–656.

Bleuler, M. (1978). *The schizophrenic disorders: Long-term patient and family studies*. New Haven, CT: Yale University Press.

Carpenter, J. (2002). Mental health reovery paradigm: Implication for social work. Health & CPH educational pamphlets. Retrieved from www3.ha.org.hk/cph/imh/mhi/index.asp

David, A. S. (1990). Insight and psychosis. *The British Journal of Psychiatry, 156*(6), 798–808.

Davidson, L., & Strauss, J. S. (1992). Sense of self in recovery from severe mental illness. *The British Journal of Medical Psychology, 65*(2), 131–145.

Jacobson, N., & Greenley, D. (2001). What is recovery? A conceptual model and explication. *Psychiatric Services, 52*(4), 482–485. doi:10.1176/appi.ps.52.4.482. ISSN 1075–2730.

Kavanagh, D. J. (1992). Recent developments in expressed emotion and schizophrenia. *The British Journal of Psychiatry, 160*(5), 601–620.

KCH Educational Pamphlets. Retrieved from http://kch.ha.org.hk/TC/subpage?pid=16

Lee, S., Chiu, M. Y., Tsang, A., Chui, H., & Kleinman, A. (2006). Stigmatizing experience and structural discrimination associated with the treatment of schizophrenia in Hong Kong. *Social Science & Medicine, 62*(7), 1685–1696.

New Life Psychiatric Rehabilitation Association. Retrieved from www.recovery.nlpra.hk/main/zh-hant

O'Hagan, M. (2004). Recovery in New Zealand: Lessons for Australia? (PDF). *Australian e-Journal for the Advancement of Mental Health, 3*(1). Archived from the original (PDF) on 31 August, 2007.

Resolution on APA endorsement of the concept of recovery for people with serious mental illness (PDF). APA. Archived from the original (PDF) on December 22, 2012. *Social Work, 27*(2): 86–94.

Takeuchi, H., Suzuki, T., Uchida, H., Watanabe, K., & Mimura, M. (2012). Antipsychotic treatment for schizophrenia in the maintenance phase: A systematic review of the guidelines and algorithms. *Schizophrenia Research, 134*(2), 219–225.

Tse, S., Siu, W. M., & Kan, A. (2013). Can recovery-oriented mental health services be created in Hong Kong? Struggles and strategies. *Administration and Policy in Mental Health, 40*(3). 155–158.

治療篇

思覺失調症的治療絕對不是只有藥物治療，
它還包括精神復健的治療、行為治療及心理治療。

周煌智醫師
台灣精神醫學會理事長
高雄市立凱旋醫院副院長

關於思覺失調，藥物治療是基礎。我們亦鼓勵思覺失
調症患者在此基礎上能主動選擇適合自己的心理支援模
式，勇於探索自我、理解自我、接納自我、擁抱自我和
更新自我，並逐漸在人群中增強自身心理調適的能力，
理解、接納和擁抱他人。各種心理治療的側重點各有不
同：認知行為治療側重認知和行為的改變；家庭治療着
重理解家庭的系統概念和動力；藝術治療着重表達；而
聽聲小組鼓勵聽聲者互相分享和整理聽聲的經驗，以達
到彼此支援的效果。

雖然本書所收錄的心理治療或支援模式有限，但希望能
拋磚引玉，啟迪讀者主動地發掘更多治療方法，如精神
分析、沙盤治療、存在治療、完形治療、靜觀等。

第6章 藥物治療

楊慧琪
精神科專科醫生

盧慧芬
精神科專科醫生

抗思覺失調藥物

第一代和第二代抗思覺失調藥物

　　抗思覺失調藥物大致分為第一代及第二代，兩者都可以有效地控制思覺失調患者的徵狀，而它們有機會產生的副作用則有所不同。服用抗思覺失調藥物約一至兩星期後，藥力開始發揮作用，患者的病徵會開始減少，但一般需要持續服用四至六星期，藥力才能達致最佳效果。患者必須有耐性，等待藥物發揮效力。當藥物發揮效力後，病人仍然需要定期覆診，定時服藥，以預防病徵再度出現。

　　第一代抗思覺失調藥物（例如Haloperidol, Chlorpromazine, Trifluoperazine, Flupenthixol）會產生類似帕金遜病徵的副作用，例如手震、四肢僵硬及行動緩慢。

　　第二代抗思覺失調藥物（例如Risperdone, Olanzapine, Amisulpride, Quetiapine, Aripiprazole, Paliperidone, Clozapine）類似帕金遜病徵的副作用減少，

但有增加代謝綜合症風險的副作用，包括高血糖、高血脂、高血壓及體重增加。不過，只要作息健康、做適量運動及控制飲食，可有效減低風險。

其他較常見的抗思覺失調藥物副作用包括口乾、疲倦、焦慮、昏眩、便秘、噁心、消化不良、皮膚對陽光敏感、瞳孔放大等。

抗思覺失調藥物會在部分人士身上產生副作用。不過，當降低劑量或持續服用一段時間後，這些副作用便會隨之減少，甚至消失。藥物的副作用往往因人而異，患者應該向醫生報告這些問題，醫生便可以調整用藥以盡量減輕副作用。

氯氮平

氯氮平（Clozapine）是一種第二代抗思覺失調藥物，它對部分患者具有特殊療效。一些服用了其他抗思覺失調藥物仍難以根治症狀的患者，服用氯氮平後，病情能夠得以改善，從而過較正常的生活。

不過，氯氮平亦可能出現副作用，包括疲倦、唾液增加、心跳加速、便秘、頭暈、體重增加、小便失禁、心肌炎等。此外，氯氮平有少於百分之一的機會引起「顆粒性白血球缺乏症」，這情況會令患者出現嚴重感染。服用者須於服用期內之首18個星期每星期驗血一次，其後每一個月一次，以確保有足夠的顆粒性白血球。

針劑抗思覺失調藥物

抗思覺失調藥物除了口服藥物外，也有針劑。針劑藥物包括第一代抗思覺失調針劑藥物（例如Haloperidol Decanoate, Fluphenazine Decanoate, Zuclopenthixol Decanoate）和第二代抗思覺失調針劑藥物（例如Risperidone Long-acting injectable, Paliperidone palmitate, Aripiprazole extended-release injectable）。

針劑藥物一般隔幾個星期才注射一次，藥力可維持數周之久，能夠取代口服抗思覺失調藥物，方便患者日常生活工作，不需要天天服用口服藥物。

其他治療思覺失調的藥物

用於思覺失調患者的其他精神科藥物有很多種，比較常見的是鎮靜劑(例如
Diazepam、Clonazepam、Lorazepam)和安眠藥(例如Zopiclone、Zolpidem)。

鎮靜劑和安眠藥的作用是加強 γ–氨基丁酸(GABA)化學物質的活
動。GABA的作用是抑制中樞神經。因此，加強GABA的活動可以減輕焦慮，促
進睡眠。

然而，鎮靜劑和安眠藥不能從根本上糾正腦內化學物質不平衡所造成的
焦慮和睡眠問題。長時間使用鎮靜劑和安眠藥亦會有依賴的風險。

抗思覺失調藥物的副作用及處理方法

病人向醫生詳細描述服藥後的不適是非常重要的。有時候，副作用是
無可避免的，但是醫生會和病人商討，平衡病發的風險及副作用的害處，而
決定選擇哪一種藥物治療。醫生可透過調校藥物的分量、更改服藥次數及時
間，以減低藥物的副作用。病人可以提早覆診，或告訴精神科社康護士，再
轉達給醫生知道。有關藥物的副作用及應對方法，請見表6.1。

服用藥物的注意事項

藥物有可能會影響病人的警覺性。因此，服用藥物後需小心駕駛或操作
機器，除非醫生判斷患者的情況為合適。此外，藥物會加強酒精反應，或增
加使人昏睡的藥物的藥力，因此在取得醫生的意見前，不適宜服用其他藥物
或酒精。

有一些藥物並不適合懷孕期間或哺乳的婦女服用，如果患者準備懷孕，
應盡快告訴醫生，以在藥物治療上作出相應配合。

表6.1　服用個別抗思覺失調藥物後可能出現的副作用及應對方法

部分抗思覺失調藥物的副作用	應對方法
1. 手震、四肢僵硬及行動緩慢	醫生或會處方抗柏金遜症藥劑（俗稱「解藥」，例如Benzhexol）以消除抗思覺失調藥物引致的假性柏金遜病徵。
2. 代謝綜合症風險，體重增加	做適量運動及控制飲食，可有效減低風險。
3. 口乾	不時喝少量水，保持口腔濕潤。
4. 疲倦	嘗試把服藥時間改為晚上服用。
5. 起床時頭暈	部分抗思覺失調藥物會令人站立時血壓降低。應避免突然站立，起床時可先坐在床邊，待一會兒後才站立。
6. 便秘	適量運動及培養健康飲食習慣以改善便秘問題，必要時醫生會處方通便藥物以舒緩症狀。
7. 噁心	飽腹後才服藥。
8. 皮膚對陽光敏感	避免在烈日下暴曬，盡可能穿上長袖衣服保護皮膚。
9. 瞳孔放大	在烈日下戴上太陽鏡，以保護眼球免被強光所傷。

　　對大部分患者來說，停藥後，復發的風險會明顯增加。因此，患者必須和醫生商討清楚，在取得醫生的意見前，仍要按醫生指示繼續服藥，以鞏固康復的過程，減低病發的風險。若家屬發現患者不願服藥，可多加了解當中的原因，例如是否有副作用，並鼓勵患者與醫生商討。

參考資料

葵涌醫院精神健康教育資料，https://kch.ha.org.hk/TC/subpage?pid=16

青山醫院精神健康學院精神健康教育資料，http://www3.ha.org.hk/cph/

香港心理衛生會精神健康教育資料，http://www.mhahk.org.hk

第 6 章　藥物治療

第7章 認知行為治療

林孟儀
資深臨床心理學家

作為一個臨床心理學家（clinical psychologist），在過去將近20年，筆者絕大多數的臨床工作都涉足精神上的重症，思覺失調症恐怕是其中接觸為數最多一個族群。1990年代末期，美國各州仍有相當多非醫院系統且半非營利半政府資助的治療機構，專門為已確診患有思覺失調症的人士提供接受長期治療的安置空間。這些機構所容納的復元人士的病情，比起今天我在香港所見到的「復元中心」（rehabilitation center），基本上更嚴重一些。因此復元人士的人身自由甚或公民權，皆受到高規格的箝制。筆者就是在這樣一個地方開始接觸復元人士的。

筆者每天必須通過層層關卡才能進入中心，也就是說機構裏將近100位的案主在與外界隔絕的狀態下，度過他們的每一日。或許是他們的家屬與機構簽訂的某種協議，或許是他們曾經因為自身的病症而踩到了法律的底線，也或許他們早已被家人遺忘甚至遺棄，由政府派遣社工來決定他們的生活去向。他們生活在這個空間裏，時而清晰、時而恍惚地等待有朝一日的「自由」。從某個角度來看，最終的目標是光明的，而筆者工作的最大宗旨，就是讓他們能夠重新回到社會，或自主，或半自主地生存；也就是從那個時候

起，我開始了對思覺失調症與認知行為理論的運用，有了更深入的理解及應用。依據筆者多年的臨床經驗，雖然認知行為治療法在研究上對多項精神疾患包括思覺失調症狀有顯著的效能，但不可忽視、甚至絕對不能以此作為單一介入案主療程的方案，而多層面的專業配合，才是真正達到最大效益並長期維持及預防的良方。

思覺失調症的來源：
認知行為的五大成因模式

當從病理學談論到思覺失調症的起因及源頭時，多半都是從生物因素（biological factor），更明確的而言，是以神經科學（neurological factor）的角度來深究病症的起因。然而，從認知行為學的觀點來探討時，「內外兼備」（external and internal factor）的考量就必須納入探究的範疇裏了。即使根源是源於腦神經病變的因素，但我們也很難準確地界定身體生物機能是從哪一刻起產生了變化，而這些變化是否在出生時甚或胚胎期就已經逐漸形成，以至於認知行為學在探討思覺失調的起因時，往往將復元人士的症狀視為其他更深層次因素所造成的結果。若從這個角度來切入，那麼理解認知行為學的五大成因模式為何，以及每一項成因之間的連結又是如何形成，就成為一個相當關鍵的樞紐。理解這五大成因模式及思覺失調症狀的關聯性之後，有助治療者確認治療的方向，以及復元人士與家屬自身理解其該關注的面向。

根據Greenberger及Padesky的認知行為治療法的經典著作*Mind Over Body*（Greenberger & Pedesky, 2016, 1995），認知行為學的五大成因分別為：

(1) 感覺／感情因素（mood）

(2) 認知／思想因素（cognition and thought）

(3) 行為因素（behavior）

(4) 生理／身體反應因素（physical factor）

(5) 環境因素（environment）

圖7.1　認知行為學的五大成因

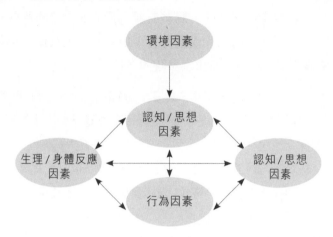

　　環境因素恐怕是五項成因中最難以控制及左右的元素。筆者在後來的治療運用上,將原本對「環境」的理解擴大範圍地詮釋為個人所處的情勢及情境,因此「環境」並不只是狹隘地解釋為一個地方,而是一個所在地所孕育出的文化根基,人與人交流間所帶來的衝擊及無需言語而大家都能理解的常態,這些都可解讀為「環境」。在一個特定的「環境」下,如無其他特殊原因,一般而言會形成一套自身能夠接受並與環境平衡的思維模式,這可以理解為「認知/思想因素」,而順其自然地會隨着這一套想法並有所「行為」。舉一個十分簡單的例子,在一個規章繁複而嚴謹的機構裏(環境),員工兢兢業業地工作,並抖擻精神(行為),如果不這麼行事,員工可能被他人取代,裁員是隨時可以發生的事情(認知/思想)。這三個成因就如同連鎖反應般,推着當事者前進。畢竟我們不是機器,就算機器都有因為反覆使用而需要維修零件,甚至產生機身過熱需要散熱休息的時候,更何況只有血肉之軀的人類。各類情緒連同生理反饋難免在無可預測之下悄然而至。比如說,為了年末的額外分紅(認知/思想),為了拿到再三年的合約(認知/思想),卯足了勁做最後的衝刺(行為),然而因為生活的不規律,睡眠的不完善(行為),長期處於高度戒備狀態(行為),情緒愈來愈緊張,愈來愈焦躁,易怒(感覺/感情因素),體重開始暴增或下降,身體無原因地疼痛(生理/身體反應),都排山倒海地侵蝕着一個人的精神。

之前曾提及，思覺失調症狀的初發點很難以非黑即白的方式來界定，但其症狀的演化，通常是循序漸進、滴水成河、聚流成海式的發展。在生活當中，以認知行為治療理論的五大成因而言，如果一個人長期處於某種負面因素無限循環的機制下，難保沒有山洪暴發的一日。

2009年美國荷里活上演了一部真人真事改編的電影 *Soloist*（《心靈獨奏》）。故事講述一位從小具有天賦的黑人大提琴家，最後因為思覺失調而淪為街頭流浪者的過程。只要仔細探究他病發的成因，大致可歸納為上述五大認知元素，因為不斷無限循環而令病情愈發嚴重，最後造成難以逆轉的悲劇。這位大提琴家生長在1950年代的美國，當時的種族歧視十分嚴重，環境裏暗藏着各種歧視的因子，種下了主角較為自卑且缺乏自信的性格。當他來到大城市紐約時，幸運又或許說不幸運地進入了世界知名的音樂學院。自卑情結、學業的壓力，加上對自己嚴謹的高要求，長期關注他人看待自己的眼光，扭曲解讀別人的言語，種種的思想影響了他的情緒，打亂了他的生活，最後導致他無法完成學業，並輾轉逃離到一個遠離家鄉，也遠離本來可以孕育他成為明日之星的紐約學府。我看這部電影的時候，一直在想，在症狀發作初期，也就是這位音樂家在紐約學習的最早期，如果他可以立即接受治療，並且得到社會豐厚的支援與支持，可能後來的故事會截然不同。這個故事也帶出另一個重要概念，就是思覺失調如同許多病症一般，早期發現及早期的治療，從認知行為的角度而言，治療預測相對來說是更為正面的。

思覺失調症的類別

嚴格來說，思覺失調是一個相當籠統的概念。若從《精神疾病診斷準則手冊》第五版（*Diagnostic Statistical Manual–5*）（American Psychiatric Association, 2013）的分類來檢測及判斷，其正確中文名稱為思覺失調類群及其他精神病症（Schizophrenia Spectrum and other Psychotic Disorders），而其中涵蓋

了妄想症、短暫精神病症、類思覺失調症、思覺失調症、情感思覺失調症、物質／醫藥引發的精神病症、身體病況引起的精神病症，以及各類僵直症（患者肢體活動呈現不自然的律動，甚至僵化）。籠統地説，無論是哪一個類別的思覺失調症，案主或多或少、在長短不一的時期內，都經歷過幻覺或妄想，甚至兩者皆有。而這兩大類別的症狀在不同程度下影響了患者四個方面的能力，其為(1)感知及察覺能力；(2)認知與思考能力；(3)語言組織和溝通能力；以及(4)活動和身體動態能力。而幻覺症狀的部分又再細分為聽覺上的幻覺、視覺上的幻覺、嗅覺上的幻覺及觸感上的幻覺，其中聽覺及視覺上的幻覺最為普遍。患者可能只有其中一項經驗，也可能同時體驗所有的症狀，甚至在不同的時期有不同的幻覺發生。對於一般人及初次接觸思覺失調症患者的治療者而言，另外一個重要的概念是以上所述的幻覺及妄想的症狀，通常被理解為「陽性症狀」，也就是非思覺失調案主所不會有的顯著症狀。這些症狀從臨床心理學的觀點來看，多半歸類在優先考慮治療的範圍內，且經常以藥物治療為首要治療方法，而並非以心理臨床輔導為首要方針。若果案主在陽性症狀之上還伴隨着社交、情感聯結及反應、人格和行為偏差上的障礙，那麼這些範疇內的症狀就被稱為「陰性症狀」。若是案主同時出現陰性及陽性症狀，治療成功概率預測便較為不利。而在治療者的分工上，陰性症狀多半為臨床及輔導學家所涉及的領域。

認知行為治療的宗旨

　　作為一位臨床工作者，筆者認為復元人士之所以會在某個特定的時間點、某個契機之下，患上了某種精神性／心理性的病症，背後的原因十分廣泛且複雜，並且很多時候不能夠憑藉人為的力量來控制其發展的；甚至更多時候，需要大環境有效地配合方能達到最好的效果。思覺失調症狀的起因絕大

多數與生物生理神經系統息息相關，那是一個牽涉甚廣、難以控制的領域。因此每次面對家屬、親友及案主時，筆者都不太願意給予一個極度樂觀的前景或是要他們設立一個高不可攀的目標，因為當現實與期盼相距太遠時，其負面影響反而會帶來更大的傷害及後遺症，所以我寧可將目標設定在可以「控制及管理」的範圍上。

除了提供療程外，各方專業的配合，家庭成員對於患者的支持、社會環境和患者的生活圈子，都應該列為評估的項目，然後才界定患者的治療過程可以達到怎樣的狀態。如果以很籠統、很普及的方式而言，認知行為理論的最終目的，當然是希望患者在思想及行為上能夠盡量與社會文化的要求同步。這是最理想的情形，但若能逐漸縮小差異，那麼也不失為一個良好的躍進。

家屬的許願池

照護者永遠都比起被照護者來得「辛苦」也「心苦」。他們的肩上除了背負了復元人士的所有重擔外，還要承受自己的各種情緒，以及現實所帶來的波折。許多家屬要不是期盼太高，就是太過絕望；有的亂了方寸，亂了手腳，除了驚恐，最多的就是逃避與否認。思覺失調絕對不是一個以患者自身力量能夠獲得最大療效的病症，因此除了以專業判斷案主能夠進步到什麼程度外，我一定會問家屬期待見到怎樣的效果，以及這個期望背後的深層想法。黃大仙有求必應，許願池的一枚小硬幣承載了千斤重的希望。我的工作或許如同惡魔般，會在一瞬間消弭了一切美好的遠景。對於家屬，我會建議：

(1) 首先要對病症有基本的了解，明白其一般的發展過程；

(2) 與治療者(無論是精神科醫生還是臨床或輔導心理學家)作深度的溝通，達到彼此對於復元人士症狀輕重的共識；

(3) 評估自己在人力支援、財力支援及時間支援下能夠付出的分量；

(4) 聽取治療者的建議在所有資源分配下可能達到的效果，在此基礎上理性地調整自己作為家屬對於患者的期許。

家屬的情緒狀態，絕對不容忽視。在復元人士接受長期治療的同時，家屬應該與治療者保持穩定的交流，另外慎重考慮是否在各方面許可的情況下，也替自己開一扇抒發壓力的窗。家屬可依照個人性格的不同，採用團體式的分享會，或一對一的對談，這都是有必要性的。

患者的里程碑

在傳統的思維裏，人們認為思覺失調症的復元人士終其一生都要接受治療，或許是長期入住醫院，24小時在醫療系統下被控治管理，認為這是唯一也是最好的處理方法。這種想法背後的邏輯是考慮到復元人士自身及社會的安全，以及希望減輕家屬照護的人力負擔。然而，更積極的做法是推動復元人士自由地在一般的環境下與家人共同生活，或是獨立/半獨立地生活。不同程度的思覺失調，需要設立不同的康復目標，如同教育理念所提倡的「因材施教」。

普遍來說，思覺失調案主很少會自發地尋求治療，他們往往是因為出現較為明顯的症狀，或是因為症狀而傷害自己、傷害他人或損害公共財物時，才被強制送往治療機構，然後開始接受穩定及長期的治療。換句話說，如果症狀的發展期拖延得太久，症狀往往相對地嚴重，那麼達到獨立生活或半獨立生活的希望就會延後。

在筆者的臨床經驗裏，有幾項循序漸進的指標是患者必須達到的，他們須持續保持而沒有復發，其回到社會常軌的目標才會愈來愈近。以下的章節將會更明確地指出治療的步驟。

治療的步驟

第一階段：來自星星的我和來自月亮的你

　　這個世界上有形形色色的人，種族、文化、性別、個性等的差異，都是無需經過思考而人皆有之的常識。然而，人與人之間彼此的分歧在哪個程度仍能互不侵犯、互相尊重？這還得看在單一社會中，普遍人民的素養是否都達到某個水平，或是大家的認知達到一個什麼樣的狀態。既然差異已經存在，我們就應該以「平常心」看待自我與自我外在的一切。與其因為害怕與無知而「妖魔化」各種差異，不如真實而坦然地接受和面對。人類的偏見，大多來自於一知半解。當問題發生在自己身上時，這樣的現象通常會變本加厲。假設某位復元人士正處於患病初期階段，而症狀尚未達到極端棘手的程度，並且在藥物控制下得以保持平穩情緒（情緒大幅波動時的必要措施），那麼第一階段的對話大致如同以下個案：

個案細讀：認識自己的情況

復元人士：16歲中二學生Megan，以下以C來代稱
治療師　：以下以T代稱

T：上一次我們是和王醫生（精神科醫生）一起見面，從那個時候到現在已過了一個月，由於我們之前沒有什麼機會多聊一下你的情況，能否講一講你這個月的狀況？

C：王醫師給我開的藥讓我身體上不太舒服，我也說不上來，就是不舒服。有時候上課上到一半……尤其最近學校的小組報告突然多了起來，很多project都要和不同小組的組員一起完成，大家有很多意見，很煩，真的很煩。而且我提出意見，我明明覺得很好，她們卻都不贊同，既然這樣，她們自己做就好了！後來我

不管了，她們又說我不負責任，到處跟別人說不要跟我一起做 project。隨便吧，永遠都是這樣，沒有人相信我，都是我的錯，沒人看到我的努力……老師也一樣，用奇怪的眼神看我。上課時，突然間我有一股衝動，甚至聽到很大的聲音，很嚴厲地叫我去女廁撞牆。或是在老師講課的時候，我聽見他在罵我，所以有幾次我就突然站起來，叫他不要再罵了。可是事後，我似乎知道，這些好像都是我自己的想像。吃藥以後，狀況已經沒有幾個月前那麼嚴重，但就是覺得怪，我覺得自己怪，大家看我也怪……什麼都不對，什麼都不對……

T：Megan，來，喝一杯溫水，深呼吸一下……在你的面前，我可以很強烈地感受到你的沮喪，作為當事者的你，恐怕在面對這些事情的時候，你更加沉重。我們先慢慢釐清一下你剛剛說的事情……首先，我聽到當你用「怪」這個字形容自己的時候，背後似乎有不少對「怪」字的負面定義。

C：其實我並不是很想跟大家一樣。我唸設計就是因為我喜歡創作，所以我不介意「怪」，但現在已經不是「怪」而已了，而是「不正常」！大家都覺得我不正常，我也覺得我不正常！

T：我覺得，你先暫時把這些對自己的批判想法放在一邊，我們先一起了解你現在所經歷的一切所謂「怪現象」，好嗎？

C：好啊！你是醫生，你說什麼就是什麼囉！

T：（笑）我不是醫生，我是一位臨床心理學家，簡單來說，我更關心你的心理狀態，以及與心理狀態有關的行為，並且希望能夠和你一起探究應付的方法，進而讓生活舒暢一些。

C：哦……這樣啊！

T: 首先，我想跟你分享一下我聽了王醫師和你的敘述後的一些想法。其實每個人多多少少都會在某些狀況下有一些較奇持的想法，或是與多數人不盡相同的行徑，有些是在社會規範下能夠獲得接納，或是一般人可以作出解釋；但有一些卻可能超出了一般人能夠立即理解的範圍，至於背後的形成原因，其實很複雜。現在你所經歷的，就是屬於一般人不太理解的行為模式，當中還包括你自己。因為不理解，所以很難接受。至於為什麼會這樣，就像我剛剛所說，原因很複雜；其中的一個原因，根據我聽你之前所說的，應該是和生活裏的壓力有關，而這種壓力已經超越了你能承受的程度，因此在這個時期，導致你在行事、思考、判斷、情緒各方面都有了不同程度的偏差，就好像我們說「失調」一樣，在病理上我們稱之為「思覺失調」。這樣的「失調」，從心理學的角度來看，是為了讓你自身的不良情緒得到舒緩。但是，很不巧的是，這樣的「失調」並沒有普及到人人認可和接受的程度。但你看，你不是每分每秒都在「失調」的狀態下，所以我們來仔細看看，什麼時候你會出現這些「失調」的情形，然後看看我們能用什麼方案讓大家，包括你，都能接受，從而對抗這些「失調」。

　　若要改變思想與行為，最首要的條件是先意識到自身的認知和行為上確實與社會文化認同有某程度上的差異。診斷和治療者要不諱言地告知復元人士及家屬（在保密協議允許的情況下），他/她所患得的病症為何，其症狀會有怎樣的發展變化，以及在自身與社會的認知下有怎樣的斷層。其實，大部分的思覺失調案主能在生活中自理，尤其是那些正在經歷初期症狀、幻覺妄想的情形尚未相當嚴重，或是那些患有短暫精神症狀的案主，仍舊未脫離與現實的聯結。因此，第一個目標是讓案主完全接受並且在相當程度上了解到自

己的情況。他們必須清楚知道自己是否有幻聽、幻視、錯感或妄想。治療者也必須循序漸進地帶領患者意識到自己的幻覺屬於哪種性質，例如是自我傷害型，還是傷害他人型。除此之外，更重要的是，當復元人士能夠辨識出這些幻覺時，必須開始記錄在什麼情況下會發生症狀，而發生的機率和每次的程度又是如何。認知行為治療理論相信，症狀的起因都有其常模可尋。長期的記錄，可以幫助復元人士和家屬更清楚地看到症狀發生的脈絡，以便治療者更準確地提供有系統的療程。

當復元人士的情緒漸趨平穩，家人在心態上也能夠認知案主思覺失調的存在，且雙方都已經明白此病症與自己密切關聯時，或許是時候進階到下一個療程了。

第二階段：換一個角度看風景——真亦假時假亦真

復元人士經常被長期限制在醫療機構裏，很大的原因是他們的行為會不定時地被幻覺所影響，以致可能做出傷人害己的事情。因此，他們經常會被歧視，甚至成為被社會欺凌的對象。

以前筆者還在新加坡政府單位的醫院工作時，經常要到其他政府公家機關演講，或是在電視台、報章刊物上宣導精神症狀的正確觀念。我一直向大眾灌輸一個概念：其實生活在世界上的每一個人或多或少都有所謂「心理／精神上的問題」，我們之所以沒有被貼上不同病症的標籤，只是因為我們比較幸運，可以在社會的規範下，用自己內在與外在的資源處理，這裏還可能包含了壓抑，以至於我們能將混亂的那一面收藏得很好。但我們真的那麼「正常」嗎？誰知道呢！然而很可惜，人類是社會性動物，會跟隨社會常模活動以自保，大部分人一生都要符合別人眼中最基本的要求。認知行為療法的中心思想就是引導案主和家屬改變思考模式和方向，改變其對所謂「幻覺」的角度，然後能在某程度上以「平常心」面對思覺失調。而這份平常心也會幫助復元人士以「適應社會」功能的角度來提升治療的動力，而非以自我貶低的角度「強迫」自己扭轉成被期望的狀態。

因此，這個階段的療程，最重要的是家屬、復元人士和治療者一起配合，協助復元人士分辨幻覺和現實的不同。如果他們已經在一段時期內做過記錄，便可以歸納出一套模式。我鼓勵復元人士必須學會檢測症狀的程度、症狀發作的次數、每次發作的時間長短和在什麼狀況下發生，最後加上什麼形態的症狀。他們和家屬可以一起不斷複習這些模式，以便之後清楚地「認知」和「分辨」症狀和現實。這個階段的療程是整段認知行為中最重要的環節，也是最費時、勞心勞力的。復元人士和家屬都要注意何時須放慢腳步，並且與治療者保持常態性的聯繫，以便調整治療的內容和療程的步調。

　　延續之前Megan的例子，假設她已經清楚了解自己的情形，接下來治療者可以介紹「記錄法」來引導Megan更精準預測或預防之後的狀況，並且快速地分辨現實和非現實，見頁111的「運用『記錄法』」。

第三階段：星月相伴的天空最美麗

　　一件事情的發生，或是一個問題的產生，背後有很多原因，很複雜。那麼解決問題或擺平事件的方法也自然是多元化的。作為一位治療者，當看到案主能夠接受自身的情況，並清楚辨識症狀與現實時，心裏的喜悅和成就感絕對不亞於案主及其家屬。更重要的是，接下來的療程相對來說應該更為平順。

　　在這個治療時期，復元人士必須開始探究減低症狀所帶來的困擾的對應之道。上文提到，對思覺失調患者而言，藥物治療是不可避免的。從臨床心理學家的角度來看，藥物是抑制幻覺的重要方法，然而它不是萬無一失的。因此，我們需依照患者的生活習慣和性格制訂各種療法及活動，以降低症狀帶來的負面影響。以下會再次用Megan作例子，說明兩個基本的治療方針。

運用「記錄法」

T：Megan，接下來，我要給你一項任務，是記錄自己每天的重要生活，其中最要緊的是關於情緒的變化。

C：我連刷牙、洗臉、上學都要記錄嗎？

T：不用包括那麼小的細節，但可以記錄一下自己幾點起床，並且檢視一下早晨的情緒如何，如果腦子裏有什麼想法，也可以一併記錄下來。

C：一天一次嗎？

T：嗯。基本上最好的方式是：午飯時間記錄早上至中午之前的狀態，在睡覺前再記錄一次下午到晚上的狀態。我會請你的媽媽和姐姐一起提醒你，並作為中立的觀察者，以免你忘記或遺漏了什麼。

C：我要用什麼記錄？電腦可以嗎？

T：任何你覺得能夠激勵自己一直記錄下去的工具都可以，電腦甚至手機也行！你喜歡手作的東西，也可以製作一本持有的筆記本，記錄自己的一切。

C：這樣做有什麼用？

T：這個問題問得很有智慧！我們每個人都有一些習慣主導著每天的生活，這些慣性有好有壞，但都在我們生活中不經意地發生。就像之前我們講過，你的幻聽和一切失調都在這種慣性模式中，所以我們要找出一個脈絡，進而預防甚至改變這種習慣。

1. 轉移注意

幻覺發生的時候，復元人士會產生焦慮、緊張和害怕的情緒，無論是家屬或復元人士都不要慌張，可深呼吸，把注意力從症狀轉移到呼吸之上，藉以迅速降低焦慮。由於思覺失調的症狀多半與知覺有關，所以當負面情緒稍微下降時，立即將注意力轉移到與現實有連結但與幻覺無關的物件上，例如窗外車輛的顏色、所處環境的陳列物品，甚至閉上眼睛由家人或治療者以領導式的方式進入冥想，這個方式可以讓案主的情緒在短時間內平穩下來，並且放鬆轉移之前因突發狀態而緊繃的精神。

把注意力轉移到與現實事物上

T：Megan，你看着我，然後慢慢深呼吸一口氣。OK……現在你已經看着我了，我要你看得更仔細，尤其對於我今天的穿搭，可不可以描述一下？想像你要向一位從來沒見過我的人描述我的打扮。

C：你穿了一件oversized的毛衣外套，咖啡色的。

T：嗯。很好，可以再多說一些嗎？這件毛衣應該有一些特別之處吧？

C：哦……是！那個釦子是牛角形狀的，而且顏色是漸層式。

T：怎麼樣的漸層呢？

C：開始是黑色的，然後變為灰色，最後……變為黃黃白白那樣的顏色……很難形容。

2. 藥物辨識

對於那些康復期已達到比較穩定狀態的案主，認知行為療法會開始強調「行為」上的調整。持續服用藥物是穩定病症的方法之一，故此絕對有必要

教育復元人士和家屬了解各類藥物給案主帶來的療效。這不但能夠幫助復元人士養成定時服藥的習慣，還能讓他們進一步了解自己每日該服用哪些藥物和服食數量。我在美國的時候，幾乎每一個醫療機構都有這樣一個工作坊，指導家屬和復元人士一起認識藥物。

了解自己服用的藥物

T：Megan，記得之前我告訴過你我不是醫生嗎？

C：嗯！

T：我現在問你關於吃藥的問題，你自己要主動問王醫師幾個問題。

C：問什麼？

T：首先，你有沒有仔細看過自己每天要吃多少顆藥丸？並且吃多少次？

C：我知道吃兩次，但忘記吃幾多少顆。

T：按時吃藥是很重要的事情，要跟我們之前講的其他療程互相配合。下一次你可以仔細看看自己要吃多少顆藥，還有留意每顆藥長什麼樣子、什麼顏色、有什麼功效，這些你都要問一下王醫師。我相信他很樂意回答你。

3. 社會行為學習

在復元人士已經能夠辨識現實與幻覺的基礎下，治療者可以根據患者發生思覺失調前的狀態，開始從旁協助他們逐漸回到「社會化」的軌道上。這個環節必須根據案主康復的程度及其是否有「陰性症狀」來制訂。社會行為學習，可以針對如何在不同情形、不同場合下與人溝通，也可以是職前訓練，比如說模擬面試。有些復元人士在症狀出現時會對自己的親人有過於激烈的反應，因此如何與家人交流也是社會行為學習的一個範疇。

4. 全面的生活規劃

思覺失調症是一個複雜且結果預測性相當低的病症，故此復元人士的生活規劃應該是有條不紊的。有見及此，許多針對思覺失調的醫療機構都會給每一位復元人士制訂出每天的生活流程。這是為了讓患者將來回到社會而做準備，另一方面也是為了減少案主有空間及時間被其症狀所困擾。

第四階段：烏雲密佈的時候我還有傘，也有你

最早的章節裏提過，復元人士若要達到明顯的症狀減緩，甚至回到原來的生活正軌上，絕對不是靠一己之力達成的。因此在治療的過程裏，治療者除了要針對不同時期的症狀施予各種的介入療法外，還須不斷向患者灌輸多元化協助的概念，讓患者感受到自己並非孤立無援。當復元人士能夠獨立或半獨立生活，或是與家人一起共同生活時，接下來就是預防再次發生嚴重症狀以導致生活大幅度紊亂。首先，再次以之前的病發常模記錄為基礎，讓案主及家屬共同學習如何預測可能發病的時機。不同的案主有不同的病因引發點（trigger point），如果可以，要盡量避免這些刺激。然而也有無法避免的時候，通常案主會有一小段時間的情緒波動，而這些也就成為監測自己的指標（monitor index）。這個時候，案主可使用之前學習過的處理方法，家人也可以從旁協助，以降低刺激所帶來負面結果的程度。

多元化協助基本上來自於三個方向：家人、醫療機構及社會資源。思覺失調的案主千萬不要自行減少藥物分量及求診的次數。無論是定期的精神科醫生會診，還是較為密集的一對一心理學家輔導，或是各類團體輔導，都應該持續地進行。案主可和治療者討論以漸進的方式減少求診次數或藥量，但絕非自行決定。案主在行為治療的過程裏，必須了解可運用什麼社會資源，例如急救熱線、社會福利、各類非政府組織機構。家屬可以提出指定分派專屬社工（assigned social worker）或監督管理人（case manager），以便不時之需。另外，在之前所述的「社會學習」中，也包含了各類突發狀態的演練。這些準備都是為了提高案主處理症狀及危機時的自信，並加強他們的應變能力，從而更加接近生活常軌。

個案分享

兩個治療思覺失調患者的案例

多年前，筆者在新加坡一所醫院裏的心理學部門任職，曾接觸過一位從精神科醫生轉診過來的案主。在我們這個三級醫療單位（tertiary hospital）裏，這位女士的思覺失調症狀相對而言屬於輕微，確診為短暫型思覺失調症。轉診至心理部門的最大因素，是精神科醫生相信症狀的發生與兩年前其家人去世有極大關聯，她的幻聽、幻視可以理解為長期心理壓力下的產物。據我當時的了解，原因是她目睹了與自己相依為命的親人自殺身亡的過程。當時的她來不及阻止悲劇的發生，因此陷入了很長時間的抑鬱。在此期間，她從未走出Kubler-Ross所提出的悲傷處理的五個階段（否認→憤怒→交涉→沮喪→接受）（Kubler-Ross & Kessker, 2014），甚至連第一個階段都無法完整地渡過，進而轉換成短期的幻聽、幻視症狀。幸運的是，這位患者有高度自覺性（insight）及相當深厚的家庭支持，以至於治療預測（prognosis）是相當正面的。在這位女士一連串不合理的思覺失調症狀的背後，卻存在着相當合乎邏輯的思維。在她腦海裏，家人自殺的景象不斷地重複上演（環境），而她在事後不斷告訴自己：「若是我能即時趕到現場，或我能預先洞悉這一切發生的可能性（思想），這一切將不會發生。」每想一次，她的內疚感便加深一次（感覺／感情因素），每夜輾轉難眠，注意力下降，精神萎靡不振，注意力再次降低，最後因不適合當時需要高度專注力的工作而自行辭職（行為）。其間她更將所有精神都投放在緬懷與自責中，幻聽與幻視是她最主要的兩項陽性症狀，而幻聽和幻視的內容都是親人在指責她，並且要她責罰自己。有幾次是她自己在還能分辨現實和幻

覺的情形下，主動來到我們的醫院急診室要求住院，或是待在急診室內直到症狀下降或消失。對於這類意志力及自我洞察力如此強的患者，最後精神科醫生決定把她轉介給我。

治療的過程中，我最主要是針對她自責的情況進行認知重建（cognitive restructure），逐漸瓦解原來的負面思考模式（distorted ideation），並養成為一個正面的思維方法。當年的悲劇，令她不斷回顧往事，複習自己錯過的每一個生命環節，因此除了在認知上面進行治療外，在她情緒漸趨穩定後，我們開始討論如何在行為上做一些讓她覺得能夠給自己一個可接受的結局（closure）。對於這位女士而言，做這些事情，就如同她個人客製化的「儀式」。例如，當時她並未參與葬禮，而現在她在家人的幫助下，自己辦了一個小型的告別式。在我離開新加坡之前，她的精神狀況已經大有進步。由於她個人的意志力、家人的力量與治療方配合的動力，還加上她本身的症狀發生屬於早期，這種種條件都讓這個案例的治療結果較為成功。不過，要看到一個案例有成功的治療結果，仍舊要審視各方面的條件，而絕非治療方能夠單向主導的。以下這個案例就屬於令人遺憾的例子了。

我曾經在美國洛杉磯一個半政府資助、專門治療各類思覺失調症的機構裏工作。當時有一位案主是一名亞裔的年輕女孩，由於她的症狀十分嚴重，所以治療預測並不樂觀。除了陽性症狀外，她的陰性症狀更為嚴重。她的病例表堆疊起來幾乎有60厘米厚。在了解這個女孩整個病症發展的過程裏，我發現她的症狀在早期時應該

沒有我見到她時那麼嚴重，病發早期的她還能夠有條理地與人對話。然而，後來她被轉介多次，而且家人因為經濟問題而無法長期讓她接受治療。此外，其中還有一個很大的社會文化因素——她們是美國的新移民，其父母在所在國的教育背景其實不錯，然而到了美國後，經歷了種種困難和挫折，最後父母二人只好做着勞力的工作，各方面的落差與當初的期待相距太遠，母親後來出現輕微的憂鬱症狀，而父親也染上了酗酒的習慣。我在其中一份病歷表中讀到，過往的護理師懷疑這個女孩可能曾被性侵過，但由於沒有實際證據，所以無法追蹤。我與這位案主接觸了一段時間後，有相當多的突發事件讓我明白為什麼之前的護理師會懷疑她曾被性侵。例如她經常裸身在機構裏狂跑，並坐在地上拍打自己的陰部；最嚴重的一次是她拿着不該被留在房間裏的牙刷（這些物品在醫療機構裏均視為危險的違禁品）插入自己的肛門而導致內部破裂，大量出血。那次事件是我最後一次見到她，因為此後，機構決定立即送她到更大型的精神專科醫院（三級醫院）。

在我與她接觸的短短半年內，我完全無法實施任何認知行為療法，只能讓她熟悉我，與我建立良好的信任關係（therapeutic relationship）。我後來在教學的時候經常引述這個案例提醒學生，要讓家屬了解早期治療的重要性，並且要了解當案主本身的問題可能由更嚴重的問題造成時，我們要對治療結果有實際的期待。

（基於保密協議及為了保護當事者，以上個案經過多層改寫，並模糊化諸多細節，故不包含案主和治療者的對話，但並不削弱其內含意義。）

結語

　　以往「思覺失調症」被稱為「精神分裂症」。除了有相當程度的貶義之外，其實從認知行為治療理論的觀點來解釋後者，也是有偏差的。相對之下，「思覺失調」這個新的命名，反而與認知行為學的中心思想更為貼切。思覺，也就是一個人認知的能力。仔細想想，世上的人，誰沒有認知偏差的時候？從上一個世紀到現今的社會，世界上發生了多少件大事，人類能夠存活下來與每天的大小難題抗爭，已實屬難得了。

　　我做臨床心理衡鑒、治療、督導的工作前後將近20年，從美國、新加坡到香港，在服務過各大醫院、精神專科醫院、煙毒勒戒中心，到政府醫療組織，以及非政府組織醫療中心、社區家庭中心，看到了形形色色、各類各樣的案主及家屬後，再加上年歲的增長，生活的歷練，對於病與不病的分野，逐漸地認為沒那麼清晰了。早前我與一位同樣是心理學家的朋友談到香港的心理衞生／健康情況，多半的民眾仍舊停留在接受心理學家或精神科醫生的治療，或甚至只是面談，就承認了自己「不正常」或是「癡線」了。那麼對於看待思覺失調症，這樣的思維就更不在話下了。

　　作為一個專攻認知行為的臨床心理學家，我有一個願望：我希望有更多臨床工作者能夠積極地向普羅大眾傳播正面且正確的心理學知識，讓多數人能夠轉一個念頭、換一個角度思考事情，減少歧視，擴大包容，達到一個真正的共融社會。

參考資料

American Psychiatric Association. (2013). *Diagnostic and statistical manual of mental disorders* (5th ed.). Washington, DC: American Psychiatric Association Publishing.

Greenberger, D. & Pedesky, C. (1995). *Mind over mood: Change how you feel by changing the way you think*. New York: Gilford Press.

Kubler-Ross, E. & Keesler, D. (2014). *On grief and grieving: Finding the meaning of grief through the five stages of loss* (reprint ed.). New York: Scribner.

第8章 家庭治療

莊佩芬
臺東大學教育系副教授

　　華人社會是比較集體的社會，家裏若有一個思覺失調復元人士，便會對家庭有很大的影響。美國婚姻與家庭治療協會定義思覺失調為嚴重持續的精神障礙，影響人口數的百分之一。它的症狀包括令患者的經驗、想法和感覺失真，且通常會減弱其教育、工作、人際關係、自我照顧等能力。思覺失調會造成復元人士與家庭的重大挑戰。思覺失調症會引起認知與社會功能的問題（American Association of Marriage and Family Thearpy [AAMFT], 2017）。

　　西方社會用完全自然主義和機械模型來形容精神疾病。生物學觀點更認為思覺失調是腦解剖中結構性的改變，是神經化學物質失調，是多巴胺的問題和基因演變問題（Torrey, 2001）。比較文化精神醫學和只着重精神症狀的生物精神醫學，認為生物精神醫學長期將復原者視為他者，給予復原者次等或附屬的地位（Stephenson, 2015）。1960年代的人文社會科學學者如：Michael Foucault、Erving Goffman、Sander L. Gilman、David L. Rosenhan、Thomas S. Szasz等，對於精神疾病有深刻的反思，其中包含精神疾病的標籤化意義。其中Goffman和Rosenhan認為一旦形成病人是思覺失調患者的形象，一般人也認為他會持續是思覺失調患者，標籤化會使患者落入精神

疾病自我實現預言陷阱。這些學者反對生物精神醫學所強調的客體態度，企圖解構精神醫學本質論的觀點，強調精神疾病的成因及人們看待精神疾病的方式是受到社會、文化因素影響建構出來的(蔡友月，2012)。

　　Richard J. Castillo(1997)曾批評：「精神疾病是不同於糖尿病或肺炎之類的疾病，因為精神病人的自我明顯受到影響。因此，即使我們能發現精神疾病的生物性因素及其所帶來的損害，精神疾病的社會的、象徵性的意義，以及對自我認同的影響仍不應被忽視。」(p.2)心理師Deegan是一位從精神健康系統復原的思覺失調案主，他分享在思覺失調復原的過程中，認為訓練精神醫療的專業工作者在提供服務時，要謹記患有精神疾病的人和一般人一樣，有一顆真實且脆弱的心，因此Deegan想去挑戰只為了利益而不把人當人看的對待方式(引自Marlowe, 2009)。Fisher是一位精神科醫生，也是思覺失調的復元人士，他在1999年分享：

　　　　我們的這些關係需要被滋養和塑造，來找尋自己真正的羅盤，
進而往復原的道路邁進。

　　有別於一般醫療系統對思覺失調的定義與認識，精神科醫師與家庭治療師Carl Whitaker長期和思覺失調症患者工作後，提出不一樣的觀點，他指出思覺失調復元人士是異常的完整(abnormal integrity)，只是他們太殘酷的誠實(brutally honest)，傻傻地沒有被社會規範所約束，顯示出最原始直接的感覺，公開撼動了社會傳統規範或習俗。Whitaker很願意去榮耀思覺失調復原者活出他們的內在經驗，而不是對文化或社會規範投降，且認為典型社會適應良好的人基本上是口是心非，為了融入社會而活在謊言中。Whitaker甚至相信我們半夜都是思覺失調復元人士，只是我們醒來時會稱它為做夢(Connell, Mitten, & Bumberry, 1999)。

一般系統理論

亞里斯多德在他的《形上學》(*Metaphysics*)中提到:「萬事皆由部分組成。」完形心理學提出:「全體大於部分之合」(Cambray, 2009/2012, pp. 89–90)。

二次大戰後,邁入系統時代,一個系統是一個整體,一旦被拆散,就會損失一些重要特性,因此必須研究整體,不再以部分解釋整體,而是以整體說明部分。德國學者、生物學家Ludwig von Bertalanffy的理論,在1940年代及1950年代被家庭治療學者拿來作為當時剛興起的家庭治療(又譯「家族治療」)的基礎概念。Bertalanffy提出生物中的有機體(organism)構成一個有機整體,不斷改變而且富有生命力,它包含具有各種相互依存的部分系統,每一系統又包含一些次級系統,如:循環系統、神經系統等。每一系統由小系統組成,也是較大系統的一部分。有機實體內部成分或部分的互動假設觀念提供一個可以概念化家庭互動歷程的有用語言。

家庭代表了家庭成員構成有組織的團體。家庭是一個大於所有成員總和的整體系統。一旦將系統拆解或只分析部分,則不能正確地了解該系統。因此Leslie(1988)要了解系統整體性,便無法從單一個體觀察,因為系統內任何一個成員的行動也受到其他相關成員的影響(Goldenberg & Goldenberg, 2012)。

家庭是個複雜的系統,雖有許多層次的因果關係,但會維持恆定狀態(homeostasis)的平衡。次系統各自在家庭內有特定的功能,例如:長輩與後輩的關係、配偶、親戚、兄弟姊妹或性別等家庭次系統。一般系統理論學者以獨創的理念來區分封閉與開放系統,若系統是封閉式的平衡就容易產生熵(entropy)的現象。熵是一種測量動力學方面顯示不能做功的能量總數,當總體的熵增加時,系統的功能便會下降。因此愈多的熵代表能量愈退化,而且可以計算系統中失序的現象或是混亂程度,最後系統會耗盡能源,內部結構解體而崩潰,走向衰亡。開放式的系統會由外在環境吸取能源,系統有機會更新而產生負熵(negentropy)。負熵讓系統可以在原結構中解組,但會產生適度的蛻變或昇華成更複雜的系統。

其他的早期家庭治療學者如Gregory Bateson是出生在英國的人類學家和人種學者，他大膽假設思覺失調是一種關係現象，非內在心理集會，並以互動溝通的名詞來描述重要的精神病症（Goldenberg & Goldenberg, 1999）。早期的家庭治療師以系統為單位來觀察成員關係或互動情形，便不再將問題的來源或是症狀視為個人的問題，反之是個人替代了家族失衡或功能不佳的結果。系統包含系統內的每一個分子，整體大於每個分子的總和；系統有組織且系統內的分子是相互影響的，任何一部分的改變均會影響其他部分。因此，家庭系統包含每位家庭個體成員，成員間相互影響的關係是家庭治療的研究重點。這樣的觀點可以去除醫學上只對個人問題作診斷的不足及對單一個體的責怪，讓個體可以暫時舒緩與脫離個別病態造成的壓力。Batson和Mental Health Research（MRI）精神醫療研究團隊對家庭回饋系統的研究發現，將系統控制論的回饋概念應用在心理治療中，會出現許多維持家庭系統恆定控制的隱喻，如負向回饋、穩定、尋求變化但又抗拒變化等概念，成為理解家庭組織關係及訊息內容溝通的重要基礎（Anderson, 1997）。

第一序的控制論（first order of cybernetic），或原始控制論，意指觀察者是絕對的客觀，並可操控系統，觀察者與系統是分離的。因此第一序的控制論中，家庭治療師是獨立於家庭系統外的，負責解釋系統脈絡觀。在第一序的控制論中，均衡與恆定是理解系統自我維持的重要概念，因此家庭治療的目標是打破系統恆定讓改變發生。治療師的工作是積極干預以協助家庭應付壓力與發展轉變。第二序的控制論（second order of cybernetic），又稱為控制論的控制論（cybernetic of cybernetic）強調觀察者與被觀察者間的互動循環和相互影響關係對觀察結果的影響。第二序控制論的治療關係已由機械性關係轉向循環性關係的思維，治療師無法單純客觀觀察家庭，治療師也是系統的一部分，治療師和家庭成員一起找出重新論述家庭的意義。Batson提醒位於加州的Palo Alto精神研究學院的研究團隊，要察覺自己在治療室內的權力運作狀況和自身理論對觀察與診斷結果的影響（Keeney, 1983）。第一序的改變（first order of change）指系統維持原狀恆定，傾向於機械論，使系統回到原有

平衡，但沒有更好的發展；第二序的改變（second order of change）重視生態上健全的價值與信念，有機會讓系統以創造和自發性的方式更新。

家庭治療的系統理論反映出多數的行為不是病理性的，只是反映環境的狀況，因此改變家庭動力或關係是有力的改變機制。Virginia Satir，一位在以男性為主要的家庭治療師世界中的女性家庭治療師，她提出家族中發病者的症狀是在非預謀的狀況下幫助家人，運用自己的症狀來減輕家庭壓力的機制，讓家庭繼續維持常態功能。其他如策略性家庭治療師大師Jay Haley也提到年輕人為了保障和維持家庭穩定性而選擇不離開家庭來自我犧牲；Boszormenyi-Nagy，一位匈牙利美國籍的精神科醫生也是家庭治療的早期創始人之一，他提出孩子對家庭有忠誠度，會覺得自己有義務要拯救父母與他們的婚姻。結構派家庭治療師的創始者則認為整個家庭都具有症狀，不是個人問題，症狀是始於家庭功能不良的互動。

家庭治療與思覺失調

家庭治療是心理治療中較新的發展，大約是在第二次世界大戰後才開始，一些精神科醫生在思覺失調復原者身上發現家裏的溝通是一大問題。一些學者Tienari、Wynne、Sorri、Lahti、Läksy、Moring、Naarala、Nieminen和Wahlberg（2004）融合生物和環境理論，長期追蹤母親為思覺失調復原者的小孩在收養後的研究，後來發現收養家庭的功能會影響被收養小孩的精神狀況。因此研究團隊提出住在充滿敵意、僵化和低溝通狀態的大壓力家庭中，會比較容易產生思覺失調個案，這樣的研究結果和家庭治療長久以來的理論論點不謀而合。家庭治療不將人類視為分開的個體，而是看人是如何嵌入網路關係，強調循環式的交互影響（Tse, Ng, Tonsing & Ran, 2012）。這些理論將家族視為一個整體，強調系統內的衝突或緊張會增加案主的症狀，且系統內部有其規則、運作模式和抗拒改變的傾向。因此治療會包含家庭關係和溝通模式，

不會停留於症狀或是任何個體。研究指出家庭心理教育介入思覺失調的療程會減少患者復發的機會，並增加患者和家庭成員的健康功能（Dixon & Lehman, 1995; Lysaker, Glynn, Wilkniss, & Silverstein, 2010）。

早期的家庭治療與思覺失調

家庭治療是從與思覺失調復元人士一起工作學習後開始的。Henry Richardson 在1948年出版了一本名為《有家人的病人》（*Patients have Families*）的書，書中提及家庭關懷在於病人身體與心理復元的關係（Falloon, 2003）。Frieda Fromm-Reichmann 是一位與思覺失調復元人士工作的著名精神分析學者，她於1948年就提出「思覺失調復原者的母親」（schizophrenia mother）這個概念。這個名詞代表思覺失調復原者的母親通常會有控制、冷漠、拒絕、佔有慾強、善於製造罪惡感、消極、疏離等特質，而這樣的母親的伴侶通常是個沒有效能的父親。Don Jackson，是一位精神科醫生、家庭治療早期的理論家，也是家庭治療最早的專業期刊《家庭歷程》（Family Process, 1962）的創始者之一。他的互動理論（interactional theory）是第一個將人類行為落實於一般系統理論、溝通和控制理論中的理論家。Jackson是脫離精神分析線性思考的模式的轉移者代表之一，他的互動理論影響了後來的系統取向家庭治療（Bradley, 1996）。Ray（2004）指出Jackson在於家庭治療的貢獻包含他所提出的家庭恆定（family homeostasis）、家庭規則（family rules）、婚姻交換（marital quid pro quo）等概念。其中，Jackson的家庭恆定概念是指流動和系統內的動態平衡是構成家庭成員穩定的歷程。人類學家Bateson於1950年代中期帶入源自機械科學的控制論觀點，提出當家庭受到威脅而變得混亂時，會透過家庭行為的回饋機制來重新平衡與穩定系統的狀態。因此，Bateson提出思覺失調症是一種人際現象，挑戰了精神分析師視病患為個人心理疾患的看法。Weakland（1993）認為Bateson和Jackson是改變思覺失調被病理化的兩位主要治療師（引自Bradley, 1996）。思覺失調的溝通研究也改變了思覺失調的案主和過去創傷之間的關聯。

Watzlawick（1990）最早提出的「雙重束縛」理論，是在Bateson和Jackson合作之下成形的（引自Bradley, 1996）。「雙重束縛」是指一段牽涉到兩人或更多人的關係，且在溝通上涉及在訊息層次與抽象溝通層次上是互相矛盾的負面禁令指令。例如

對孩子説：「不准那樣做，要不然我會處罰你。」在肢體動作上卻做出擁抱動作，或是要求做出所禁止的行為，如果孩子不服從便會受到處罰。通常家中的孩子會持續接收到來自同一個人的互相矛盾指令，並且與這個人有密切且持續的關係（通常是大人）。孩子被迫要作出反應，但是不管任何反應都不對(Bradley, 1996)。這樣的衝突與矛盾的指令會讓孩子不知如何面對訊息，感到混淆，而且會懷疑所有訊息都有背後含意，導致無法辨識真正訊息而難以與人溝通及產生有意義的人際關係。這樣的模式形成後，任何關於該順序的暗示或開端都會令孩子感到慌張或憤怒，使他從外在世界退隱而形成思覺失調症(Goldenberg & Goldenberg, 2012)。在研究團隊提出「雙重束縛」概念後，Bateson和同事強調沒有受害者和加害者，只有人們因溝通而被困在互動模式中，而這些模式都有雙重束縛的特色(Shean, 2004)。

家庭治療學派

　　Jay Haley在精神科醫院與思覺失調案主連續工作幾年後，他下了一個結論——醫院和家庭限制案主的正常回應。他受Jackson(1960)影響，相信思覺失調症人士沒有問題，是社會情境有問題(Richeport-Haley, 1998)。延續與精神研究學院的思覺失調與家庭溝通的研究，Jay Haley後來創造策略家庭治療學派。他同時是華盛頓特區家庭治療學院的共同創始人，以短期解決傾向有計劃地規劃他人的治療模式。他的治療策略受到具創造性但非傳統的催眠大師Milton Erikson的影響。Haley在系統內運用策略，打斷重複性與症狀有關的連續性模式，並和家庭的潛意識工作，通常在家庭還不知道發生什麼事的情況下就已經解決了問題。Haley認為家庭會運用計謀獲取控制權，權力和控制是家庭功能的核心。他強調家庭會出現問題，是因為家庭成員否認控制的動機。在「喪失功能」的家庭中，家中階級常常不明確，而且與原來階級序位相反，或是家長沒有負起責任，讓小孩拿走了控制權。另外，喪失功能家庭的跨世代連結比同世代連結深，造成反向三角的關係。策略取向認為改變系統會改變個人，讓症狀萎縮，問題得以解決。因此策略取向會運用矛盾禁令(paradoxical injunction)，為案主開一個症狀處方來打破家庭原有的恆定狀態。然而，矛盾禁令的運用讓策略學派治療師背負與案

主間的支配性權力關係，Nichols在2003年重新詮釋矛盾禁令，Nichols指出Haley的矛盾禁令為家庭帶來有趣的實驗氣氛，這也許是可達到的最有效的療癒方式（Haley & Richeport-Haley, 2003）。Haley在1984年出版了一本《酷刑治療法》，他分享設計案主進入一個維持症狀反而比放棄症狀更痛苦的情境時，案主就會自動放棄症狀。Jay Haley認為症狀是家庭成員在連續溝通事件時的一部分，以隱喻語言來說，症狀是發病者在家中表現出愛的表達方式（Klajs, 2016）。Madeleine Richeport-Haley（1998）認為Haley和跨文化療癒對瘋狂行為的觀點都很一般，很人性且自然，共指出了六點：

(1) 家庭和社區都同時參與治療；

(2) 發生原因不是來自案主本人；

(3) 給案主貼上比較正向的標籤；

(4) 治療都是任務取向；

(5) 隱喻被轉化成比較具體的行動；

(6) 治療師與療癒師都致力於療癒案主（p. 65）。

源自於系統理論，Salvado Minuchin在1960年代創造「結構式家庭治療學派」。他持續發展系統理論，從家庭成員相互回饋反應而發展出三個結構式家庭治療的主要相關領域：家庭、所呈現出的問題和改變的歷程。治療的目的是重新建構家庭系統中的交易規則，家庭成員在現實互動時能夠變得比較有彈性，有比較大的空間容納彼此的差異性，重新建構結構的過程能讓系統動員內部尚未被發現能因應壓力與衝突的資源（Carter, 2011; Minuchin, Lee, & Simon, 1996）。結構取向家庭治療的幾個基本概念是由系統的互動模式中延伸出來的，如：角色、同盟、權力和聯盟、家庭次系統、界線滲透性、整體性、組織等。家庭界線不清楚就容易產生糾葛（界線模糊）或是疏離（界線僵化）的關係。界線的過度僵化導致次系統間無法互相滲透。次系統間適當的滲透性有助於家庭成員間彼此給予支持關懷但不過度干涉的健康關係。聯盟的概念和Bowen所提的三角關係有些類似，雙親未能解決自己問題而將第

三者，通常是小孩，介入以平衡雙親的喪失功能上的關係。治療師會運用不同的治療技巧，例如運用參與(joining)、調適自我風格(accommodating)、模仿(mimesis)、跟循(tracking)、行動促發(enactment)和重新框視(reframing)等，和家庭一起工作。結構式家庭治療學派的目標是協助家庭重新建構交流的模式和重新建立家庭中溝通規則的系統(Goldenberg & Goldenberg, 1999)。Carter(2011)將結構式家庭治療理論運用於一個思覺失調復原者家庭的個案研究，在15次家庭治療會談後，案主的症狀經由16人格因素問卷作前測與後測比較，發現案主在溫暖、情緒穩定、主導性、活力、規則意識、警覺性、對改變開放的態度、自立更生、自我控制與不安等項目都有顯著的差異性。

　　早期的家庭治療領域在思覺失調復元人士的家庭中做了許多家庭和思覺失調症復元人士的相關研究。這些早期的研究者在研究思覺失調復元人士的家庭互動模式中所帶來的成果的確對於之後的不同家庭治療學派產生了不同的影響。影響比較多的學派是現代家庭治療學派，或是所謂的第一序控制理論學派。家庭治療後來的演變慢慢地進入第二序控制論與後現代以人為主體的思想，是另一個模式的轉移。因此，現代家庭治療學派對於家庭的病理化或病態化診斷就被後現代家庭治療師評論為不夠尊重家庭。即使有後現代家庭治療學派的批評，不可否認的是現代家庭治療的理論也經歷了將個人病理化的時代帶到因家庭互動問題而產生的症狀的模式轉移過程。

　　Carl Whitaker認為治療師與案主會互相影響，且治療師不用擔心家庭成員失控，因為他相信當家庭能夠自由伸展與成長時，就會自然產出新的看法和創造性的解決之道。他認為家庭健康是一個持續進行的形成，在此過程中，所有家庭成員都被鼓勵在個體化(individuation)和個人完整性(personal integrity)中持續探索各種家庭角色，以發展出最大的自主性。Whitaker和Bumberry提出健康的家庭能夠運用危機來刺激成長，且視衝突為生命的肥料而讓生命收到最大的成長效益(Whitaker & Bumberry, 1988)。Whitaker發現有思覺失調復元人士的家庭很容易切斷情感(Marley, 2004)，因此Whitaker會運用自己是系統的一部分進入第二

序控制論，為了引出家庭成員的情緒，將自己融入系統中，讓自己進入失序或瘋狂狀態，再引導家庭成員去接納與認識這些壓抑住的情緒和情感。當然，這麼按照右腦演出的治療策略，很需要一個協同治療師一起平衡家庭治療的過程，因此Whitaker創造了多元治療團隊，避免治療師單獨被捲入充滿糾結的家庭系統中（Goldenberg & Goldenberg, 2012）。Whitaker的即席靈感式的家庭治療，為他的治療學派帶來一個名稱：「象徵性經驗取向家庭治療」。Whitaker和Bumberry很謙卑的提醒治療師：

> 我覺得治療師最糟糕的惡癖就是忠告。我們表現得好像知道怎麼做比較好，這個姿態既膨脹了我們的自我，也強化了案主低一等的地位。雖然那是很誘人的選擇，但與成長的目標無關，事實上，這麼做還會有效地阻礙成長！（Whitaker & Bumberry, 1988/2006, p. 156）

和所有的家庭治療理論一樣，米蘭治療團體也參與思覺失調復元人士與他們家庭的工作。他們（Selvini-Palazzoli、Boscolo、Cecchin與Prata）在1978年出版了一本書：《矛盾和反矛盾：治療具思覺失調式交流之家庭的新模型》（*Paradox and Counterparadox: A New Model in the Therapy of the Family in Schizophrenic Transaction*）（Goldenberg & Goldenberg, 2012）。米蘭小組（Selvini Palazzoli、Boscolo、Cecchin與Parata）在1971至1975年，原本用精神分析的方式工作，後來因受Palo Alto精神分析學院Bateson的影響而改成系統理論的工作方式。Nichols和Schwartz（1998）曾言精神研究學院的學派和Haley的理論對後來的米蘭學派有深厚的影響，而米蘭學派是後來影響歐洲大陸家庭治療的主要學派（引自Klajs, 2016）。

米蘭學派沿用系統的一些概念，發現問題是深入家庭互動中的，無法只單獨和一個人工作；運用Bateson的循環回歸系統概念，相信無法只改變一部分系統的行為或溝通模式，需要將家庭系統視為一個整體，而不將案主或是案主家庭病理化（Bacvar & Bevar, 1996）。米蘭學派的語言中透露出對案主的尊重。他們的立場是不干涉醫院的治療，但試圖與其他和案主有相關的

治療師建立合作關係。他們的小組觀察到做家庭治療的家庭通常帶有矛盾的請求，希望維持不改變的穩定，也希望有問題的家人可以被療癒。因此，米蘭小組尋求系統假設，認為家庭有自己和症狀及連結的方式，米蘭小組稱為「家庭遊戲」。為保障治療的效果，米蘭小組會先理解「家庭遊戲」，再制訂合宜的介入方案。米蘭小組（1987）解釋：家庭在思覺失調的轉化期，就像在一群人中的一個團體參與了未確認的家族遊戲，家族成員在這些遊戲中嘗試單方面地控制其他人的行為，因此治療師的任務是幫助家族成員們發現和中斷這些遊戲。他們和家庭工作的方式是：家庭成員行為的正向解讀、家庭儀式、晤談間的冗長間隔、矛盾的重構、假設、循環式問句、不變的處方和治療的中立立場（Berkowitz, 1988; Boscolo, Cecchin, Hoffman, & Penn, 1987; Goldenberg & Goldenberg, 2012）。

　　米蘭小組治療工作的重點是要讓案主家庭了解有不同的事實存在，協助家庭重新用不同語言來表示問題在於事實的觀點，而不是被問題本身所困住的觀點（Becvar & Becvar, 1996）。米蘭學派會邀請家庭成員去檢視他們的意義系統並一起探索家庭的選擇，例如在循環式問句中，治療師會問「當緊急狀況發生時，你會向爸爸還是媽媽求助？」或是「當家中父母爭吵時，家裏誰最會被干擾？」，這樣的問題讓所有參與者多了解家裏的不同觀點，而且得知自己在關係脈絡中的位置。米蘭學派治療師不直接改變家庭系統，治療師旨在協助家庭重新思考困境對他們的意義，鼓勵他們自行改變。

後現代家庭治療與思覺失調

　　後現代家庭治療始於米蘭理論觀點，米蘭理論運用了第二序控制論，將治療師納入治療系統的一分子，脫離之前家庭治療習慣對功能不彰的家庭直接介入的方法。早期的家庭治療學派和後現代家庭治療學派相比，現代家庭治療學派比較獨斷，治療師會採取客觀觀察者的態度，對家庭進行分析、診

斷並試圖介入或阻斷家庭病態循環的互動。這種態度後來被評論為治療師可能因為不同種族、性別、階級或文化而對家族問題的判斷有偏見。

之後的後現代家庭治療學派被建構主義所影響，強調人們對他們的問題做假設、推論和賦予意義，挑戰現代主義長久以來視為理所當然的絕對客觀假設。治療師不再是給予指令的唯一專家，而是與案主一起重新建構現實、重新體驗故事，並共同建構可能性的替代性的新版本故事。相信每個人都有一套以個人與文化為基礎的「知識」，並根據這知識做選擇。建構主義的治療師主張放下專家權威和案主一起合作，進行不批判與平等的對話，治療師與案主在對話中共同對於家庭一起賦予意義。如此，治療不僅是治療師成為系統中的一部分與家庭合而為一，更是案主與治療師一同在系統中進行一項合作性的新工程。Goldenberg & Goldenberg（2012）指出社會建構主義治療的一些特徵：(1)治療師與案主的關係是平等的；(2)治療師與案主關係是雙方相互間的探索；(3)案主是自己生命的專家；(4)表徵問題的假設是被探索的；(5)關注的焦點是認知而非行為；(6)信念塑造行動，而文化塑造信念；(7)語言是形成新建構的媒介；(8)目標是協助案主探索他們生命的新意義。後現代家庭治療觀點也強調沒有絕對的真相或是絕對正確的答案，此多元的切入觀點挑戰了現代家庭治療學派以為對案主或病人好的絕對客觀觀點。治療過程是一種重建，將案主從特定的自我詮釋中釋放，找到更適合案主經歷的、新的豐富解釋。Doherty（1991）提出，後現代家庭治療鼓勵治療師與家庭成員進行主觀且自由的對話，讓案主從新的敘說中重新找到問題之於他們的新意義。另外，與案主平等的概念延伸出的反映團隊（reflecting team）治療方式，會與個案家庭交換場域，讓家庭成員聆聽反映團隊的交談、討論；反映團隊成員是以個人角色發言，而不是擁有知識的專家。當反映團隊發言完後，家庭成員有機會再討論反映團隊的對談，創造一種循環式的團隊的平等對話關係。

焦點解決短期心理治療與思覺失調

　　社會建構主義的家庭治療包含幾個學派，如：焦點解決短期心理治療、O'Hanlan和Weiner-Davis的解決取向治療、Goolishian和Anderson的合作語言取向、Tom Andersen的反映團隊、敘事治療等（Goldenberg & Goldenberg, 2012）。本章會介紹其中兩個後現代家庭治療的學派——焦點解決短期心理治療和敘事治療。焦點解決短期心理治療（Solution Focused Brief Therapy, SFBT）主要是由Steve de Shazer、Insoo Kim Berg和他的同事Eve Lipchik、Scott Miller、Michele Weiner-Davis在美國密爾瓦基的短期家庭治療中心透過實務的歷程逐漸發展出來的，其深受Palo Alto、Milton Erickson、Wittgensteinian等人影響。在SFBT的療效部分，Stams、Dekovic、Buist與de Vries於2006年針對SFBT 21個相關研究進行後設分析發現：於婚姻及精神疾病等問題上，SFBT比行為學派更有幫助（引自許維素，2009）。

　　焦點解決短期心理治療的精神符合後現代家庭治療精神：強調未來導向並尋找解決方案、認為改變是不可避免的、以案主為中心、小改變帶來大改變、認為沒有抗拒的案主、案主有力量和資源去改變、是方法錯誤不是無效等。另外，此學派的三個特色問句為：(1)奇蹟問句；(2)尋找例外架構；(3)量尺問句（Berg & Miller, 1992）。Berg與Miller(1992)列出七個設定治療目標的精神如：(1)對案主來說目標要顯著；(2)小目標；(3)具體、明確的行為；(4)專注於有而非沒有；(5)開始而非結束；(6)真實且在案主生活情境可達到；(7)感覺像涉入一件不容易的事。

　　焦點解決短期心理治療被運用在思覺失調復原者上的研究上有對思覺失調案主帶來一些影響。Panayotov、Anichkina與Strahilov（2011）研究51位思覺思調復原者與長期服藥的關係，發現服藥時間由平均244天增加到平

均827天，超過原先的3.4倍。有39個患者（76%）在研究當時還繼續服藥。另外，Eakes、Walsh、Markowski、Cain和Swanson（1997）運用焦點解決治療於有思覺失調診斷的案主和他們的家庭的研究，研究設計兩組來做對照，一組是傳統的門診治療和另一組參與五次共十周長的焦點解決治療。研究發現對照組與實驗組在表達能力、積極休閒方向、宗教道德和家庭不一致上有顯著的不同。

　　思覺失調案主通常在精神醫療系統幾年後，會漸漸地被醫療體系限制，精神科的診斷也開始變成他們身份認同的一部分，甚至自我認同會直接變成診斷本身。後現代家庭治療是給人希望，給人力量的學派，讓案主重新認識自己，有別於被醫學診斷長期佔據的自己。焦點解決治療治療師Joel Simon曾對一位思覺失調復元者在兩年中進行30次諮商，每次一小時，每次間隔約三周，和案主創造了許多充滿可能性的對話。最後是案主自己決定他不需要繼續做諮商，因為他覺得一切都很好了，且在焦點解決的量尺問句（0-10）中，案主覺得他這兩年進步非常多，並且已經到達10的狀態。治療師Joel Simon也在研究最後提醒：對案主的力量與資源發出好奇心，且要仔細聆聽案主的點滴而不做結論。例如：他每次最有興趣的是案主如何在對談期間對自己做有幫助的事（Simon & Berg, 1999）。

　　醫院裏的醫病關係與照護品質常常是受到關注的焦點。焦點解決短期心理治療的解決導向看中復原者的資源和力量機轉（mode of action），與復原者採合作的方式，讓護士或是治療師用簡單的語言，找出復原者的力量來達到可行性的目標的確立，協助復原者建立可以確認他們立即安全的計劃。2007年，焦點解決短期心理治療在英國的兩個精神科醫院的36個急診室舉辦了兩天的工作坊，後來在工作坊後追蹤三個月，發現護理師會在臨床工作上運用焦點解決治療方法，而且得到許多正向的結果。

敘事治療與思覺失調

O'Hanlon(1994)指出：敘事方式的治療代表了治療世界根本上的新方向，是所謂的「第三波」(O'Hanlon, 1994, p.22)。敘事治療屬於後現代治療取向，反對將人分類、標籤化或是制式化。敘事治療相信案主才是自己生命的作者，每個人都有能力依照自己的喜好，重新編寫自己的生命故事。另外，敘事治療也相信問題是問題本身，人不是問題，人和問題是分開的。敘事治療注重意義與世界觀，以尊重案主的立場做不同的實踐。

Etchison和Kleist(2000)回顧家庭治療敘事取向的研究結果，發現敘事取向治療在效能上對多面向的家庭議題有幫助，並且得到相關的正向結果；另外在改變當事人的經驗、觀點、對問題的歸因等都得到肯定。敘事治療是與思覺失調復元人士工作的新興治療方式(Marlowe, 2009)，敘事治療格外重視治療師與案主平等的態度，以案主為主體，勇於走出制約，並做出創新的治療嘗試。例如，思覺失調復元人士治療案主Laurie、敘事治療師Chris與研究者Babara曾共同撰寫一篇題為〈從書寫到復原：在敘事治療中運用開放日誌〉(Writing to Wellness: Using an Open Journal in Narrative Therapy)的論文，描述治療師和案主在一年半的時間裏，除了有固定的面對面治療外，還會互相往返寫開放日誌，交流分享治療的過程。論文以他們往來的開放日誌為主要架構，且由研究者Babara和治療師Chris書寫對心理治療的影響，最後研究者Babara將案主Laurie和敘事治療師Chris的意見做最後統整，然後轉換為期刊文章。書寫幫助復元人士Laurie表達處於精神疾病期間的生活經驗，整理她多年的精神疾病治療歷程和找到她通往復元的道路。Laurie總結，書寫的過程讓她有機會將很多生命中的片段秩序化，她再一次對自己生命有掌控感，並且編織成另類的創作聲音(Schneider, Austin, & Arney, 2008)。

Michael White(1995)運用敘事治療的技巧探索精神疾病的個人經驗，認為敘事治療可以協助人們改善他們和幻聽或是「聲音」的關係，也可以協助案主分辨控制他們的聲音和支持他們的聲音間的差異性。White會問案主：「那聲音在那個時候嘗試要說服你什麼？」、「這些和你整個生活計劃符合嗎？」（pp.131-132）。和思覺失調案主工作，White(1995)會外化思覺失調的症狀以協助案主重新定義有別於思覺失調診斷的自己。

以下是敘事治療與思覺失調的追蹤研究紀錄，來自一個從1994至1999年「給我們旅程力量（Power to our Journeys）」團體中的幾位成員，對於White生前和其他工作人員在團體中對他們的影響的回饋分享。這個團體是由White所帶領的，成員是會聽到聲音的思覺失調復元人士。White的工作是協助有幻聽經驗的人改善他們和所聽到的聲音間的關係。

幾位成員中，Mem、Sue和Veronica分別分享了他們的感受。他們都指自己在「給我們旅程力量」團體中感受到被尊重與被尊嚴地對待。成員中的Mem分享White鼓勵他們要挑戰聲音的權威性力量、榮耀他們的內在知識，讓成員一起創造的連結更堅固。Mem覺得White讓他真的可以變成自己生命中的作者，而且很訝異真的有人可以和他站在一起，成為他的盟友。多年來，Veronica總是聽人說，聽到聲音是多麼的糟糕，但她表示當她去思考並回答關於聲音的敘事提問時，她開始重新獲得一些自信。Veronica現在的生活品質進步了很多，且到了一個她可以為未來計劃的地步。Sue說她聽到的聲音告訴她，只有她會聽到這些聲音，但是「給我們旅程力量」團體，讓她發現聲音在亂講，可以和組員一起對抗聲音的操控。Sue也分享了White和Zoy Kazan（團隊工作人員）曾教她一種新的語言，藉此將舊方式和思考切斷，並支持新觀點的自己。做法是：為聲音命名，承認它們是真實存在的，開始認清問題是問題本身，而自己不是問題，並說出受挫經驗，接著發展新的方式處理受挫經驗。Sue也講到精神科醫院不是療癒的地方，它只是如急診般的用途，而「給我們旅程力量」團體讓人從心和好能量連接，給人勇

氣。團體成員們也紀念在2006年過世的Brigitte，他們覺得Brigitte會想要謝謝White，幫助她再次找到自己的聲音，讓她知道她真的有權力說話，且有權力在地球上行走，對任何影響她的事件表達意見（Verco & Russell, 2009）。White和Epston（1990）提出，令人痛苦和困難的思覺失調症狀會接管個體對自己的自我感知。這些來自「給我們旅程力量」團體成員的分享，道出了White在思覺失調復原者的工作態度與敘事治療理念實踐上，能對思覺失調案主產生的影響。

芬蘭開放性對話分享

　　後現代家庭治療的尊重、分享、真誠、平等、互為專家、對話、多元、獨特、敘述、互為主體、社會建構、共同創造等概念的延伸，孕育了芬蘭與思覺失調案主的開放性對話治療新模式。開放性對話已經在芬蘭實行快30年，有很好的迴響，案主亦有很高的復元率。開放性對話是案主、家人、社群網絡和臨床工作人員的一場心靈聚會，能確保每個人的聲音都能被聽見（Malcolm & Willis, 2016）。在芬蘭的Western Lapland的開放式對話個案，目前取得了發達國家中精神病症首次發作的最好的治癒結果，有接近85%的治癒率，而且絕大多數不依靠抗精神失常藥物（Mackler, 2011a）。開放對話團隊在案主有危機時馬上介入，盡量協助案主選擇最佳的醫療決定。開放對話團隊為思覺失調案主、家人和社會關係網絡及其他的臨床工作人員團隊，創造了一個詮釋生活中困難事件的新語言，開展了充滿可能性的多元與多層次對話模式。對話過程公開透明，不強迫任何人一定要發表意見。開放式對話有兩項基本特徵：（1）自家庭成員及社群網絡於最初尋求協助之始，便將他們納入參與對象，以群體為基礎的整合治療系統；（2）使用「對話式作法」，或稱為「治療會談」的一種治療交談形式（Seikkula, Alakare, Aaltonen, Holma, Rasinkangas, & Lehtinen, 2003）。

開放式對話包含傾聽的能力，並能順應系統交流時的能量流動，創造屬於每一場意見交流的特殊情境及語言。過程中尊重各種身份成員的意見與想法，讓不同的人不會因為身份不同而在被聆聽的立場有所差別，治療師創造能讓任何成員自在表達的團隊氛圍。然而因為身份與個別狀態的差異性，特別是處於緊張且劇烈的危機對話時，治療師需具備敏感度，鼓勵沉默寡言、言詞謹慎、猶豫不決、混沌困惑、或難以理解之人發表各種意見，暢言各種觀點(Seikkula et al, 2003)。治療師會在療癒過程中協助復元人士進入探索和幻聽與幻覺的對話，讓每一個人都可以相互理解這個過程(Marlowe, 2009)。治療師不會去質疑他們所聽到的聲音或是感覺，會對所謂的幻聽或是幻覺持開放與尊重的態度。通常復元人士的幻聽或幻覺很容易在家庭成員前被壓抑下來，能對家庭成員分享這些內在幻聽與幻覺的經驗對很多案主而言是很釋放的。家人們會發現，他們經常有無法成功敘說的經驗，因此治療師或治療團隊的角色便是協助思覺失調復元人士與家庭成員能自在地敘說他們的經驗，創造一個彼此都能重新找回力量的語言，成為自己生命中的主角，而不是成為思覺失調的受害者(Holma & Aaltonen, 1998)。其他的討論主題也包含服藥、住院等問題，目的是要令所有治療過程更透明，並打開豐富的可能性，讓不同的治療或是醫療行動可以自然發生(Seikkula et al, 2003)。

和後現代家庭治療的精神一樣，開放式對話也試圖為思覺失調復元人士與他們的家庭去除病理化標籤，創造一個友善與對等的治療模式。開放對話的目的不只是積極地傾聽，必要時要協助經歷危機的當事人找到話題的出口，釐清危機的本質，並讓這話語的出口成為共通的語言(Seikkula et al, 2003)。Malcolm與Willis(2016)舉例，一位治療師告訴一位思覺失調復元人士的母親Arabsyi，指她的兒子所經歷的世界是對於生命中一件創傷事件的隱喻，而他的兒子還沒找到適當的語言去談論。Arabsyi後來分享開始對兒子的經驗有了新的理解，可見單單聆聽彼此的聲音，已足夠讓關係更穩固，而且可增強兒子的心理健康。Seikkula等人(2003)歸納出12個開放式對話做法的要點，如：

(1) 團體會談需有兩位以上的治療師；

(2) 家庭成員及社群網絡之參與；

(3) 使用開放式問題；

(4) 回應當事人的話語；

(5) 強調當下時刻；

(6) 引發多元觀點；

(7) 對話中「關係聚焦」（relational-focus）之運用；

(8) 對於論述或行為方面所遇難題的回應，應就事論事，並注重意義；

(9) 強調當事人的語言及故事，而非症狀；

(10) 治療會談當中，專業人士之間的交談與反思；

(11) 透明化與公開化；

(12) 容忍不確定性。

一個提醒家庭分享愛的疾病

如果以系統平衡的概念來說，系統中的症狀是在協助家族或家庭維持一種平衡。思覺失調復元人士之於家族的系統，其實是以症狀顯示對家庭或家族的愛，因此對一個因為愛而生的疾病，應該用愛來回饋與療癒它。另外，Mackler（2011b）記錄了瑞典一種不依靠藥物而治癒精神病的療法，就是結合農村家庭來協助與陪伴案主。Mackler在紀錄片中對瑞典家庭關懷基金會展開了深度探索，該組織將傳統精神病學治療失敗的病人安置在寄宿家庭中，許多家庭都是農村家庭，可給病人一個全新的生活。

華人文化中有「因禍得福」與「塞翁失馬，焉知非福」等諺語，或許思覺失調是個特別的祝福，至少以系統理論來說，患有思覺失調的復元人士會對家庭產生「正向回饋」（positive feedback），正向回饋時常也是迫使系統趨向改變的開

始(Goldenberg, & Goldenberg, 1999)。復元人士就像童話故事中的睡美人，第13個巫婆帶給睡美人的詛咒：當睡美人沉睡100年，醒來後，是一個幸福的景象。當與思覺失調復原者與家庭成員共同參與探索思覺失調所要帶來的禮物，其結果可能不只像睡美人清醒後遇見王子那樣，復元人士的家庭也會如睡美人劇情中的城市那樣，跟着煥然一新，清醒過來。一些研究顯示出復元人士有復元的可能性(Gottdiener & Haslam, 2002; Harding, 2003)，因此這只是一趟離家的旅程，一個有嚴重精神疾病的案主重新和生活接軌，再次積極面對、體驗自我復原和生命意義的過程(O'Conner & Delaney, 2007)。Tse、Ng、Tonsing與Ran(2012)指出，目前香港與中國對家庭治療有很大需求，然而香港的心理衞生政策沒有獲到支持，且有關系統家庭治療的訓練也比較少，因此香港目前運用系統概念為治療基礎的不多，本章期待未來的香港在思覺失調復原方面能有不同的可能性做法與治療方式。

個案分享

瑪莎的內在對話

瑪莎是一位患有思覺失調的復元人士，兩年前她剛剛大學畢業，父母在她三歲時離異，母親在她初中時再婚。瑪莎在高中時期開始對世界有許多連結感應，感覺自己正在經歷的事，整個世界也跟着同步在發生。後來她去看門診，被診斷為憂鬱症，開始吃治療憂鬱症的藥。三年前被診斷為思覺失調，她開始轉藥。

目前瑪莎生活作息穩定，但藥物會產生手震的副作用。她的繼父與前任妻子所生的姐姐也有思覺失調，曾接受住院治療，目前已經出院，定期服用安麗復，也有穩定的工作。瑪莎還有一個妹妹，是媽媽與繼父所生的，妹妹和那位同患思覺失調的姐姐是同父異母的，

妹妹沒有思覺失調的症狀。瑪莎說母親對她有很多掌控，目前她努力學習掙脫母親的掌控。

　　與治療師的一次會談中，瑪莎談到思覺失調復元人士相較其他人活得比較直接、比較真實。而在與瑪莎的輔導中，治療師運用了不同系統學派的態度和做法，其中一個方法是後現代家庭治療所提及的──「個人即是家庭」。現在的家庭治療學派認為家庭治療需要有家人一起出席治療現場，後現代家庭治療則認為個人本來就在家庭系統中，因此可以直接經由個人做家庭治療。因此，治療師在和瑪莎的對談中，將瑪莎的其他家庭成員放在心中，也就是治療師把「個人即是家庭」的概念放在心靈地圖中。此外，治療師亦認為每個家庭成員都是來協助自己成為一個更完整的人，家庭是互相學習的，治療師會協助案主探究自己誕生在目前家庭的意義。治療師還採取了系統理論中的第二序控制論，將治療師納入系統中，隨時感知自己與案主間系統的平衡狀況。因此當治療過程一度出現緊張狀況時，治療師可以很快察覺到緊張感並且快速釋放，讓系統可以再次恢復平衡，產生系統理論中所謂的「正向回饋」效果。瑪莎後來有針對治療師給予他的挑戰，作出回饋。瑪莎覺得治療師協助她打破了是非對錯、黑白分明的疆界，讓她有很大的突破。她很開心自己有這樣的成長。

　　治療師認為與過去的事件對話與和解，可以協助案主找到力量。瑪莎形容以前只要和任何人談到過去，她都會感到精疲力竭，這次是個不同的經驗。以下是某次治療師引導瑪莎回顧生命中放不下的事件所做的對話紀錄。這樣的對話練習，瑪莎覺得能比較輕鬆地回想過去的事，且釋放了許多罪惡感與愧疚感，讓她更有勇氣面對未知的將來。

經歷一

　　我妹妹從小就要學習大提琴與鋼琴，每堂學費要花上台幣千元；而我從小學習舞蹈，每堂學費只要台幣80元。每次繳費時，我被唸說學費很貴，因此對於讓母親為我付費這件事，我從小就感到愧疚。

【內在對話】謝謝小時候的我，讓我看到了從小會為別人着想的自己。我也要對你說：對不起！因為即使你很想繼續跳舞，但因為媽媽的一句話，你就放棄了自己的夢想。你感到委屈與為自己感到不值。謝謝你一直以來對他人的付出，也希望未來的你能夠多為自己着想，多愛自己一些，不要再背負其他人的包袱了！

經歷二

　　那時我學了一年多的長笛，雖然沒有我妹妹學的大提琴和鋼琴那麼貴，但對於母親來說，已算是一種負擔。突然家裏欠下鉅額債務，我為了讓母親能夠緩減壓力，放棄了當時最喜歡的長笛課，並跟老師說：「要升上中三，我想唸書了……」從此之後，我媽便說我學什麼都是半途而廢，學舞蹈是這樣，學長笛也是這樣……

【內在對話】謝謝母親給予我學習長笛的機會，讓我發覺自己的天賦。我很喜歡音樂，即使再忙我都會撥出時間練習，我的假日都泡在練習長笛之中。你總是嫌吵，要我不要再練下去……我是這麼的喜歡音樂，那種喜歡不遜於妹妹，但你總是說妹妹的命格裏（金牛座）天生就有藝術的細胞，比我（天蠍座）更適合走藝術的路……我就納悶，我的音感是自己練出來的，而不是學校教的，一首曲子，

我可以單靠聽就能用長笛吹奏，我的音感跟藝術細胞竟然會比我妹妹差？難道我的長笛老師——一位有專業素養的長笛首席——說對我抱有很大的期望、說我的音樂性很好等，全都是胡謅的？我這麼努力，卻只有我的長笛老師對我有所肯定……我對不起以前的自己，我總是聽信別人的話而忘卻了自己的價值，我沒有跟隨自己的內心，認清自己想要的生活，我一直都活在別人的期望之下。謝謝現在的自己，願意花時間整理過去的傷痛，讓我看到自己的價值與內心真正想做的事。從此我應該要更愛你，滿足自己的期望，而不是別人的期望。

經歷三

　　我的長笛老師曾經對我抱有很大期望，但我上完最後一堂課卻突然跟她說：「我要升上中三了，我想好好地唸書了……」我那時並不知道如何處理別離，雖然我言不由衷，但最終傷害了我的老師。

【內在對話】老師，對不起，我曾經傷害了你，那時我年紀尚輕，不懂得要如何別離。你曾那樣器重我，你對我的鼓勵，我一直珍藏在心裏。謝謝你一直鼓勵我，雖然我終究辜負了你，但我會帶着你的祝福，向着人生的旅途勇往直前。在這路途中或許會出現阻礙，但因着你的祝福，我將能克服重重的困境，達到幸福的目的。老師，謝謝你，對不起，我愛你。

（感謝瑪莎願意分享生命經驗，讓更多的人可以受益。）

後記

　　筆者在撰寫完本章「家庭治療」後，某天早上正在準備早餐時，突然間聽到一個聲音：「你很沒用。」（台語發音：「你足無路用」）筆者當下了解原來思覺失調復原者是這樣聽到聲音的，也許這聲音存在於大家的潛意識裏，但筆者覺得很幸運，藉由書寫思覺失調文章可以清理自己深層潛意識的聲音。後來筆者和這聲音對話：「我尊重你的存在，但無論你是誰或從哪裏來，我都一樣愛你。」「你很沒用」的聲音很快就不見了。筆者改寫這段經驗後分享到社交網站：「給大家一個腦力激盪時間，如果有人的靈魂寫了一個契約，『我很沒用』，或『我足無路用』，新契約可以改成怎樣有創意的契約？」以下是來自筆者分享在社交網站後的回饋，如網友所分享，沒再做修改。這次分享新契約者共有21人，其中女生12人，男生9人。

網友A　（女）：我可以很沒用。

網友B　（男）：我不需要再去做什麼，我存在就有用了。

網友C　（女）：我是獨一無二的存在。

網友D　（女）：我很沒用，所以需要有人侍候我。

網友E　（女）：因為我的沒用，所以我能支持與讚美身邊的所有人。

網友F　（男）：我沒用，我驕傲。

網友G　（男）：我是有缺陷的人。

網友H　（女）：為了創造新的有用，我必須沒用。

網友I　（男）：整個世界都沒用，只有我有用。

網友J　（女）：我沒用才能讓別人有用。

網友K　（女）：我用我的空白無能為力，來體驗這個世界的豐盛。

網友L　（男）：完全有用的人將會停止學習，停止學習的人將會死亡。

網友M　（女）：親愛的PP；相信自己是很棒的。

網友N　（女）：君子不器！（選我正解）。

網友O　（男）：天無絕人之路，天生我材必有用。

網友P　（男）：別再懷疑了，無用的。

網友Q　（男）：有用無用都有用，一切取決於人心。

網友R　（女）：我很感恩我是全宇宙的唯一，是獨一無二和無可取代的！

網友S　（男）：無用是為用（選我正解）。

網友T　（女）：因為無用，所以純粹。

網友U　（女）：沒關係，我喜歡我很沒有用！（笑）

也許每一位治療師都是如榮格（Jung）所言的「受傷的療癒者（wounded healer）」。從小我的母親的掌控慾就非常強，脾氣很暴躁，我們家的小孩是在打罵中小心長大的。印象中，我妹妹在高中時曾經寫過信想要自殺，說我媽媽是個巫婆，即使有高學歷也要留學美國，生活中一直有大大小小的狀況。我曾經跟妹妹說，謝謝她幫家裏承擔了許多問題，妹妹靠在我肩膀上掉眼淚。

記得小時候，母親有兩次從田裏拿了農藥回來要自殺。小時候聽母親說過，她的一位姑姑因為姑丈有了外遇而瘋了，把自己關在房子裏二十幾年，直到過世為止。媽媽說她小時候常常跟我的曾祖母去看姑姑，從門的一個小洞送食物給我的姑姑吃，這是我聽說過有可能是思覺失調的家族故事。還有一個記憶，是我的爸爸曾經在我們小的時候帶媽媽看過精神科門診，但因為年紀還小，所以不能得知媽媽的確切診斷結果。

我在大學唸的是護理系，在精神科醫院實習時有感病人沒有應有的人權，於是我決定碩士課程唸精神科護理。在唸精神科護理時，因為修到不把病人病理化的家庭治療課程，讓我決定在博士班時攻讀婚姻與家庭治療。

這個世界到處都充滿着家庭治療在早期研究思覺失調家庭中所發現的「雙重束縛」的訊息。也許確診有思覺失調的人只是將充斥在生活中的雙重束縛與矛盾，用最明顯的方式展現出來；其他未有診斷思覺失調的人，也許包含你、我或是大部分的人，都只是未清楚或覺知自己內在與外在都蠢蠢欲動、時時刻刻正在發生的分裂訊息。不只如此，21世紀還是人類面臨生存危

機的時刻：氣候改變、恐怖襲擊、全球化、經濟與政治壓力、因人口過剩而產生的糧食危機、環境污染、藥物濫用、焦慮與自殺率增高、資源欠缺、社會文化崩壞導致失去安全感(Vargas, 2000)。

思覺失調是大家一起面對的症狀。身邊若有人確診患有思覺失調，這是在提醒我們要更認真地思考自己和環境的關係，千萬不要像楊宇勛(2003)指出的將思覺失調者變成集體情緒的宣洩口。楊宇勛(2003)認為精神病的病因看不見也摸不著，是大家尋找代罪羔羊最廉價的方式，使他成為了集體情緒的宣洩口，且在精神醫療的歷史上，看似人們在救治少數病患的痛苦，實際卻是在撫慰多數非病患的恐懼。倘若有人患上了思覺失調，這其實是他整理生命的好時刻，不管過程中選擇哪種治療方式都很棒，因為每個人的生命都有許多禮物和意義，跟着自己的思覺失調一起看看它要教導我們什麼和體驗什麼。

我們看到許多與思覺失調的相關分享，這些都讓我們感受到力量、希望、可能性、不可思議、奇跡和愛。也許思覺失調的個別受苦經驗，是為了讓更多生命看見這些人性中所擁有的美好特質，讓大家在讚歎中記得我們都有的美好，進而有力量將這些美好分享給更多人。至於療癒或治療的選擇，有人繼續服藥，且持續過自己的日常生活，如Elyn Saks(2012)帶着思覺失調進入婚姻，過着幸福的家庭生活，也繼續在法律系任教，並把思覺失調教導給大眾；有人分享和思覺失調共存的電影，如《有你終生美麗》(*A Beautiful Mind*，台譯《美麗境界》)便記錄了諾貝爾經濟學獎得主John Nash的真實故事；也有人藉由農夫家庭協助漸漸復元(Mackler, 2011a)；有人在參加開放對話後，在漸漸不服藥下復元(Mackler, 2011b)；另有研究者運用大自然元素中的植物，以園藝治療為輔助療法，發現病人的正性、負性及一般精神病理症狀均有顯著改善，自尊程度亦有顯著上升，且其周邊血腦源性神經營養因子也隨之上升(謝依婷、林秀玲、黃條來，2015)。另一方面，醫療人權也十分重要，若有人在急性發作期進入醫療機構，一個友善支持的醫療環境會對他和家人們至關重要。

衷心感謝世界上所有的思覺失調復元人士、他們的家庭和所有與他們一起工作的前輩和夥伴，謝謝他們在一定程度上平衡着這個動態改變的系統世界。

參考資料

H. Goldenberg & I. Goldenberg，翁樹澍、王大維譯（1999）。《家族治療：理論與技術》。台北：揚智文化事業股份有限公司。

H. Goldenberg & I. Goldenberg，吳婷盈、鄧治平、王櫻芬譯（2012）。《家族治療概觀》。台北：雙葉書廊。

約瑟夫・坎伯瑞（Cambray, J.），魏宏晉、曾冠喬、陳俊元、周嘉娸、施養賢譯（2012）。《共時性：自然與心靈合一的宇宙》。台北：心靈工坊。

楊宇勛（2003）。〈降妖與幽禁——宋人對精神病患的處置〉，《臺灣師大歷史學報》。31期，37–89頁。

蔡友月（2011）。〈真的有精神病嗎？一個跨文化、跨領域精神醫療研究取徑的定位與反省〉。《科技、醫療與社會》。15期，11–64頁。

許維素（2009）。〈焦點解決短期治療高助益性重要事件及其諮商技術之初探研究〉。《教育心理學報》。41期，271–294頁。

謝依婷、林秀玲、黃條來（2015）。〈園藝治療於慢性思覺失調症：一個先驅研究〉。《台灣精神醫學》。29卷4期，244–252頁。

American Association for Marriage and Family Therapy (AAMFT). (n.d.). *Schizophrenia*. Retrieved from www.aamft.org/iMIS15/AAMFT/Content/Consumer_Updates/Schizophrenia.aspx

Anderson, H. (1997). *Conversation, language and possibilities: A postmodern approach to therapy.* New York: Basic Books.

Becvar, D. S. & Becvar, R. J. (1996). *Family therapy: A systemic integration* (3rd ed.). Boston: Allyn and Bacon.

Berg, I. K. & Miller, S. D. (1992). *Working with the problem drinker.* New York: Norton.

Berkowitz, R. (1988). Family therapy and adult mental illness: Schizophrenia and depression. *Journal of Family Therapy, 10,* 339–356.

Boscolo, L., Cecchin, G., Hoffman, L., & Penn, P. (1987). *Milan systemic family therapy: Conversations in theory and practice.* New York: Basic Books.

Brown, J. (1999). Bowen family systems theory and practice: Illustration and critique. *Australia and New Zealand Journal of Family Therapy (ANZJFT), 20* (2), 94–103.

Bradley, P. D. (1996). *Towards a theory of family therapy: Rediscovering the influence of Don D. Jackson.* (Unpublished Dissertation). Virginia Polytechnic Institute and State University, USA.

Carter, D. J. (2011). Case Study: A structural model for schizophrenia and family collaboration. *Clinical Case Studies, 10*(2), 147–158.

Connell, G., Mitten, T., & Bumberry, W. (1999). *Reshaping family relationship: The symbolic therapy of Carl Whitaker.* Philadelphia: Brunner/ Maszel.

Doherty, W. J. (1991). Family therapy goes postmodern. *The Family Therapy Networker, 15,* 36–42.

Dixon L. B. & Lehman, A. F. (1995). Family interventions for schizophrenia. *Schizophrenia Bulletin, 21*(4), 631–643.

Falloon, I. R. H. (2003). Family interventions for mental disorders: efficacy and effectiveness. *World Psychiatry, 2*(1), 20–28.

Etchison, M. & Kleist, D. M. (2000). Review of narrative therapy: Research and utility. *The Family Journal: Counseling and Therapy for Couples and Families, 8*(1), 61–66.

Eakes, G., Walsh, S., Markowski, M., Cain, H., & Swanson, M. (1997). Family centred brief solution-focused therapy with chronic schizophrenia: A pilot study. *Journal of Family Therapy, 19*(2),145–158.

Freedman, J. & Combs, G. (1996). *Narrative therapy: The social construction of preferred realities.* New York: W. W. Norton & Co.

Gottdiener, W. H. & Haslam, N. (2002). The benefits of individual psychotherapy for people diagnosed with schizophrenia: A meta-analytic review. *Ethical Human Sciences and Services, 4*(3), 163–187.

Harding, C. M. (2003). Changes in schizophrenia across time: Paradox, patterns predictors. In C. I. Cohen (Ed.) *Schizophrenia into later life: Treatment, research, and policy* (pp. 19–41). Washington, DC: American Psychiatric Publishing Inc.

Haley, J. & Richeport-Haley, M. (2003). *The art of strategic therapy.* New York: Brunner/ Routledge.

Hosany, Z., Wellman, N., & Lowe, T. (2007). Fostering a culture of engagement: A pilot study of the outcomes of training mental health nurses working in two UK acute admission units in brief solution focused therapy techniques. *Journal of Psychiatric and Mental Health Nursing, 14*(7), 688–695.

Klajs, K. (2016). Jay Haley- Pioneer in strategic family therapy. *Psychoterapia, 2*(177), 17–28.

Keeney, B. (1983). *Aesthetics of change*. New York: Guilford Press.

Lidz, T., Cornelison, A. R., Fleck, S., & Terry, D. (1957). The intrafamilial environment of schizophrenic patients: II. Marital schism and marital skew. *American Journal of Psychiatry, 114*(3), 241–248.

Lysaker, P. H., Glynn, S. M., Wilkniss, S. M., & Silverstein, S. M. (2010). Psychotherapy and recovery from schizophrenia: A review of potential applications and need for future study. *Psychological services, 7*(2), 75–91.

Mackler, D. (2011a). *Healing homes*. [Documentary]. United States: Turthtraveler Production. Retrieved from http://wildtruth.net/films-english/opendialogue/

Mackler, D. (2011b). *Open dialogue: An alternative, finnish approach to healing psychosis*. [Documentary]. United States: Turthtraveler Production. Retrieved from http://wildtruth.net/films-english/healinghomes/

Marlowe, M. H. (2009). *Narrative approaches to recovery-oriented psychotherapy with individuals with schizophrenia*. Retrieved from http://scholarworks.smith.edu/cgi/viewcontent.cgi?article=2291&context=theses

Malcolm, L. (2016). *Open dialogue: Finland's alternative approach to mental illness*. Retrieved from: http://abc.net.au/radionational/programs/allinthemind/open-dialogue:-finlands-alternative-approach-to-mental-illness/7199856

Malcolm, L. & Willis, O. (2016). *Open dialogue: Finland's alternative approach to mental illness*. Retrieved from www.abc.net.au/radionational/programs/allinthemind/open-dialogue:-finlands-alternative-approach-to-mental-illness/7199856

Marley, J. A. (2004). *Family involvement in treating schizophrenia: Models, essential skills, and process. Binghanton*, New York: The Haworth Press.

Minuchin, S., Lee, W. Y., & Simon, G. M. (1996). *Mastering family therapy: Journeys of growth and transformation*. New York: John Wiley.

O'Conner, F. W. & Delaney, K. R. (2007). The recovery movement: Defining evidence-based processes. *Archives of Psychiatric Nursing, 21*(3), 172–175.

O'Hanlon, B. (1994). The process of narrative: The third wave. *Family Therapy Networker, 18*(6), 18–29.

Panayotov, P., Anichkina, A., Strahilov, B. (2011). *Solution-focused brief therapy and long term medical treatment compliance/adherence with patients suffering from schizophrenia: A pilot naturalistic clinical observation*. Retrieved from http://en.solutions-centre-rousse-bulgaria.org/files/sfbt_and_compliance.pdf

Ray, W. A. (2004). Interaction Focused Therapy: The Don Jackson legacy. *Brief Strategic and Systemic Therapy European Review, 1,* 36–45.

Richeport-Haley, M. (1998). Approaches to madness shared by crosscultural healing systems and strategic family therapy. *Journal of Family Psychotherapy, 9,* 61–75. doi:10.1300/J085V09N04_05

Schneider, B., Austin, C., & Arney, L. (2008). Writing to wellness: Using an open journal in narrative therapy. *Journal of Systemic Therapies, 27*(2), 60–75.

Seikkula, J., Alakare, B., Aaltonen, J., Holma, J., Rasinkangas, A., & Lehtinen, V. (2003). Open dialogue approach: Treatment principles and preliminary results of a two-year follow-up on first episode schizophrenia. *Ethical Human Sciences and Services, 5*(3), 163–182.

Shean, G. D. (2004). *Understanding and treating schizophrenia: Contemporary, research, theory and practice.* New York: The Haworth Press.

Simon, J. K. & Berg, I. K. (1999). Solution-focused brief therapy with long-term problems. *Direction in Rehabilitation Counseling, 10,* 117–128.

Stephenson, C. (2015). The epistemological significance of possession entering the DSM. *Hist Psychiatry, 26*(3), 251–269.

Tienari, P., Wynne, L. C., Sorri, A., Lahti, I., Läksy, K., Moring, J., Naarala, M., Nieminen, P., & Wahlberg, K. E. (2004). Genotype-environment interaction in schizophrenia-spectrum disorder: Long term follow up of Finnish adoptees. *The British Journal of Psychiatry, 184,* 216–222.

Torrey, E. F. (2001). *Surviving schizophrenia: A manual for families, consumers, and providers.* New York: Quill.

Tse, S., Ng, R. M. K., Tonsing, K. N., & Ran, M. (2012). Families and family therapy in Hong Kong. *International Review of Psychiatry, 24,* 115–120.

Verco, J. & Russell, S. (2009). Power to our journeys: Re-membering Michael. *Australian and New Zealand Journal of Family Therapy (ANZJFT), 30*(2), 81–91.

Whitaker, C. A., & Bumberry, W. M. (1988). *Dancing with the family: A symbolic-experiential approach.* Philadelphia: Brunner/Mazel.

White, M. (1995). *Re-Authoring lives: Interviews and essays.* Adelaide, Australia: Dulwich Centre Publications.

White, M. & Epston, D. (1990). *Narrative Means to Therapeutic Ends.* New York: W. W. Norton.

Wilens, T. E. & Biederman, J. (2006). Alcohol, drugs, and attention-deficit/hyperactivity disorder: A model for the study of addictions in youth. *Journal of Psychopharmacology, 20,* 580–588. doi:10.1177/0269881105058776

護航復元：思覺失調的療癒

第9章 藝術治療

黃曉紅
臨床心理學家

序幕：現象

個案一

她一雙水汪汪的大眼睛怔怔地望着我辦公室牆上的書法字畫，彷彿要把那「看破 放下 自在」六個大字看出個端倪來。良久，她以平靜的語調告訴我一個重大的發現。

「他終於向我明示了！」

「明示什麼？」

「他挑了我做他出國時陪伴左右的女人。他一直在全國物色人選，終於選定了。」

「他怎麼告訴你的？」

「他那麼大的人物，不會直接跟我聯繫。他都是透過報紙和電視新聞，還有社評文章，把要告訴我的事情都隱藏當中，只有我能看懂，其他人都不會明白。」

個案二

　　坐在病床上，他的身體就像一條船，除了畫畫以外，就那樣搖呀搖，不徐不疾，沒有停下來的意思。他的目光空洞洞的，了無焦點。治療師努力打開話題，引起他的興趣，結果也是徒然——一臉的漠然令人無從捕捉他一絲半點的情感反應。只有在聽到「我想邀請你畫一幅畫」的時候，他才有了笑容，把「船」暫時停下，專心一致地聚焦在自己的畫作上。

　　「最近感覺怎麼樣？」

　　「沒怎麼樣？」

　　「有沒有開心或不開心的事情可以跟我分享一下？」

　　「都沒有。」

　　「身體好嗎？睡得怎麼樣？」

　　「差不多？」

　　「心情呢？」

　　「沒不同，無所謂。」

　　「我想邀請你畫一幅畫，讓我們一起來了解一下最近的你，好不好？」

　　「好。」

個案三

　　她一臉蒼白，神色中帶着淡淡的愁緒。談到被家人迫害、同事竊聽，甚至撞車時肋骨斷裂那種錐心之痛時，她卻面帶笑容。說話內容與情感反應的落差，顯而易見。

「我在事業上波折重重，一年轉了三份工作。」

「主要是什麼原因？」

「他們竊聽我的電話，公開我私人通訊的內容，讓每個同事都知道我的私隱，令我成為大眾的笑柄。」

「你是怎麼知道的？」

「看他們背着我小聲說大聲笑，一看見我馬上就散開了。還有在社交平台上含沙射影，我就知道他們在談論我。」

「他們如果真的這樣做，你了解當中的因由嗎？」

「是這樣的，我大學畢業第一份工作就遇上一個壞上司，他性騷擾我，我跟媽媽說了，她不但不相信我，還說是不是我想多了。哪有這樣的媽媽？我把這些事告訴了當時的一位同事，但我很後悔，因為自從那件事之後，我就經常看見同事們用怪異的眼光看我。我很快換了工作，但無論我跑到哪裏去，都發現他們是一夥的⋯⋯」

個案四

他神情呆滯，表情僵硬，看見治療師笑着向他問好，他盡力微笑了一下。展開對話後，可以明顯觀察到他的思維與言語都缺乏邏輯，語調急促卻每每詞不達意，難以表達完整的意思。奇妙的是，這些斷斷續續的絮語，猶如拼圖的碎片，當治療師細心聆聽，並邀請他把腦海中呈現的景象畫出來，然後運用人敘事治療時，其所得到的治療效果，竟是那麼意想不到的。

「我們上次談到你和媽媽的關係，說了今天會聊一聊⋯⋯」

「（打斷治療師）我一直知道有人借了我錢，看了醫生吃了藥，最近又轉回來了。」

「轉回來的意思是？」

「就是錯了，轉了，像以前。看醫生服藥之後沒了，現在又有了，只是以前是三億，現在少了。」

「這種再次有了欠債的想法對你的生活有影響嗎？」

「有，困擾……（很費力地解釋）不開心……明明是有，但實際上沒有，媽媽有事瞞着我……就像一條船，你硬要它航行，不肯定，停了……可能慢慢沉了……很不妥……」

「你說到困擾，有事情令人困擾的感覺是……」

「（再次打斷治療師）如冬天被人淋冰水，真的變成假的，有變成無……但她是我媽，她說有便有，沒有便沒有……很不開心……」（表情很平靜）

「那我們今天就探索一下你和媽媽之間的關係好不好？」

「好。其實除了這件事情，媽媽什麼都幫我的，什麼都為我解決……」

「我也明白媽媽對你很重要……」

「是呀，她很遷就、很包容我。」

「那我想邀請你把腦海裏出現的景象畫出來，畫完後我們一起聊聊你的畫，這樣可以嗎？」

「可以。」

（本章分享的都是一些得到案主允許，經過真人真事改編，令主人翁「面目全非」、無人可辨的「合成故事」。）

什麼是藝術治療？

簡而言之，藝術治療就是結合創造性藝術或表達性藝術與心理治療，兼具診斷和治療功能的輔導或治療專業。

透過藝術的創作或表達，個體可以更深入、更直接而又更安全地進入自己的內心世界。無論是繪畫、故事、音樂、舞蹈、戲劇、泥塑、書法、雕刻等，都是行之有效的藝術治療模式，而且無論在一對一的諮詢、治療小組、團體輔導、大型工作坊或講座，都可以作為輕鬆而安全的介入手法。藝術治療的應用範圍非常廣泛，從幼兒到青少年、成年人以至老年人，在不同年齡層的個案中，都有助他們啟迪心靈和潛能，甚至在治療過程中探索生命的意義和價值，活出更精彩的人生。

如何進行藝術治療？

從我個人的臨床經驗中，可把藝術治療歸納出以下重點：

(1) 藝術治療師提供一個安全而自由的空間，與案主建立互信的治療關係。

(2) 案主在治療中，透過藝術媒介，表達內心的世界，反映並統合個人的內在能力、潛意識、情緒、人際關係及資源。

(3) 在藝術創作、表達及心理治療過程中，案主對內在自我和外在世界加以認知，並了解個人情緒與感受及其發展，同時明白人際互動對自身的影響。

(4) 困擾案主的問題在治療中得到處理，最終達致自我了解、調和情緒、改善人際關係、提升行為管理和獨立解難的能力，促進自我轉化與成長，並發揮潛能，可望走出困境，活出更快樂的人生。

圖9.1 繪畫是藝術治療的其中一種模式

藝術如何醫心？

我的恩師Dr. Cathy Malchiodi經常強調：藝術本身就是強而有力的一種溝通工具。藝術的表達之妙，正在於它傳遞了語言或文字無法表達的思維和情緒。藝術治療還有助「不同年齡的人群去探索他們的情緒和信念、減輕所承受的壓力、解決困擾他們的問題和衝突，並促進心理健康。」(Malchiodi, 2003, p. ix)

藝術治療的緣起，可以追溯到史前人類的洞穴繪畫（cave drawings）。在造訪非洲逾十次的經歷裏，讓我最歎為觀止的是幾千年前古人繪畫的洞穴畫。根據Wadeson（1980），這些繪畫表現了當時原始人與世界的關係，以及他們對生命的探索（黃曉紅，2016）：

> 除了非洲原始人，還有古埃及、印度、巴比倫與我們中國這四
> 大文明古國的史實告訴我們：遠在文字發明之前，圖畫一直是人類
> 表情達意的工具。然而，隨着人類的文明化與社會化，語言與文字
> 相繼誕生，表達技巧日趨成熟；漸漸地，我們每天帶着「意識我」

去面對世界，卻渾忘了在我們內心深處，有另一個「潛意識我」在運作。而那潛意識我，正滿載著被社會規範打壓進十八層地獄的本能慾望與無窮無盡的能量。

　　諷刺的是，當人類通訊在這數據時代，已進入無遠弗屆的境界之際，愈來愈多人竟發現，在人際溝通這回事上，有心無力。因為語言之於溝通，有時不僅毫無幫助，更可能成為溝通的障礙。夫妻如是，親子如是，朋友如是，上司下屬，更如是。（黃曉紅，2016，頁23）。

　　如何進入一個人的內心世界？現代心理學之父佛洛依德（Sigmund Freud, 1856–1939）說過：「研究你的夢。」可是，解夢這項重要的心理研究課題並不簡單。假如要準確地以夢境去分析一個人的心理狀況，這就更困難了。幸好，人類在學習寫字，甚至是學習說話之前，已經擁有繪畫的本領。在小孩還在牙牙學語之時，他們已懂得拿起任何可以揮動的東西，以與生俱來的本領塗鴉。而繪畫能成為一項神秘武器的原因是：「夢是個人自己才可見的畫；而畫，卻是每個人也看得見的夢。」（黃曉紅，2016）既然人有繪畫的本領，加上投射心理評估工具，我們就多了一條進入自己及別人潛意識的康莊大道。

　　藝術治療的緣起雖然可以追溯到遠古時期，可是其真正的發展是近一百多年的事。在19世紀80年代，意大利的犯罪心理學家龍勃羅梭（Cesare Lombroso, 1835–1909）把藝術治療應用到醫院裏，幫助病人舒緩心理問題。1880年，這位犯罪心理學家發表了他的第一篇文章，深入探討精神治療藝術（psychiatric art）。到了1890年代，佛洛伊德以意象（image），特別是心象（mental image）及夢境解說（dream interpretation），確立了精神分析的基石。佛洛伊德在1899年出版《解夢》（*The Interpretation of Dreams*），更指出夢境充滿希冀，而且可化作一股驅動力，在人類的日常生活裏悄悄地運作。根據佛洛伊德的觀察，受到壓抑或被遺忘的心象，並不能以言語或筆墨來描述，而是可透過夢境或繪畫將之表現出來。

其後，佛洛伊德的門生榮格（Carl Jung, 1875-1961）在老師的影響下，繼續把夢境和繪畫結合在一起，並應用於心理治療上。榮格與佛洛伊德不同的地方，是他並不要求病人繪畫出夢境，而是讓他們隨心所欲地繪畫。榮格把繪畫的重要性放置在普遍性（universalities）之上。透過對視覺藝術中的原型（archetypes）與普遍性的研究，榮格發展出一套獨特的符號詮釋，藉以了解意象背後的象徵意涵。榮格相信人類的心靈是具有進化發展的冀求，比如，在人類受到創傷時會去找尋自我療癒的方法。藝術表達，正是通往自療之路的一大途徑（黃曉紅，2016）。

藝術治療在20世紀的發展和茁壯成長，歸功於當時的精神治療運動（psychiatric movement, 1930-1940）。在佛洛伊德和榮格兩位精神分析學派大師的影響下，各方心理學家和心理學研究者逐漸重視人類的潛意識（unconscious）和象徵意義（symbolization）的作用。在這種氛圍下，藝術治療的研究猶如雨後春筍。

1926年，美國心理學家古德諾芙（Florence Laura Goodenough, 1886-1959）在著作《繪畫評估智力》（*Measurement of Intelligence by Drawing*）裏提出邀請兒童「畫一個人」（Draw A Man, D-A-M），透過觀察人物畫的結構，計算分數並藉此評估兒童的智力。

在1930年代，藝術治療先驅、美國教育家南堡（Margaret Naumburg, 1890-1983）深入研究兒童繪畫與心理分析的關係。對於藝術治療能正式成為一門心理治療法，南堡居功至偉。筆者在《走出心靈的廢墟》（黃曉紅，2016，頁27-29）一書中有以下敍述：

> 奧地利藝術家、教育家克藍瑪（Edith Kramer）提出讓兒童在治療過程中繪畫，是一種昇華、一種把衝動和情緒轉化成意象的行動（1971）。與南堡大相逕庭的是，克藍瑪主張治療師在治療過程中扮演參與及分享的角色，鼓勵案主努力達到自我認同（self-identification）的目標；而南堡則強調透過繪畫，讓案主盡情釋放潛意

識，並以視覺藝術表現出個體的內在矛盾，消弭防禦機制，以達到頓悟(insight)的效果。

1948年，美國心理學家巴克(John Buck)提出從「屋樹人」(House-Tree-Person, H-T-P)解釋個體發展及投射作用。至1958年，哈瑪(Emanuel Hammer)開始把「屋樹人」理論應用在心理評估上，從中探討作畫者的人格特質、人際關係及情緒。半世紀以來，研究不輟。

時至20世紀70年代，柏恩斯(Robert Burns)發展出動態家庭繪畫(Kinetic Family Drawings, K-F-D)，他會讓作畫者畫出一家人一起做什麼事情，以增強圖畫的動態，並且得到更多家庭成員間的互動信息。

藝術創作與精神狀態的關連，自古已有哲學家津津樂道。古希臘哲學家柏拉圖形容藝術天才為「神來之瘋狂」，亞里士多德也說過：「但凡是藝術奇才都是沉鬱的。」在精神科及心理學界，將著名畫家的作品與他們的精神問題一起研究，也是常見的，例如梵高，還有英國著名的貓畫家韋恩(Louis Wain)，都是心理學家和精神科醫生樂此不疲的研究對象。

近半世紀以來，情緒失調的高度痊癒率，令人振奮。藝術治療在治療師與心理疾病患者之間有效建立治療關係，並在過程中利用藝術媒介加以創造、表達與建構個體的認知、目標與意義方面，起着令人鼓舞的作用。在Harding有名的佛蒙特州立醫院(Vermont State Hospital)心理疾病患者研究中(Harding, Brooks, Ashikaga, Strouss & Breier, 1987)，發現在出院後，其中62%至68%的病人在往後數十年間，並未出現精神分裂症的徵狀。在另外九個針對精神分裂症住院病人的世界性長期研究(Malchiodi, 2003; McGuire, 2000; Spaniol, 2003)，結果顯示復元率高達50%以上，同樣為嚴重心理疾病成人帶來鼓舞。

根據Crawford & Patterson(2007)，表達性藝術有助心理失調人士走出精神困擾。精神衛生工作者運用藝術素材、音樂與創意寫作於心理治療上，由來已久。而他們發現，傳統最悠久的是中國、日本和其他遠東國家

(Crawford & Patterson, 2007)。他們同時指出：藝術治療對於特別難以用言語表達自己的精神病患者來說，價值尤其重大。甚至藝術治療中的故事、繪畫與音樂創作所提供的安全地帶，有助精神病患者在藝術治療師的陪伴下，讓澎湃的情感在藝術創作與表達中得到盛載，而不致失控的傾瀉(Killick, 1997)。在Attard & Larkin(2016)的研究中發現，藝術創作過程可以加強個體自我認知、表達並探索自身情緒困擾的能力。有些心理失調人士甚至表示，藝術治療比日常慣用的言辭更有助他們表達出深層的內心世界。藝術治療師提供充分的自由空間讓案主可以放鬆地表達自己，而不必擔心受到任何批判。透過藝術這種安全、包容的方法，案主可以在埋首於外在的藝術創作之同時，讓內在的思覺失調經驗得到理解和接納(Attard & Larkin, 2016)。透過看見自己、肯定自己，思覺失調患者的情緒狀態、自尊感與自信心逐漸得到提升，並對自己的思覺失調病情有更強的自我覺察能力。防患於未然，病向淺中醫，個人的身心健康自然更有保障。

敘事繪畫心理治療(Narrative Drawing Intervention, NDI)是一套新近發展的心理治療模式，首個項目服務對象為心靈受創傷的兒童，年齡由4至12歲；次項目服務對象為自閉症青少年，年齡由9至18歲。除了於私人執業時應用於不同類別的案主身上，筆者和受過敘事繪畫治療訓練的同行包括心理學家、社工、輔導員及各大、中、小學及幼稚園老師也把這套心理治療模式應用於醫院、學校、社區等服務及教育場所，幫助有需要的人群。

在教學過程中，筆者經常被助人專業者問到：「為什麼要研發新的臨床治療模式？」每次回答這個問題，我的思緒就會一直飄，飄到2008年四川汶川大地震的一個重災區——都江堰聚源中學。大地震後一個月，我到了災區。當我在聚源中學為一群中學生用藝術治療做團體輔導的時候，感覺就像在「考牌」！我帶領着同學們用可以循環再用的物料「重建村子」的時候，十多位來自中外的心理支援志願者一字排開，看着我做。團體輔導完畢後，我得到眾人的欣賞和鼓勵，其中一位來自唐山的心理諮詢師，更殷殷叮囑我往後要常來災區，用藝術治療長期跟進那些災後產生心理應激障礙(Post-Traumatic Stress Disorder, PTSD)的孩子們。看見她熱淚盈眶，情緒有點激動，我

圖9.2 敘事繪畫心理治療可幫助心靈受創傷的兒童表達內心世界

關心起她來，經她一說，才恍然大悟！這位充滿大愛的唐山志願者告訴我，唐山大地震距當時（2008年）已經三十多年，但每年到了地震紀念日前後，整個社會就自然而然地瀰漫着一種低沉壓抑的氣氛，究其原因，正由於人們當時都處於一種負面情緒當中。她說，如果唐山大地震的時候，當時受創傷的孩子們能得到適切的心理輔導或治療，現在社會上的負能量可能大大減少。她希望我可以堅持下去，用藝術治療這種比較安全的方法，陪伴小案主並進入他們的內心世界，透過治療歷程，走出心靈的廢墟。唐山志願者一番真誠的話，一直留在我的心中。

從2008年汶川大地震到2013年雅安地震，一直到2017年九寨溝地震，筆者都幸運地把握了心理治療的黃金期，有機會一盡綿力，和受災同胞同行。除此之外，筆者在香港及內地的兒童之家和醫院也累積了大量臨床經驗，無論是心靈創傷、精神問題還是情緒困擾，我都一一涉獵。在累積各方面的臨床經驗之同時，我心中的一個小聲音愈來愈大：發展一套新的治療模式，更有效地幫助華人社區內有需要的人群。在2011至2015年攻讀博士學位期間，我逐漸把恩師米高懷特（Michael White）的敘事治療和兩位藝術治療大師

Dr. Cathy Malchiodi 及Cornelia Elbrecht教導我的知識，結合我一直應用在案主身上的繪畫治療法，發展出敍事繪畫治療這套心理治療模式。在博士導師和大學裏各位教授的鼎力支持下，這套模式被撰寫成一本治療手冊，成為我博士論文的一部分。博士論文最後答辯的那一天，得到主席、委員和各教授的一致祝福，那種艱苦努力之後獲得成果的歡欣鼓舞，讓我久久難以忘懷。

敍事繪畫治療的核心精神，就是透過繪畫與敍事，讓潛意識意識化，再把人和問題分開，讓困擾個體的問題得以外化，繼而在找出個體的內在力量、外在資源的同時，處理問題，帶出希望，並強化個體的抗逆力。個體的自我療癒能力一旦呈現，自然可以成為解決自身問題的專家，走出困境，活出彩虹。

我很認同榮格的一句名言：「在你把潛意識意識化之前，它會主導你的生命，而你就會稱它為命運。（Until you make the unconscious conscious, it will direct your life and you will call it fate.）」我常笑稱「把潛意識意識化」的這部分，就是懷特「把問題外化」這一步的前傳，我們先透過一幅畫去了解案主的潛意識，繼而才能讓案主分開自己和問題，再進一步處理問題。

我在敍事繪畫治療中，歸納出八大轉化歷程：

(1) 建立互信的治療關係：作為一名臨床心理學家，筆者在案主面前給自己的定位，不是任何專家和指導者，而是這些案主人生某段旅程的同行者。我時刻記住恩師懷特的叮嚀：我們的案主才是解決本身問題的專家，作為治療師，我們必須時刻抱着「未知」(not knowing)的態度，尊重並接納案主，與他們建立共鳴共振的關係(rapport building)，讓他們感到安全、自由、暢所欲言，不必過於顧慮日常社會的約束，比如時刻保持謙恭有禮，或者處處提防、恐受傷害。因此在向助人專業人員授課的時候，我總強調：治療師和案主之間的互信關係一旦建立，那就邁開了治療歷程的一大步。

(2) 建立安全感：有了互信的治療關係，建立安全感就可以事半功倍。或者可以說，互信和安全感兩者，互為因果，同時進行。高度合適的桌椅，熟

悉的空間，都有助於降低緊張和焦慮，提升安全感，有助案主投入治療過程，進而與治療師通力合作，處理問題。對於一些心靈創傷個案或嚴重缺乏安全感的案主，可以讓對方選擇和治療師獨處或是由親友陪同。通過這些治療細節，可以幫助案主逐漸消除陌生感，打開心扉。

(3) 有效宣泄情緒：繪畫本身就是治療的一部分，案主透過繪畫及對其進行敘事，從中重新發現真我，繼而對個人情緒與感受的根源加以尋溯，了解自己在家庭以至社會的定位，逐步做到「看見真我」。

(4) 增加自我接納：當案主看見真我，接下來就是接納真我。治療師透過治療對話，幫助案主整合內在的經驗和價值觀，並將外在世界與內在自我接軌，真正做到內外一致，並在接納真我的基礎上，進一步肯定自我，提升自信心。

(5) 發揮內在力量：透過繪畫和敘事，治療師讓案主的作主導，然後一步步進入對方的內心世界；而案主得到接納、尊重與認同，自然可以更自由及安全地表達自己的思想和感受。治療師在陪伴着案主步步探索來時路的過程中，通過敘事中尋獲的獨特結果（unique outcome），讓對方重新發現個體的內在力量，並於日常生活中加以發揮。

(6) 挖掘外在資源：除了重新發現並發揮內在力量外，在敘事繪畫治療中，治療師還會和案主探索其外在資源，在遇上困境的時候，得助於家庭、朋友、同學或工作夥伴，而不是孤軍作戰。

(7) 帶出盼望：繪畫治療的好處，在於可以讓潛意識意識化；而敘事治療精彩的地方，是可以讓案主對生活及所關注的人和事、對世界的反應與觀感，透過敘事，將困擾個體的問題具體化，再將問題與個體分開。以筆者的恩師懷特的語言來說，就是「外化」（externalization）。當我在澳洲阿德萊德親耳聽到懷特闡釋外化這個概念時，如雷貫耳：「人本身不是問題，問題才是問題（The person is not the problem, the problem is the problem）。」恩師這句話，多年來縈繞我心間，幫助我與案主同行的過程中，更容易找到他們的內在力量與外在資源，從而帶出盼望。

(8) 鞏固抗逆能力：當案主在敍事繪畫治療過程中找到自己的「三寶」：內在
力量、外在資源和盼望時，意味着治療已到了最後階段，就是鞏固抗逆能
力。作為一名臨床心理學家，筆者會在最後階段，幫助案主建立其內在價
值系統，再將之與外在價值系統——即社會上的普世價值接軌，並找出案
主在日常生活中所彰顯的正向因素與個人特質，讓案主接捧成為自己的治
療師，憑着個體的抗逆能力，面對生活中的各種困難。

個案分享

姓名：張菁（化名）
年齡：26歲
個案基本資料：張菁是一名26歲中國籍香港女性，大學程度，任職某
機構企業傳訊部。父母已退休，有一姊一弟。張菁與
父母同住，有一相戀五年的男友，談婚論嫁一年多但
未有結果。

接案撮要

1. 表徵問題（presenting problems）

張菁由男朋友建議並陪同前來見我，原因是她除了認定同事竊
聽她的電話、家人迫害她，最近甚至開始懷疑她一直信任的男朋
友，說他一直隱瞞着她出軌，還有了孩子。張菁不斷地試探，男朋友
一再解釋，她也不相信，結果在男朋友的建議下，找心理學家尋求專
業輔導。

2. 面見時的行為表現 (interview behaviors)

張青身材苗條，大眼睛，中長頭髮，臉色有點蒼白。她一走進我的辦公室等候區，便緊張地四顧，對陌生環境有點不安。我問她要不要喝水，她搖頭說不要，隨即從手袋中取出自己的瓶裝水，雙手握着。當我邀請她進入諮詢室時，她探頭望了房間一眼，才走進去，在沙發上坐下來。我讓她把房間內的擺設和掛畫一一「過目」了，才問她：「今天有什麼特別想聊的？」焦慮情緒一旦降低，她說話愈來愈順暢，只是言語的內容與情感反應的落差，顯而易見。在第一節的會談中，我和張青之間的治療關係成功地建立起來，她回應指和我聊天感覺很舒服，跟她想像的「見心理醫生」不一樣。她說從家裏出發的時候，一直在想我可能問她的問題，結果我並沒有一見面就問那些背景資料，而是讓她先說想說的，再跟她訂立治療目標，然後請她畫畫，再從她的敘事中了解她的背景。她說這種治療方法讓她感到放鬆、自由。而最重要的是我沒有懷疑她，而是一直讓她講出自己的經歷，這是跟她日常生活中其他人不一樣的地方。我問她如果我繼續用敘事繪畫治療這種模式和她面談，她覺得可以嗎，她說好，然後我們同意了每星期見面一次。

3. 個案背景 (Case background)

張青有一姊一弟，她排行中間。在中國內地出生，12歲跟隨父母來港定居。初來香港時，因為講粵語不純正而被同學嘲笑，鬱鬱不歡了三個月，其後努力學習，結果一年內練得一口流利粵語，不僅再沒有人嘲笑她，甚至沒有人聽得出她有內地口音。張青一直努力唸書，初來港時，雖不懂英語，卻堅持學好，希望令父母自豪。可惜在她心目中，父母一個偏愛姊姊，一個偏愛弟弟，總是忽略她了。唸大學的一天晚上，張青「發現」在宿舍洗澡時被偷窺，並告訴室友，後來此事傳

遍女生宿舍，張菁常聽到有人在她背後議論她，說女生宿舍根本不可能有男生偷窺，說她想男生想瘋了，又說她人格有問題，不要臉。後來她覺得同學們都不懷好意，到處散佈她的謠言，所有人都看不起她，還說她賣弄風騷，讓很多男生喜歡她，實際上在玩弄人家的感情。張菁說那時腦海裏有很多人在說話，弄得她很煩躁。她變得很害怕洗澡，總是要再三確認沒有人偷窺才能開始洗澡，結果和同學的關係弄得更僵。張菁告訴家人不習慣大學宿舍生活，要搬回家住，家人不了解，認為她嬌氣，和同學合不來，父母更斥責她。張菁感到不被理解，漸漸變得心灰意冷，回家後大部分時間都躲在自己的房間，極少和父母姊弟交流。畢業後，張菁申請了工作假期簽證，到了澳洲生活一年。她形容那是她生命中最快樂的一年，腦海裏的聲音慢慢消失了，偷窺她洗澡的人也隨之消失，她感到很安全。在農莊生活，多見羊群少見人，她感到生活很充實，也很放鬆。一年後，張菁初回香港，雖然不習慣香港的急速節奏，卻還是覺得可以接受，和家人的關係也比以前好了。直到第一份工作，張菁說她遇人不淑，男上司經常借意親近她，還愈來愈過分，性騷擾她。她鼓起勇氣告訴了媽媽，沒想到媽媽不但不相信她，還說會不會又像大學時那樣想多了。張菁很傷心，對媽媽又一次失望了。有一次她把上司性騷擾和媽媽不信任的事情告訴了一位女同事，但一說完張菁當天晚上就後悔了，回想大學宿舍被嘲笑被排斥的往事，她就很害怕，整個晚上睡不着，腦海裏充斥着不同的聲音。結果她擔心的事情真的「發生」了，第二天她發現同事們都用怪異的眼神看她，而且聚在一起小聲說大聲笑，一見她走近就立即散開。張菁很快換了工作，但感覺很乏力，因為無論到哪裏工作，都發現自己私人通訊的內容被公

開了，而且每家公司同事都有互相認識的人，有些更是IT高手，有辦法讓她以前和現在任職的同事知道她的私隱，令她成為大家的笑柄。她連社交平台都不敢使用，因為覺得他們都是同一黨的，Facebook也好，Instagram也好，他們都會含沙射影地嘲笑她、排斥她。而她覺得更傷心的是家人對她的迫害。有一天她坐了爸爸開的車去進修，途中發生交通意外，張菁的肋骨撞斷了，父親卻沒受傷。張菁在撞車後覺得家人沒有關心她，甚至懷疑他們根本就是想她死。當她把這些事告訴男朋友後，男朋友沒有很大的認同，樣子很冷淡。張菁說她最近腦海裏多了一把聲音，就是連她男朋友也不可信了。「那個人」告訴她，她男朋友一直對她不忠，而且有了孩子，只是她一直被蒙在鼓裏。張菁相信，她身邊的所有人都是同謀，目的只有一個——就是把她毀了。

4. 治療計劃 (treatment plan)

　　張菁在成年初期，思覺失調首次發病，然而家人沒有及時發現及正視，只當作是一般社交問題處理。在工作假期期間，張菁因為可以離開一直令她壓力重重的環境，所以病情得以舒緩，回港後和家人關係好轉，令她有了希望。可是隨着第一份工作的際遇和家人的不諒解，再加上交通意外，令她病情日益嚴重。在與張菁建立良好治療關係後，我鼓勵她約見精神科醫生，開始藥物治療，同時繼續心理治療。在張菁的同意下，我們開展了敍事繪畫治療。透過個人創作的圖畫及敍事，讓張菁看到自己的核心需要、基本渴求及基本恐懼，進而讓她看見自己的內在力量、外在資源和盼望，最後建立抗逆力，從以面對未來的種種挑戰。

5. 治療節錄（第二節）

　　在第一節面談中，我和張菁建立了互信的治療關係，邁開了治療歷程的第一步。尊重與接納，令張菁感到安全、自由、暢所欲言。給予足夠的時間和空間，讓她熟悉環境，也有助她消除陌生感，打開心扉。張菁在第一節會面之後，感覺良好，願意繼續接受敘事繪畫治療。

　　第二節一開始，我繼續與張菁建立治療關係，問她有什麼特別想聊的，她跟我分享了近況和所聽見的、看見的「那些討厭的人」之後，我跟她訂立了這一節的治療目標：在那些討厭的人當中，嘗試找回喜歡的自己。她說這很好，她喜歡。我於是請她畫一幅有房子、有樹、有人的畫，至於怎麼畫，全由她作主。

　　張菁端詳了那些顏料一會兒，最後在彩色鉛筆中選擇了一枝黑色筆，在紙上比劃了一會，想了一下筆又停在半空，問我：「先畫房子？」我微笑著回答她：「喜歡先畫什麼都可以。」她畫了房頂、瓦片、牆、門跟窗之後，又停下來問我：「要不要塗顏色？」我還是微笑著回答她：「喜歡塗不塗都可以。」她開始專注在自己的畫作上，畫完樹便畫人，再也沒有問我問題。只是畫到人的時候，她尷尬地笑：「很難看！我畫畫很醜。」

　　當她畫完了，我跟她開始了治療對話。

　　「可以告訴我畫了什麼嗎？」

　　「這中間是樹，這是房子，這是人。畫得很簡單，我一向都不懂畫畫。」

　　「懂不懂沒關係的。我剛才留意到張菁先畫了房子，可以給我介紹一下這房子嗎？」

（臉上出現了一抹笑容）「這是個小房子，雖然小，卻很踏實，很溫暖，晚上開着燈，一家人一起吃飯。外面的人都能聽到房子裏面的笑聲。」

「這情景讓張菁想到什麼？」

「想到小時候在四川過年的時候。那時候多開心，沒有人在我身邊偷看我、罵我，腦袋也沒有被控制，生活很平靜、很幸福。」

「在張菁心目中，什麼樣的生活才是很平靜很幸福的？」（我好奇地問）

「假如我的腦袋不是被控制，那我就沒事了，我就可以去逛街，去買漂亮的衣服，去旅遊。」

「如果現在張菁想讓一個人分享到這種平靜和幸福，那會是誰呢？」

「我男朋友。他可以陪我逛街、買衣服，還有去旅遊。」

「男朋友陪着張菁的時候，他會有什麼感覺？」

「應該也是開心吧。」

「好，我們看看這棵樹，它是怎樣的？」

「現在看起來太小了，繁茂一點才好。這是棵普通的樹，生長在春天百花盛開的時候，樹發新芽，還冒出果子。」

「看到這景象，張菁有什麼感覺？」

「快樂的感覺。心情特別好。」（臉上有了笑容和光彩）

「這樹長在哪裏呢？」

「在我家，我四川的家，我最想住老家，那是永久的家。一家五口，吃飯、聊天……我最愛吃媽媽做的辣椒炒臘肉，太好吃了。」

「如果媽媽聽到張菁這樣說，她會有什麼感覺呢？」

「她也會開心的。」

「為什麼？」（我微笑着問）

「因為我喜歡吃她做的菜。」

「好，那我們來看看這個人，張菁來介紹一下她可以嗎？」

「這人很醜，沒畫好，看來像個假人。我希望畫個真人，長得好看的。」

「這人在做什麼？」

「做早操。她早上剛起來，心情特別好。」

「為什麼心情特別好？」

「因為生活很平靜，很幸福。」

「我們來想像一下，如果這裏的人、樹和房子都會說話，人會和誰先說話？」

「人會跟樹說：『我怎麼長得那麼醜呀？』」

「那樹會怎麼說？」

「別沮喪，你不醜。你心地善良，比誰都漂亮。」

「人有什麼感覺？」（我興奮地問）

「她一下子就開心起來了。」

「我能感受到這女孩很容易滿足呢！」

「對呀，她是個很容易滿足的人。」

「那人對房子又會講什麼？」

「她會說：『我們家為什麼那麼破爛，如果有個漂亮的房子就好了！』」

「房子會怎麼回應？」

「它會說：『我雖然很簡單，但是很溫暖。』」

「人聽到會有什麼感受？」

「她馬上就高興起來了。」

　　透過繪畫和敘事，張青可以有效地宣洩情緒，而更重要的是，在過程中她重新發現真我並接納自我，在房、樹、人的對話當中，她慢慢找到喜歡的自己。在得到內心的平靜時，「那些討厭的人」不再紛擾，自然可以一步步做到內外一致，並有望在接納真我的基礎上，進一步肯定自我、提升自信心。這一節的敘事繪畫治療，也令張青重新看見男朋友和媽媽對她的愛與關懷。在往後的治療歷程中，更容易幫助她挖掘外在資源。

　　在第十節面談中，我們提到遇上困境的時候，張青說她希望家人和男朋友可以成為她的「盟友」，那就足以讓他們從張青腦海中討厭的人群中走出來，與她結盟，給她支持，更重要的是，讓她感受到愛與關懷。

　　在之後的療程中，我和張青透過她的繪畫和敘事，把困擾她的東西由潛意識意識化，讓她看到自己的核心需求原來就是「愛」，由於小時候對愛的基本渴求沒有得到滿足，長大了變得愈來愈害怕失去（基本恐懼），而兩者一直在互動與掙扎的過程中，張青受到的挫折就像催化劑，導致精神崩潰一觸即發。

　　把潛意識意識化之後，就是把問題外化。只有把問題和人分開，方可迎刃而解。在張青的個案中，外化那些討厭的人，令他們逐漸變成一個可見的對手，而不是無所不在的人和聲音。透過與家人和男友結盟，再找出和同事相處過程中的獨特結果。例如，他們並不

是每次看見張菁都用同一種眼神，也不是她一走近便散開。透過歸納出這些不一樣的經歷，加上一步步真正做到內外一致、接納真我、肯定自我及提升自信心，張菁對身邊人的懷疑逐漸減少；並透過對治療師的信任，推而廣之，信任身邊的其他人，再強化正面經驗、內在力量和外在資源，讓張菁看見對未來的盼望，最終走出困境，活出快樂人生。

參考資料

黃曉紅（2016）。《走出心靈的廢墟——投射繪畫及敘事治療實錄（第五版）》。香港：開心出版社。

Attard, A., & Larkin, M. (2016). Art therapy for people with psychosis: A narrative review of the literature. *The Lancet Psychiatry, 3*(11), 1067–1078.

Crawford, M. J. & Patterson, S. (2017). Arts therapies for people with schizophrenia: An emerging evidence base. *Evid Based Mental Health 2007, 10*, 69–70. doi: 10.1136/ebmh.10.3.69

Harding, C., Brooks, G., Ashikaga, T., Strass, J., & Breier, A. (1987). The Vermont Longitudinal study of persons with severe mental illness, I: Methodology, study sample, and overall status 32 years later. *American Journal of Psychiatry, 144*(6), 718–735.

Malchiodi, C. A. (2003). *Handbook of art therapy.* New York: Guilford Press.

McGuire, P. (2000). New hope for people with schizophrenia. *Monitor on Psychology, 33*, 24–28.

Spaniol, S. (2003). Art therapy with adults with severe mental illness. In C. A. Malchiodi (Ed.). *Handbook of art therapy* (pp. 268–280). New York: Guilford Press.

Wadeson, H. (1980). *Art psychotherapy.* New York: Wiley.

第10章 聽聲小組

陳健權
香港善導會龍澄坊督導主任

幻覺（本章稍後會以「聲音」一詞代替）是指在沒有外界刺激條件下，出現的各種感覺，包括聽覺、視覺、觸覺、嗅覺、味覺，即當事人感覺到由感官系統發出的信號，然而感覺到的事物是不存在的，但對當事人來說卻是一種非常真實的經驗。由於幻覺是精神分裂或思覺失調的其中一個症狀，所以有幻覺經驗便往往被認為等同患上精神病，但部分獲診斷為藥物中毒或腦退化症的人士，同樣有幻覺的經歷。

幻聽的內容可以有很多種，包括：

(1) 負面內容，如恐嚇、咒罵、批評；

(2) 實況報道（running commentary），即聲音形容自己的行為；

(3) 思想迴響（thought echo），即聽到一把聲音，重覆腦中的思想；

(4) 指令，即指示做某些事或作出某些行為；

(5) 支持、引導及陪伴（support, guidance and companionship），即陪伴及關懷當事人，如給予意見、分辨利弊、作出教導及關懷（Watkins, 1998）。

社會主流論述下的幻覺

　　1950年代起，隨着精神科治療藥物的發明及迅速發展，分子生物學及神經科學的進步及實證醫學的盛行，生物醫學成為精神醫學的主流，生物醫學認為精神病是由於生物上的失調或異常所導致。早在1977年，精神科醫生George L. Engel提出生理—心理—社會環境模式（biopsychosocial model）去解釋精神病的形成，即精神病並非單一因素所造成，而是由生理、心理及社會環境等多種因素互相影響而成（Engel, 1977）。近年不少學者均也指出，縱然一些研究可證明腦內化學物質多巴胺異常與幻聽經驗存在着關係，但其因果關係並不明顯，也有可能當事人所經歷的事件，如創傷經驗（traumatic experience），導致腦內化學物質失衡（Cooke, 2017; Deacon, 2013）。可是，普遍論述仍較着重以生物學角度去解釋精神病的成因，認為腦內化學物質多巴胺異常狀況，導致出現幻覺及妄想等症狀，並需要及早接受治療，而抗精神病藥被視為能有效糾正腦部化學物質的異常狀態，從而消除這些病徵。這導致促進復元人士出現症狀的心理、社會及文化等因素易被視為次要或忽略，把心靈困擾簡化為生物原因所導致（Deacon, 2013）。

　　在生物醫學主導的精神醫學影響下，幻覺被視為精神病症狀，幻覺的內容往往被視為沒有意義，故此助人工作者在聆聽幻覺經驗時，焦點易放在評估當事人的精神狀況，如幻覺經歷對當事人帶來的情緒影響、如何回應、是否深信不疑、是否出現其他精神病症狀、服用抗精神病藥的情況等，助人工作者也會評估當事人會否因幻覺經驗而有傷害自己及他人的潛在危機，並慣常鼓勵當事人提前接受精神科診症，希望透過抗精神病藥緩解幻覺症狀。

　　大眾除了普遍認為幻覺等同於嚴重精神病外，也容易視有幻覺經驗人士的行為是不能預計的，會對其他人造成危險或不良影響。大眾亦會把有幻覺經驗人士的所有思想及行為，與精神病拉上關係。

　　在日常的實務經驗中，不難看到有幻覺經驗的人士容易被大眾的負面態度潛移默化，並自我污名化（self-stigmatized），相信自己是不正常、低等及沒

圖10.1　精神科醫生George L. Engel認為精神病由生理、心理及
　　　　社會環境等多種因素互相影響而成

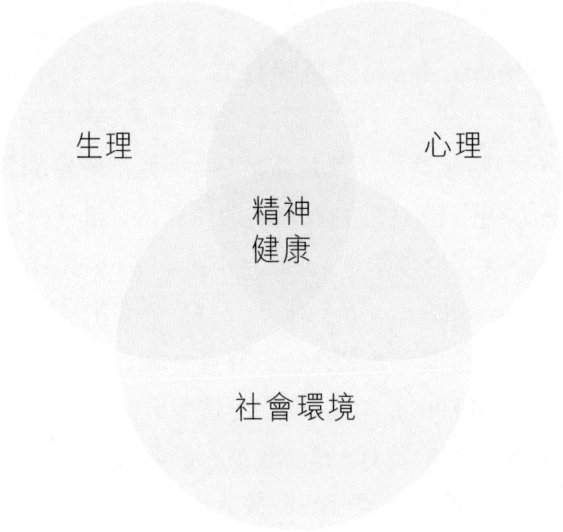

有用的，因而失去自信心（Corrigan & Watson, 2002）。他們認為與被診斷為抑鬱症或焦慮症之復元人士相比，自己的病情較為嚴重，也較難獲得社會大眾或同路人的接納，故他們除了避免向親友及公眾提及幻覺經歷外，更甚少在精神健康體系內與其他同路人講述其幻覺的經歷。

　　1980年後期，一群被診斷為精神分裂的人士開始站出來，質疑現代精神醫學只透過生物醫學的框架去理解他們的不尋常經驗（unusual experience），並逐步發展聽聲運動（hearing voices movement）。聽聲運動摒除幻覺、幻聽、幻視等較為醫療角度的字眼，並以「聲音」（voices）一詞代表這些不尋常的感覺經驗，包括經歷到別人不能經歷或理解不到的影像或感覺等經驗。聽聲運動也慣常以「聽聲人士」（voice hearer）代表有聽聲（hearing voices）經驗的人士，而聽聲人士可包括接受精神科治療的人士或從沒有接受精神科治療的人士。

聽聲運動

歷史及發展

　　聽聲運動開始於1987年，荷蘭精神科醫生Marius Romme教授當時是Pasty Hage的主診醫生，Pasty受着聲音困擾，被診斷患上精神分裂症，她有多次入院紀錄，抗精神病藥物雖能緩和其焦慮情緒，但她同時感到警覺性降低，而藥物也未能減少聲音的困擾，她感到孤單無助並開始有自殺的念頭。後來Pasty主動與Marius教授分享美國心理學家Julian Jaynes於1976年撰寫的書籍*The Origin of Consciousness in the Breakdown of the Bicameral Mind*，書中指出在14世紀以前，聽聲被視為正常的經驗，不少歷史重要人物在聲音引領下作出決定，包括摩西、耶穌及聖女貞德。Pasty詢問Marius教授，既然可信奉一位從未見過或聽過其說話的神，為何不相信她所聽到的聽音。這啟發Marius教授思考現代精神醫學對聲音的看法，他也希望透過讓Pasty與其他聽聲人士分享對聲音的看法，獲取有類似經驗同路人的接納，減少孤單感及自殺的念頭。因此Marius教授陪同Patsy於荷蘭電視節目分享聽聲經歷，並鼓勵有相同經歷的人士聯絡他們。節目完結後，有750人回應，其中450人表示曾有聽聲經歷，其中150人表示懂得如何應對（coping）聲音，300人則表示不懂得應對。Marius教授與Sandra Escher博士透過問卷及面談訪問這些回應者。在同一年，他們於荷蘭舉行首個聽聲會議，由20位聽聲者人士擔任講者，向300位聽聲人士分享聽聲經驗及如何應對聲音，並成立了首個聽聲自助組織Foundation Resonance（Romme & Escher, 1989; Styron, Utter & Davidson, 2017）。

　　1988年起，聽聲人士及其家屬於英國各地成立聽聲小組，英國首個國家聽聲會議（National Hearing Voices Conference）於倫敦舉行。現時單是英國，便有超過180個聽聲小組。多個國家紛紛也成立聽聲小組，包括美國、澳州、法國、日本、巴勒斯坦、烏干達等，其中有26個國家的聽聲小組已組織為國家網絡（national network），互相支援及推廣聽聲運

動。Marius教授與Sandra Escher博士與多位聽聲人士於1997年發展國際聽聲網絡（Intervoice），並於2007年註冊成非牟利組織，透過教育、分享新經驗、研究、國際會議及支援各地的聽聲網絡或聽聲小組，讓更多受困擾的聽聲人士能夠理解聽聲經驗的意義（make sense of their experience）（Styron, Utter & Davidson, 2017; Corstens, Longden, McCarthy-Jones, Waddingham & Thomas, 2014）。不少聽聲人士在參與聽聲運動後，從被診斷為精神分裂的病人身份，逐漸成為聽聲小組及網絡的帶領及推動者，並且透過提供培訓、從事研究及出版著作，甚至協助其他國家的聽聲人士成立聽聲小組，推動聽聲運動，如Ron Coleman、Eleanor Longden、Jacqui Dillion及Rufus May等。

事實上，聽聲運動是由精神科醫生、學者、聽聲人士及家屬一起推動而成的，他們一起挑戰及批評疾病模式對聽聲經驗的理解，並重新對「專家」、專業權力及復元的可能性作出定義。這運動並非由專業人士主導，反之糅合了擁有個人經驗的專家（experts by experience），包括了聽聲人士及家屬，以及擁有專業知識的專家（experts by profession），包括精神科醫生、治療師、輔導人員、學者等，互相協作。正如上述的運動源於Marius教授從Pasty的觀點中獲得啟發，開展聽聲運動，過程中Marius教授放下專業知識，聆聽Pasty的個人經驗分享及觀點（Longden, 2017）。

聽聲運動並非反對精神醫學或拒絕使用抗精神病藥，如Eleanor Longden表示若在嚴重的精神困擾下，抗精神病藥能對當事人有幫助（Styron, Utter & Davidson, 2017）。Romme（2009b）也指出低劑量的抗精神病藥能幫助聽聲人士減低極度強烈的情緒（overwhelming emotions），讓他們發展能力，走向復元路。

聽聲運動的原則

世界各地的聽聲運動取向及實踐各有不同，整體而言，均秉持以下的核心原則：

(1) 相信聽聲（包括其他不尋常的感觀經驗）是人類自然及普遍的經驗，即這些經驗並非奇怪、不正常或疾病。

(2) 不是所有聽聲人士都被診斷患有精神病或需要接受精神科治療。

(3) 接納及重視多元的解釋，即尊重每一個人可從不同角度去理解自己的聽聲經驗，包括宗教經驗、擁有特殊天賦、多巴胺異常、創傷事件導致等。

(4) 聽聲人士可以採取主導權，理解及解釋自己的聽聲經驗。

(5) 聲音往往與創傷經驗有關。

(6) 聲音背後可能蘊含着意義，並可從聽聲人士的生命歷史脈絡中理解。

(7) 嘗試接納聲音較拒絕或消滅聲音更為有效，接納聲音包括承認其為真實經驗。

(8) 透過朋輩支援，能有助聽聲人士理解聲音的意義，並學習應對聲音的方法。（Corstens, Longden, McCarthy-Jones, Waddingham & Thomas, 2014; Styron, Utter & Davidson, 2017, Londgen, 2017）

聽聲取向

聽聲運動開展時，並非希望創立一套新的治療模式，但隨着發展，不同的研究及實踐手法開始出現。部分人會稱這運動及其衍生出來的研究及實踐手法為「聽聲取向」（hearing voices approach）或「聽聲網絡取向」（hearing voices network approach）。

相關的研究

1990年代起，Marius教授、Sandra Escher博士及一眾學者透過流行學研究結果及質性研究，為聽聲運動的理念提供了客觀的論據。

Beaven、Read及Cartwright（2011）檢視17份流行學研究，當中研究的國家分別位於歐洲、北美洲、亞洲及大洋洲，發現約10%人口曾有聽聲的經驗，而只有約1%的人口被診斷為精神分裂或思覺失調（Cooke,

2017）。Watkins（1998）指出聲音在很多情況下出現，包括兒童時期與想像出來的友伴傾談（imaginary companions in childhood）、經歷喪親的哀傷（bereavement and mourning）、嚴重的壓力、焦慮、創傷、孤立、瀕死經驗，而使用迷幻藥也會導致有聲音經驗。此外，獲呼召（the call of vacation）或宗教經驗也會讓當事人聽到聲音。De Leede-Smith and Barkus（2013）的研究發現，純粹聽到聲音不一定使聽聲人士的功能倒退；反之，因聽聲後未能應對而出現的困擾，才會導致功能倒退。故此，不應只因當事人有聽聲經驗而認為他患上精神分裂症。不少從未接受精神科治療的聽聲人士，能夠妥善地應對聲音、投入合適的生活及有良好的社交關係，部分甚至形容聽聲經驗能豐富他們的生命（Escher & Romme, 2012a）。以上的研究除了指出聽聲是人類普遍的經驗，如何應對聽聲經驗及與聲音建立建設性的關係，也是十分重要的。

此外，失去（loss）及創傷與聽聲經驗有着明顯的關連（Beavan, Read & Cartwright, 2011; Johns et al, 2014）。研究發現70%聽聲人士的聽聲經驗與創傷經驗有關，包括性侵犯、身體虐待、情感上長期被忽略、長期被朋輩欺凌、喪親、重大壓力、青少年期失去安全感等（Romme & Escher, 1989）。另外，86.3%兒童的聽聲經驗與創傷經驗或壓力事件有關（Escher & Romme, 2012b）。聲音可以視為保護的功能，讓內在的衝突轉化為聲音（Bebbington, 2015; Cooke, 2017）。聲音亦代表着聽聲人士希望被聆聽及獲認可的心靈需要，故此有機會分享聽聲經驗，並學習應對及接納聲音的存在，較拒絕聲音來得合適。此外，不少研究也發現抗拒聲音與焦慮及抑鬱情緒存在着關係，而接納及承認聽聲經驗，反而可讓聽聲人士把專注力及行動力，從逃避聲音轉化為探索有意義的生活（Corstens, Longden & May, 2012）。

1980年代及2000年初的研究也發現，持續服用抗精神病藥後，能幫助60%服用者消除聲音，但對40%服用者則沒有顯著成效（Falloon & Talbot, 1981; Kahn et al., 2008）。故此，聽聲運動能給予傳統模式下未能完全獲得幫助的聽聲人士一個另類選擇（Corstens, Longden, McCarthy-Jones, Waddingham & Thomas, 2014）。

聽聲的階段及復元

聽聲取向指出聲音不應視之為疾病，反之，可從聽聲人士所面對的生活困境之角度理解，即聲音是聽聲人士在生命遇到困境時的反應。復元並非消除聲音，因聽聲是人類的差異，聽聲人士需要學習與聲音共處，就像慣用左手及讀寫障礙的人士需要與差異共處。此外，只以消除聲音為目標，令當事人沒有機會發現及處理導致聲音出現的原因，即所面對的困境及背後的情緒。對聽聲人士來說，復元是指接納聽聲經驗為真實，願意與其他人接觸，能夠關注聽聲經驗及發現聲音背後代表的問題，並可作出選擇及從聲音奪回控制權，以及與聲音建立合適的關係（Romme, 2009a；Romme & Morris, 2013）。

聽聲取向的研究發現，聽聲人士從開始聽到聲音後，大致會經歷三個階段，分別為驚怕階段（the startling phase）、重整階段（the organization phase）及穩定階段（the stabilization phase）（Romme & Escher, 1989）。

在驚怕階段，聽聲人士面對突如其來出現的聲音時，會感到疑惑、混亂、驚怕、無助和忿怒。有時候，聲音會在創傷事件後出現，並可能出現數星期或數月，有些聲音更會維持數年。部分聽聲人士聽到正面的聲音，感到獲鼓勵或明白；有些則會聽到負面的聲音，不少聽聲人士表示負面聲音令其感到思想混亂，以致日常生活也受影響，因這些聲音經常要求被注視。在此階段，聽聲人士的目標是從聲音獲得更多控制權，並學習談論聲音，接納聲音為真實經驗，以減低焦慮情緒。聽聲人士在此階段可多接觸關懷自己的人，也可接觸一些接受聲音為真實經驗的人，以增強希望感及感到有出路，聽聲人士也可以運用一些方法應對聲音（Romme & Escher, 1989; Romme & Morris, 2013）。

在重整階段，聽聲人士嘗試透過不同方法去應對聲音，如與聲音對話、嘗試不理會聲音、與聲音訂立界線、嘗試了解聲音內容等，他們也會嘗試接納聲音。此階段的目標為承認聲音是屬於自己的，聽聲人士可多關注自己的

圖10.2 聽聲人士所經歷的三個階段

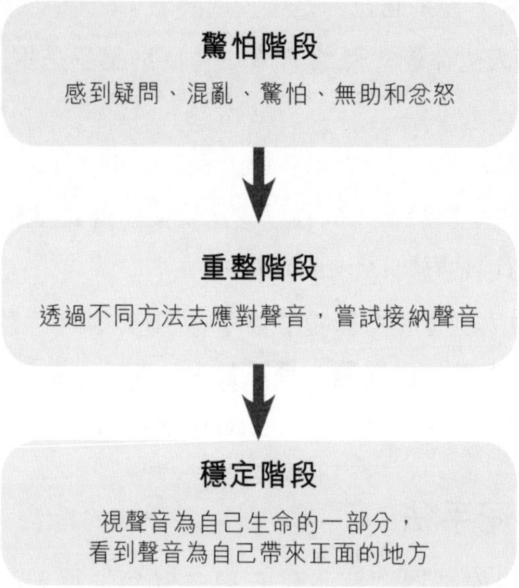

驚怕階段

感到疑問、混亂、驚怕、無助和忿怒

重整階段

透過不同方法去應對聲音，嘗試接納聲音

穩定階段

視聲音為自己生命的一部分，
看到聲音為自己帶來正面的地方

聽聲經驗，及與其他聽聲人士接觸，也可嘗試探索聲音與創傷經驗或困境經驗的關係，並克服與這些經驗有關的情緒，以及從聲音奪回權力（Romme & Escher, 1989; Romme & Morris, 2013）。

在穩定階段，聽聲人士會視聲音為自己生命的一部分，看到聲音為自己帶來正面的影響。此階段的目標為處理因聽聲經驗導致的日常生活困境，聽聲人士可選擇是否依從聲音作決定，並多嘗試接觸外界，選擇希望過的生活；聽聲人士也可以探索聲音背後所表達的深層情緒，並與聲音建立合適的關係（Romme & Escher, 1989; Romme & Morris, 2013）。

聽聲取向強調接納聲音（accepting voices），這是改變與聲音關係的第一步。若聽聲人士沒有接納這些經驗，只應對聲音，如不理會聲音，對某些聽聲人士來說是沒有果效的。聽聲取向的研究指出接納有五個元素，包括：

(1) 接納聲音為真實;

(2) 接納所聽到的聲音屬於自己,是個人的經驗;

(3) 接納聲音與個人生命歷史脈絡有關,並接納聲音是對問題的反應,並非疾病;

(4) 接納聲音源於自己;

(5) 自我接納;接納是屬於個人的經歷,需要接納負面經歷,並學習應對聽聲經歷所觸發的負面情緒(Escher, 2009a)。

通過協助聽聲人士從生命歷史脈絡中(尤其是創傷經驗)理解聲音,包括這聲音代表誰及代表着什麼問題,發現當中的關係,能夠幫助聽聲人士逐步理解聲音的意義(make sense of voices)(Escher, 2009b)。

聽聲取向的不同手法

聽聲取向有關的不同實踐手法在過去30年間逐漸出現,如聽聲小組(hearing voices group)(下文會進一步討論);此外,Marius Romme教授與Sandra Escher博士也建立了Maastricht Hearing Voices Interview,讓助人工作者可以系統地了解聽聲人士的聽聲經驗。聲音描繪(voice profiling)也是常用的手法,即透過提問,發現聲音與當事人生命歷史的關係(Styron, Utter & Davidson, 2017; Longen, 2017)。*Working with Voices II: Victim to Victor Workbook* 是一本自助手冊,讓聽聲人士以自助方式探索聽聲經驗(Coleman & Smith, 2005)。

聽聲小組

什麼是聽聲小組

聽聲小組提供安全及接納的環境,讓參加者可以分享經驗,交流應對策略,以及發展正向的身份。聲音不再出現,並非小組是否成功的指標,

反之小組希望讓組員明白及接納聽聲經驗，並與聲音建立較具建設性的關係。相對於主流的治療小組，聽聲小組屬於自助小組，其取向為參與者主導（user-led），並視參與者為擁有個人經驗的專家。小組不會專崇某一種解釋框架，而是接納及重視多元的解釋（Longden, Read & Dillon, 2017）。

各地的聽聲小組運作不一，有些是封閉式的小組，即固定的組員；有些則以開放式小組運作，即每節容許加入新組員。有些小組由專業人士帶領，如護士、社工或職業治療師，有些則由聽聲人士帶領，也有些由專業人士及聽聲人士共同帶領（Dillon & Hornstein, 2013）。參與的組員除了擁有不尋常的感覺經驗外，也有些組員經歷了不尋常的想法或信念（Jones, Marino & Hansen, 2015）。有些小組甚至在某些節數鼓勵家屬或支援者參與，讓他們明白聽聲人士的情況及建立關係（Styron, Utter & Davidson, 2017）。

聽聲取向研究發現，通過討論聲音，可促進聽聲人士接納自己的經驗，減少孤單感及恐懼，並且能夠建立較正面的身份；透過嘗試探索聲音的可能意義，能夠改善聽聲人士與聲音的關係；通過聆聽別人的聽聲經驗，也讓聽聲人士能夠認可自己的經驗（Dillion & Logden, 2012）。聽聲小組正提供一個安全的空間，讓參與者分享應對聲音的策略，肯定對方的故事並互相交換智慧，這有助他們減少羞愧及孤立的感覺，從困擾及被污名的經驗，轉向更接納自我（Longden, Read & Dillon, 2017）。通過參與小組，組員能增加希望感、改善與聲音的關係及增強與社會的連繫（Jones, Marino & Hansen, 2015）。

總括來說，聽聲小組為聽聲人士帶來改變，有幾個主要因素，包括(1)透過彼此接納、體諒及滋養；(2)能夠互相盛載對方的情況，彼此互相支持，並感受到小組的安全感；(3)能夠安全地探索聽聲經驗；及(4)組員對小組建立歸屬感（Payne, Allen & Lavender, 2017）。

聽聲小組簡介

在撰寫本章時，聽聲小組在香港的發展尚在起步階段，只有兩間機構開展聽聲小組，其中一間為香港善導會。香港善導會現於兩間精神健康綜合社區中心及中途宿舍舉辦聽聲小組，筆者於其中一間精神健康綜合社區中心(龍澄坊)帶領名為聽聲小組。小組每年有一個密集式的小組環節，每星期一節，合共四節，讓組員可以建立互相支援的關係，並鞏固小組經驗。另外，小組會以每月一次的形式進行，每節約1.5小時。小組為開放式，可讓新參加者隨時加入。小組現時唯一篩選的條件為參加者須曾經或現時有聽聲經驗。

小組由筆者及另一位社工一起帶領(下稱促進者)，兩位促進者均曾於澳洲接受聽聲取向的基礎訓練，並認同聽聲運動的原則，朋輩工作員亦獲邀一起參與，協助帶領小組。

該小組主要透過中心通訊宣傳小組，並把組員在小組所分享與聲音相處的策略，刊登在中心通訊內，以讓中心會員進一步認識小組。促進者亦鼓勵社工及護士轉介合適的聽聲人士參與小組。為了讓工作人員認識聽聲取向，促進者在開展聽聲小組前，曾向工作人員簡介聽聲運動及聽聲取向。在小組開展一年後，促進者也會向工作人員分享小組內容及參與組員的改變。

小組形式

與戒酒無名會(Alcoholics Anonymous)等較具結構化的自助小組(structured self-help approach)相比，聽聲小組並沒有標準的形式或步驟指引，大致上有幾方面的主題內容或活動，包括分享聽聲經驗、應對策略、聲音的不同解釋、創傷經驗、聲音描繪等(Jones, Marino & Hansen, 2015; Styron, Utter & Davidson, 2017)。

該小組初期會以較具結構的內容，建立小組安全感、互動及凝聚力，包括熱身活動、分享近期聽聲經驗、主題活動、回饋、總結等。當小組逐漸發

圖10.3 聽聲小組可讓組員分享聽聲經驗

展成熟時，小組開始採用半結構化的形式，即促進者仍然會預備小組的主題
內容或分享的方向，但會因應組員的分享，取消或更改該節的主題內容。

促進者的角色及語言的運用

聽聲取向建議小組促進者接受過相關的培訓，在帶領小組時，會透過聆
聽的方式作出帶領（lead by listening），小組的發展方向、內容均可與組員一
起決定；組長也應強調每位組員有面對問題的智慧及能力（Dillion & Hornstein,
2013）。因此，筆者與促進者經常強調自身角的色是促進組員分享，而非教導
組員如何應對聲音或給予建議，因為組員才是這方面的專家，每人也有應對
聲音的方式及對聽聲經驗的不同理解。筆者與促進者也會以「聲音」一詞，
取代「幻覺」，並強調擁有聽聲經驗是人類普遍及共有的現象，組員可對聽
聲經驗有不同的看法，而非單以疾病觀點理解聲音。

聽聲取向也提醒促進者應抱持非批判的態度，並提醒促進者易受自身經
驗影響而抱持某些看法（Dillion & Hornstein, 2013; Escher & Romme, 2012a）。故
此，筆者及促進者經常留意回應組員分享時，會否無意地高舉了單一觀點，或

貶低了某些觀點，如當組員分享聽聲經驗已停止時，會否不自覺地立刻表示讚賞或欣喜，無形中貶低了聽聲經驗，或令到其他仍有聽聲經歷的組員被視為還未復元。對於有些組員通過接納聽聲經驗，聲音或負面的聲音慢慢從生命中消失時，促進者可嘗試探索該位組員如何接納及應對聲音，如何從聲音奪回控制權，以及是否仍聽到給予支持、引導及陪伴的聲音，並與這些聲音相處的經驗。另外，當組員分享到聲音來自靈界時，如死去家人的聲音時，促進者也應避免立即指出此經歷可能與哀傷有關，而沒有尊重及接納組員對聽聲經驗的理解方式。

對於不少新組員來説，他們過往甚少分享聽聲經驗，也擔心分享後會帶來負面後果，如被視為病情嚴重及不獲朋輩接納等，故促進者除了強調組員間互相保障私隱及彼此接納外，也要透過不同的方法促進分享，如透過其他聽聲人士的故事分享作熱身，讓組員從第三身的角度討論及迴響故事主人翁的經歷，或在小組前鼓勵一至兩位活躍組員分享。在小組中，不斷見證着新參與或採觀望態度的組員，在聽到朋輩支援員或組員願意深入講述聽聲經驗後，如仍聽到聲音、聽聲經驗帶來情緒困擾或自傷行為等，他們開始經歷到聽聲經驗可被接納及無須擔心被污名，並逐漸願意多透露自身的聽聲經歷。

由於不少組員深受生物醫學主導的精神醫學影響，很多時（尤其是小組初期）當聽到其他組員的聲音增加時，便會立即鼓勵告訴醫生。有些組員在聆聽對方分享時，也會作很多分析。為了避免這些回應窒礙了組員的分享，讓小組能夠立建立安全、接納、認可、尊重的氣氛，促進者會鼓勵組員以敍事實踐（narrative practice）的社員見證會（outsider witness）的形式回應其他組員的分享，即抱持開放、接納及好奇心的態度聆聽對方的經驗分享，當中沒有對錯或標準答案，故無須急於分析對方的處境及給予意見。鼓勵組員在聆聽及回應時，可多回應分享者令自己感深刻或觸動的地方、看到對方的生命素質及能力，以及聆聽分享後為自己帶來什麼新體會等（White, 2007）。

小組的主題活動

聽聲小組曾探討以下的主題：

1. 解構社會主流論述

如前所述，社會主流對聲音有很多論述，如以生物醫學主導的精神醫學觀點理解聲音，並視聲音為問題。故此，小組透過聲音迷思的活動，讓組員討論不同的論述：

(1) 聽聲經驗是精神分裂/思覺失調的症狀；

(2) 聲音內容全都是負面的；

(3) 聲音內容不存在任何意義；

(4) 聲音在壓力下，會較常出現；

(5) 探討聲音只會令到他們更陷於幻聽當中，甚至強化了他們的妄念；

(6) 各人可對聲音有不同的理解和信念；

(7) 在某些社會，有聽聲經驗的人士被視為有特殊天賦及優勢。

此外，促進者也會向組員講述不少名人也曾有聽聲經驗，如摩西、梵高、愛德華•孟克（Edvard Munch）、草間彌生及約翰•納殊（John Nash）等。

透過以上解構主流論述的活動，可讓組員明白聲音是人類普遍及共有的經驗，而聲音內容及經驗不一定是負面的，每個人都可以對聲音有不同的詮釋和信念。

2. 簡介聽聲運動及相關研究

促進者也曾向組員簡介聽聲運動的歷史，讓他們明白聽聲運動是由聽聲人士推動，並在各國開展，組員得悉不少聽聲人士透過參與聽聲小組，由精

神分裂症患者的身份，逐漸成為小組帶領者及從事相關研究，表示能提升希望感。而聽聲運動的相關研究，如10%人口曾有聽聲經驗、70%聽聲人士的聽聲經驗與創傷經驗有關等，也開啟了討論空間，讓組員探討聲音與生命歷史脈絡面對困境之關係。

3. 聲音描繪

　　聲音描繪是透過提問，發現「聲音」與當事人生命歷史脈絡的關係，可有五類提問方向，包括：

(1) 聲音的身份（如姓名、性別、年齡）；
(2) 特色及內容（如負面或正面、表達方式、與聽聲人士的關係等）；
(3) 如何觸發聲音出現（triggers）（如情緒、環境，聲音如何回應等）；
(4) 聽聲歷史（如首次聲音出現時對生活的改變、聲音的內容及變化等）；及
(5) 個人歷史事件（如首次聽聲時的重要生命事件、童年經歷等）（Longden, 2017）。

　　組員A透過聲音描繪後的發現，撮要如下：

　　　　聲音在讀書時出現，那時因參與公開試，不眠不休地溫書，因而開始聽到有聲音叫我去死，這些聲音有男、女、老人及小孩，這些叫我去死的聲音已停止。現時的聲音多與我談論電視明星。另外，有聲音會指示我去吃東西，雖然我不喜歡，因會令我肥胖，但我每個月也會答允聲音的要求，去飽吃一頓。我應承聲音這要求，因為我覺得是無傷大雅，我也不喜歡逆別人意思，所以會應承他們。

　　　　我現時會把聲音命名為「共存的聲音」。聲音很喜歡在我的家出現，當我專心做其他事情時，如看報章，或做其他輕鬆的活動，如聽音樂，他們的音量便會減少，甚至不出現。

　　透過聲音描繪，組員除了講述威脅、批評的聲音，以及負面的「指令聲音」（如吩咐「去死」）外，也能表達經驗到有些「無傷大雅的指令聲音」，

如吩咐吃東西等。此外，部分組員也表達曾經驗「聰明的聲音」，即能説出自己的心聲或將會做的行動，也有組員表達經驗到「安慰及陪伴的聲音」，如鼓勵自己，與自己傾談嗜好或興趣等。這可促進組員討論不同聲音帶來不同的影響，並可以採取不同的回應及立場，以及分享與聲音相處的應對策略。此外，這也促進組員討論聲音何時會出現，及與自己生活的關係，例如睡眠前或獨處時聲音較多。

4. 發現與聲音相處的新經驗

小組會邀請組員分享與聲音相處的新經驗，並讓組員從分享聽聲經驗中，與生命重要成員連繫，如何為重要成員帶來貢獻，豐富組員的身份和意義。

組員B在小組內探索及發現與聲音相處的新經驗，撮要如下：

> 我過往害怕外出，因其中一個聲音威脅要殺死我或偷去我的藥，故我過往只能在父親陪伴下外出，每次外出時也很擔心。但是我很喜歡上課，也希望將來能讀大學。故此，我曾在聲音的威嚇下，嘗試外出，發現原來這個不讓我外出的聲音只是虛張聲勢，並不能夠殺死我或偷去我的藥。因此，我開始報讀西式糕點製作課程。我親手為家人製作麵包，家人看見我的努力，也感到很開心。現在我能在熙來攘往的街道上兼職派傳單。威脅我的聲音已慢慢減少，當罵我的聲音出現時，我會向他表示我不是這樣，並要求他不要罵我。我也會接受友善聲音的讚賞，讓他陪伴着我，給我鼓勵，與我傾談喜愛的音樂。

5. 建立與聲音相處的應對策略

小組會提供空間讓組員分享聽聲經歷，以及如何應對困擾的聲音。以下為組員C的撮要分享：

曾有一段時間，我經常受着負面聲音的困擾及其帶來的負面影響，讓我曾有自殺的想法並企圖自殺……我逐漸發現在困苦時，當能找到一些安舒及寧靜的環境，心情便容易平靜下來……我也慢慢領略到當不與聲音爭拗，聲音的威力及影響力便逐漸減少。

　　組員通過小組，分享了很多應對及與聲音相處的策略，並整合成為「給同路人的錦囊」。

給同路人的錦囊

- 與聲音共存，接納聲音的存在。
- 聲音也有脆弱的一面，嘗試去關懷聲音。
- 與聲音建立和平關係，互相遷就。
- 分析聲音是否合理，才作出行動。
- 聆聽聲音的內容後，祈禱使心靈得到平安。
- 當聲音吩咐我作出傷害性行為時，即時斥責聲音。
- 透過做運動，例如打羽毛球、跑步等減少聲音帶來的影響。
- 將注意力放在日常生活上，例如做家務去分散注意力。
- 保持冷靜，不理會聲音。
- 開心見誠與信任的人分享。
- 參與聽聲小組，聆聽同路人的經驗。

護航復元：思覺失調的療癒

　　聽聲運動是屬於倡導的社會運動（Styron, Utter & Davidson, 2017），需要集結力量，讓聽聲人士的支援群體及大眾認識聽聲人士的經驗及需要。故此，小組也會與組員討論希望身邊支援群體如何回應他們的聽聲經驗，並製作了「給醫生的話」及「給親友的話」，讓這些支援群體可以聆聽聽聲人士的需要。

給醫生的話

- 我不敢跟醫生説我的聲音，因為我怕被診斷為病情惡化而要加重藥物劑量。
- 我希望醫生能安撫我的情緒，並提供合適的藥物。
- 我希望有一個平台讓我有機會去分享聲音內容，而不是只問我是否有幻聽。
- 我希望醫生細心聆聽聲音為我帶來的痛苦。
- 我想説其實我有依時服藥，但仍有聲音。
- 在我情況好轉時，減低我的藥物劑量。

給親友的話

- 我想家人能用心聆聽我聲音的內容。
- 我想你關心我，陪我一起面對聲音，我不想單打獨鬥。
- 我想你多鼓勵我，讓我能堅強。
- 明白我的心情，不是只給我建議。
- 我想你不只是叫我吃藥，而是給予温柔及體諒。
- 我想你陪我做喜歡的事。

走向由參與者帶領的互助小組

為了讓組員在小組內有較多帶領的角色，能夠逐步發展為由使用者帶領（user-led），促進者逐步透過以下方式，增強資深組員的角色：

由資深組員向新組員介紹小組

當有新組員加入時，朋輩支援員及資深組員會分享及講解〈小組宣言〉，讓新組員明白小組的理念、內容及信念。

聽聲小組
小組宣言

很多時，我們會經歷到別人不能經歷或理解不到的聲音、影像或感覺等經驗（我們統稱為聲音），也很希望有機會與別人分享這些經驗、想法和感受。聽聲小組是一個互相支援的小組，讓有相同經歷的同路人，在安全和互相尊重的氣氛下，一起去探索和分享這些經驗。

透過這個小組，我們可以：

- 與同路人互相支持和鼓勵。
- 增加對聽聲經驗的理解，並發現自己可與聲音建立自己認為合適的關係。
- 學習及建立應對聲音或困擾經驗的方法。

我們的小組信念

- 聽到聲音是人類自然及普遍的經驗。
- 每個人可從不同的角度去理解自己聽到聽聲經驗。
- 每個人也是面對自己聽聲經驗的專家，我們要尊重每個人對聽聲經驗有不同的理解及回應方式。
- 我們會保障每位組員的私隱。
- 我們平等對待，並互相支援。
- 整理聽聲經驗和與聲音建立合適的相處關係，有助我們復元和建立有希望的人生。

與資深組員探索及重整聽聲經驗

促進者會與部分有志於帶領聽聲小組的組員，以個別形式一起探索聽聲經驗，讓他們能夠重整聽聲經驗，如個人生命歷史脈絡與聽聲經驗的關係，促進及豐富小組交流與聲音相處的經驗。

結語

曾聽見一位組員分享，撮要如下：

> 我受着聲音困擾了二十多年，從來沒有機會講這些經歷，現時終於等到這個機會，有這樣的小組，可以讓我暢所欲言，抒發感受，讓我有吐一口冤屈氣的感覺。聽其他人分享聽聲經驗，雖然與我經歷有些相似，也有些不相似，但最少讓我知道，不是只得我一個人面對着這些經歷。

這也是不少組員的心聲，他們表示透過參與小組，才得悉不是只有自己擁有聽聲經驗，因此不再恐懼聲音，因為有同路人陪伴一起面對。甚至有組員表達若在聲音首次出現後，能參與這個小組，便不用因恐懼及為了阻止聲音出現，而作出自傷的行為。組員也表示小組是唯一的地方，讓他們能暢所欲言地分享聽聲經驗，抒發情緒。此外，組員表示通過聆聽同路人的聽聲經驗、對聲音的理解及應對方式，擴闊了自己的眼界，看到不同的可能性。

組員的分享正代表着不少聽聲人士的心聲，盼望聽聲運動、聽聲小組及相關手法能在香港繼續發展，讓更多聽聲人士可以分享聽聲經驗，互相支援。

（感謝香港善導會及有關同工一起開展聽聲取向的工作，包括朋輩支援員董佩雯女士、陳嘉殷先生和社工陳裕景先生，以及一起參與小組的組員，讓我見證如何與聲音及困苦共存，並綻放豐富的生命力。）

參考資料

新生精神康復會（2016）。《改變幻聽的世界》。香港：經濟日報出版社。

Bebbington P. (2015). Unravelling Psychosis: Psychosocial epidemiology, mechanism, and meaning. *Shanghai Archives Psychiatry, 27*(2): 70–81.

Beaven, V., Read, J. and Cartwright, C. (2011). The prevalence of voice-hearers in the general population: A literature review. *Journal of Mental Health, 20*(3), 281–292.

Coleman, R. and Smith, M. (2005). *Working with Voices II: Victim to Victor.* Dundee: P&P Press.

Cooke, A. (2017). *Understanding psychosis and schizophrenia.* Leicester: The British Psychological Society.

Corrigan, P. W. and Watson, A. C. (2002). The paradox of self-stigma and mental illness. *Clinical Psychology: Science and Practice, 9,* 35–53.

Corstens, D., Longden, E. and May, R. (2012). Talking with voices: exploring what is expressed by the voices people hear. *Psychosis, 4*(2) 95–104.

Corstens, D., Longden, E., McCarthy-Jones, S., Waddingham, R. and Thomas, N. (2014). Emerging perspectives from the hearing voices movement: Implications for research and practice. *Schizophrenia bulletin. 40*(Suppl 4), 285–294.

Deacon, B. J. (2013). The biomedical model of mental disorder: A critical analysis of its validity, utility, and effects on psychotherapy research. *Clinical Psychology Review, 33,* 846–861.

De Leede-Smith, S. and Barkus, E. (2013). A comprehensive review of auditory verbal hallucinations: Lifetime prevalence, correlates and mechanisms in healthy and clinical individuals. *Frontiers in Human Neuroscience, 7,* 1–25.

Dillon J. and Longden E. (2012). Hearing voice groups: Creating safe spaces to share taboo experiences. In M. Romme and S. Escher (Eds.) *Psychosis as a personal crisis: An Experience-Based Approach* (pp. 129–139). London: Routledge.

Dillon, J. and Hornstein, G. A. (2013). Hearing voices peer support groups: A powerful alternative for people in distress. *Psychosis, 5*(3), 286–295.

Engel, G. L. (1977). The need for a new medical model: A challenge for biomedicine. *Science, New Series, 196*(4286), 129–136.

Escher, S. (2009a). Accepting voices and finding a way out. In M. Romme and S. Escher, J. Dillon, D. Corstens and M. Morris (Eds.) *Living with voices: 50 stories of recovery* (pp. 54–62). Herefordshire: PCCS Books.

護航復元：思覺失調的療癒

Escher, S. (2009b). Make senses of voices: The relationship between the voice and the life hisotry. In M. Romme and S. Escher, J. Dillon, D. Corstens and M. Morris (Eds.) *Living with voices: 50 stories of recovery* (pp. 48–53). Herefordshire: PCCS Books.

Escher, S. and Romme, M. (2012a). The hearing voices movement. In J. D. Blom & I. E. C. Sommer (Eds.) *Hallucinations: Research and practice* (pp. 385–393). New York: Springer.

Escher, S. and Romme, M. (2012b). *Young people hearing voices.* Monmouth: PCCS books.

Falloon, I. R. and Talbot, R. E. (1981). Persistent auditory hallucinations: Coping mechanisms and implications for management. *Psychological Medicine, 11*(2), 329–339.

Johns, L. C., Kompus, K., Connell, M. et al. (2014). Auditory verbal hallucinations in persons with and without a need for care. *Schizophria Bulletin, 40*(4), 255–264.

Jones, N., Marino, C. K. and Hansen, M. (2015). The hearing voices movement in the United States: Finding from a national survey of group facilitators. *Psychosis: Psychological, Social and Integrative Approaches, Psychosis, 8*(2), 106–117.

Kahn, R. S., Fleischhacker, W. W., Boter H., et al. (2008). Effectiveness of antipsychotic drugs in first-episode schizophrenia and schizophreniform disorder: An open randomized clinical trial. *Lancet, 29*, 1085–1097.

Longden, E. (2017). Listening to the voices people hear: Auditory hallucinations beyond a diagnostic framework. *Journal of Humanistic Psychology, 57*(6), 573–601.

Longden, E., Read, J. and Dillon, J. (2017). Assessing the impact and effectiveness of hearing voices network self-help groups. *Community Mental Health Journal, 6*, 1–5.

Payne T., Allen J., Lavender T. (2017). Hearing Voices Network groups: Experiences of eight voice hearers and the connection to group processes and recovery. *Psychosis, 9*, 205–215.

Romme, M. and Escher, A.D.M.A.C (1989). Hearing Voices. *Schizophrenia Bulletin, 15*, 209–216.

Romme, M (2009a). Important steps to recovery with voices. In M. Romme and S. Escher, J. Dillon, D. Corstens and M. Morris (Eds.) *Living with voices: 50 stories of recovery* (pp. 7–22). Herefordshire: PCCS Books.

Romme, M. (2009b). Medication. In M. Romme and S. Escher, J. Dillon, D. Corstens and M. Morris (Eds.). *Living with voices: 50 stories of recovery* (pp. 95–100). Herefordshire: PCCS Books.

Romme, M. and Morris, M. (2013). The recovery process with hearing voices: Accepting as well as exploring their emotional background through a supported process. *Psychosis, 5*(3), 259–269.

Styron, T., Utter, L. and Davidson, L. (2017). The hearing voices network: Initial lessons and future directions for mental health professionals and systems of care. *Psychiatric Quarterly, 88,* 769–785.

Watkins, J. (1998). *Hearing voices: A common human experience.* Melbourne: Michelle Anderson Publishing.

White, M. (2007). *Maps of Narrative Practice.* New York: W. W. Norton & Co.

護航復元：思覺失調的療癒

敍事篇及個案分享

我患有思覺失調，但我不是怪獸
你可以患有思覺失調，但你仍然可以成功。

Cecilia McGough
思覺失調患者、Penne State Pulsar Search
Collaboratory的創立人及會長

「復元的路上，我不是孤獨的跋涉者。我的生命故事交
織着你的生命故事和他的生命故事。復元的旅程上有偶
遇、有陪伴、有堅持。」編者感謝阿生和嘉輝分享他們
的復元過程，感謝家屬不離不棄的支持和愛，感謝朋輩
支援專家的陪伴和鼓勵，以及個案經理在各項精神科服
務中的真心付出。還有很多支持倡導「復元」的精神科
醫生、社工、臨床心理學家和心理治療師的努力。雖然
本章不能一一記錄下他們的故事和聲音，但編者希望藉
着敍事篇收錄的幾篇真實故事，可以給予讀者安慰、鼓
勵和希望。

罹患思覺失調症和復元不是個人的事情。願愛點燃復元
的希望，見證生命的堅強和人生的意義！生命中的崎嶇
在所難免，但編者祝願更多美好的生命故事能在人群中
產生迴響，不斷激蕩出美好的漣漪，願生命影響生命。

第11章 病患的故事
我的復元之路

饒文傑
東華三院樂情軒精神健康教育及推廣服務中心主任

温偉強
精神健康綜合社區中心社工

　　現今社會對「復元」的定義，已由傳統主張透過藥物治療以消除康復者的病徵或問題，逐漸演化為強調讓康復者在患病的經歷中重新認識自己、建立正面的自我形象，並在受精神病的限制下重建有意義的生活的過程。事實上，每一位康復者對於「復元」都有不同的看法，但不難發現，除藥物外，家人朋友的陪伴支持、對未來心存盼望，都是復元過程中的重要推動力。也許，他們需要被當成一個「人」而非「病人」來看待，以「他們」為中心，而非以「病」為中心。本章將會由兩位思覺失調康復者自述他們康復的道路與過程。

個案分享：思覺失調康復者的經歷

阿生的新「生命」——黎明之前，總有黑暗時刻

我叫阿生，今年剛剛32歲。六年前，我患上了思覺失調，陷入了人生的低谷。驀然回首，我在康復路上起起伏伏、跌跌宕宕。也許，人生中一連串的經歷，令我學會一個簡單的道理——知足常樂。

我在內地出生，小時候與母親及兄姊同住，父親是香港居民。18歲時，我的母親突然離世，於是我便和姊姊申請雙程證到香港與父親團聚，雖然要住在不足80尺的蝸居中，但一家人能夠齊齊整整，生活倒是欣慰。

我自幼有一個夢想，就是長大後從事藝術創作；但由於要幫補家計，我唯有一邊工作，一邊努力儲起賺來的工錢，計劃日後到外地讀書，實踐我的創作路。2008年，我終於如願以償到北京修讀為期一年的課程，希望回來後可以找到一份既喜歡又能夠賺錢的工作，讓老父可以安享晚年。

可是期望愈大、失望愈大，加上課程內容艱深，我給了自己巨大的壓力，最後只能帶着強差人意的成績回港。回來後，我開始出現一些奇怪的思想及行為，例如覺得有人在我家中安置了一些金屬儀器，於是我把紙巾塞進電掣孔內；又用水沖洗電腦，防止被人監聽。另一方面我又憑空聽到一些男女聲音，告訴我這個世界很危險，不要外出……我說話漸漸變得語無倫次，又不修邊幅，蓬頭垢面，終日將自己藏於被窩中。

突然的轉變，使家人束手無策。幸好我在這個時候認識了東華三院的社工饒先生，他不時鑽進狹窄的被窩內與我交談，又帶了漫畫和我研究一番，漸漸建立了信任關係。雖然我不認為自己有精神問題，不過最終我也接受他的勸喻到醫院接受評估及治療。

　　完成三星期的療程後，我的病情漸漸得到控制，怪異行為沒有再出現，藥物令我整個人清醒過來，我開始相信自己患上了思覺失調。出院後，我開始到中心參加訓練及活動，重新鍛練工作能力及社交技巧。在接受逾一年的訓練後，我終於有信心重回社會，最後在餐廳找到一份水吧的工作。

　　一年半後，醫生認為我情況穩定了，開始為我減藥，情況亦一直很理想；可是當減至最低分量時，我又開始失眠，徵狀又重新出現，最後我不單失去了工作，更要重新服用高劑量的精神科藥物以穩定病情。

　　不經不覺，由病發至今已經八年，每當醫生嘗試調低我的藥物分量時，我的病徵就會「重訪」，嚴重影響我的日常生活。因此，我再沒有勉強減藥，嘗試接受要長期與藥物為伍、與病共存的這個事實。現在我有一份穩定的水吧工作，收入足夠我養活自己之餘，還可以買一些心頭好，例如電腦、影音產品。間時我會提起畫筆，隨心隨意去繪畫出心愛的作品，不但可以舒緩壓力，更可以找到自己的價值。

　　每個人對復元的看法也不同，對我來說，復元就是能夠處理好自己的生活，找到一份有收入的工作，與家人和諧相處，以及能做自己喜歡的事。我認為自己已經復元了，只要能維持良好的精神狀態，我並不介意繼續服藥。

除了藥物外，家人的關心對我的復元也是十分重要的。我很感恩家人對我一直不離不棄，我的父親雖然年紀老邁，但他為了鼓勵我參加活動，每次都會陪我行山遠足，姐姐更時常請假陪我覆診。他們讓我知道，在復元路上，我並不孤單。

　　我的父親幾年前去世了，只剩下姐姐和我相依為命。我想告訴身處天國的他，「我生活安好，精神狀況良好，有自己的工作、生活，很開心，我一定會好好照顧自己，爸爸，你不用掛心！」另外我正在努力儲錢，希望明年可以請姐姐去一趟旅行，感謝她多年來對我的照顧！

　　我相信
　　風雨過後
　　陽光總會出現

阿生的畫作

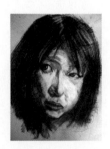

嘉輝的故事——曾經我也這樣逃避過

　　從前，我是一個陽光小子，喜歡登山、划獨木舟、露營這些戶外活動。我的職業是廚師，有一個拍拖三年的女朋友，即使生命不是十分精彩，但也算美滿。可是，人生往往在你沒有防範時，給你致命的一擊，可以令我們擁有的一切突然消失得無影無蹤。當生命失去了最重要的東西時，我們會痛不欲生，想逃避一切。

　　2012年，當時我在一個康樂營地做助理廚師，對上有一個師傅，對下有一個洗碗姐姐，工作量蠻多的，尤以暑假最嚴重，不僅每天要煮80至90人分量的食物，還要預備燒烤包。我的師父對我要求很高，令我忙得喘不過氣來，不過我仍然努力堅持。

　　人事上，我和洗碗姐姐相處不來，她一直不尊重我，從沒把我當作師傅看待，對我的指示經常陽奉陰違，又會因為出餐等小事和我吵架。每天我都覺得壓力很大，加上工時長，令我身心俱疲。

　　但最令我意想不到的是，與我拍拖三年的女朋友也在這個時候離我而去。我的女友是台灣人，在北京大學讀法文學士。一直以來，她都是內地跟香港兩邊走，雖然我們有時會吵架，但是感情亦算穩定，甚至已經到了談婚論嫁的地步。可是，事實是殘酷的，畢竟遠距式的戀愛總是聚少離多，維繫感情並不容易。終於有一天，她決定和我分手，並表示要到法國升學。我原本視她為我的終生伴侶，沒想到一下子就結束了這段感情。

　　工作的壓力、分手的傷痛，令我覺得自己很失敗、痛苦。終於，我的世界崩塌了，精神開始出現問題。我每天都聽見一男一女的聲音，不停用言語攻擊自己：「你真是窩囊廢！你活在世上還有什麼意

義?去死吧!」這些控訴的聲音在不同的地方、時間出現。我不停聽着這些攻擊自己的聲音,過了一段時間我終於崩潰了,每當聽到這些聲音,我就會大動肝火,向其大罵。後來我開始對任何事情都提不起勁,失去了做人的方向,開始想透過自殺逃離這個煩擾的地方。

某個晚上,我決定服食安眠藥自殺,但卻死不掉。一星期後,我再次服食安眠藥及紅酒,卻仍然死不去。既然死不去,現實卻又如此痛苦,我開始沉迷在網絡世界裏,透過打機去麻醉自己。我變得全無時間觀念,晚上不用睡覺休息。我以為自己已經找到快樂的源頭,但事實卻是相反,幻聽的聲音愈來愈頻密,令我痛不欲生。

就在我最無助的時候,我想起了一位認識超過十年的朋友,於是我跟他分享了自己的困擾。結果,他陪伴我到東華三院找社工幫忙,社工見我情況嚴重,立刻轉介我到東區醫院接受評估,結果醫生證實我患上了思覺失調及憂鬱症,並需要入院接受治療。

曾經有人告訴我精神科醫院好像地獄一樣恐怖,我反而覺得相反,在醫院裏能尋回一點安穩。經過幾星期的治療後,我的情緒開始穩定,幻聽也減少了,生活慢慢重回正軌。住院期間,我的表妹、朋友、母親及社工都有探望我,我才發現原來一直有很多人關心自己、愛自己。除了工作和愛情,人生還有友情和親情,我從前只着眼自己所失去的,忽略了自己一直擁有的東西。

出院後,我到東華三院參加一些小組活動,也參加了足球及乒乓球復康盃等比賽,成績也不錯。在參加活動的過程中,我慢慢認識了很多同路人,在復元路上,大家一起互相支持,我發現原來有很多人關心自己、明白自己,感覺很幸福。後來,我知道東華開辦朋輩支援的訓練課程,我就立即報名了,因為我也想用自己的復元經歷

去幫助更多同路人，讓他們知道自己在復元路上並不孤單，有人會與他們同心同行。我成為了朋輩支援專家後，有很多機會分享自己的復元故事，又藉着電話慰問及帶領歷奇活動，給予其他同路人支持。

小明是我電話慰問的其中一位同路人，他二十多歲，我待他就好像是自己的親弟弟一樣，他在中學階段便因為脫髮問題而受到同學的排斥，後來更輟學留在家中打機。我從他的身上看見自己的影子，都希望透過網絡遊戲來逃避現實。在虛幻的網絡世界中，我們以為一切事情也可以重新開始，新的身份、新的朋友……令我們忘卻現實的痛苦，得到短暫的快樂。不過我知道那並不是真正的快樂，所以決定帶小明返回現實世界，我知道他喜歡貓，便鼓勵他到社區做貓義工；小明又希望可以透過健身來重拾自信，我便陪他到健身中心鍛鍊體魄，協助他慢慢重新連結社會。看見小明的進步，我也替他感到高興。

從前的我因為現實生活中的種種失意而忽略了其他美好的事情，我曾經問上天為何要我飽受精神病困擾。不過就是這種經歷，讓我可以感同身受地幫助同路人，令人生變得更有意義。今天，我終於找到自己新的使命。生命雖不算美滿，卻很精彩。

如何促進自身的復元？

對於受精神病困擾的朋友來說，他們需要的不單是藥物和治療，還包括家人、朋友的支持，以及社會政策等因素配合。當然，如何理解「復元」、選擇用什麼態度來面對自己的「經歷」，都影響他們自身的康復過程。復元就是在精神病患以外發展一個正面的身份，將病理解成具個人意義的歷程，阿生和嘉輝同樣將

「病」視為人生的一部分而非全部，並學習與「它」共存。當他們能夠重新建構「精神病」的定義，自然能發展出自我管理的能力，並且在有需要時主動尋求適切的協助，以及為自己訂立目標，培養嗜好，建立生命的意義。

除此之外，復元路上還需要健康的身體，因為精神健康與身體健康是互相影響的。健康飲食、充足睡眠、經常運動都有助建立良好的精神健康。另外，康復者要保持與人接觸，與人分享快樂及分擔憂愁，要懂得處理壓力及培養正向思維，這些對復元都有很大幫助。

參考資料

香港明愛網站，www.caritas.org.hk/chn/webpage/agency_publication/annual_report/2012/Ch_2(Chi).pdf

香港特別行政區政府（2015）。《二零一五年施政報告》。香港：香港特別行政區政府。

香港特別行政區政府（2017）。《二零一七年施政報告》。香港：香港特別行政區政府。

〈青山聘精神病康復者〉，《蘋果日報》，2011年11月4日。https://hk.news.appledaily.com/local/daily/article/20111104/15771350

〈過來人協助精神病康復者　雙方同增自信〉，東網，2015年3月30日。http://hk.on.cc/hk/bkn/cnt/news/20150330/bkn-20150330140411644-0330_00822_001.html

Carpenter J. (2002). Mental health recovery paradigm: Implication for social work. *Health & Social Work, 27*(2), 86–94.

Tse, S., Siu W. M., & Kan, A. (2013). Can recovery-oriented mental health services be created in Hong Kong? Struggles and strategies. *Administration and Policy in Mental Health, 40*, 155–158.

第12章 家屬的故事
精分劇場

周德慧
香港樹仁大學輔導及心理學系副教授

黃兆星
香港樹仁大學輔導及心理學系碩士研究生

家屬工作的發展及重要性

　　香港人的「家庭」觀念根深蒂固，家庭注重家人之間的緊密聯繫和互相照應（Li & Arthur, 2005; Ran et al., 2003）。家庭成員對於照顧復元人士也是責無旁貸（Chou, LaMontagne, & Hepworth, 1999; Pearson, 1993; Kung, 2003），尤其是當家人被診斷患有嚴重的精神疾病時。在不同層面上，家人患病的診斷都會對整個家庭的生活產生直接或間接的影響。

　　在與思覺失調的家屬一同工作時，筆者常常被他們無私的奉獻、對家人默默的付出和悉心的照料深深打動。聆聽他們的故事，猶如呷一口苦茶，舌尖上總會留有餘甘，令人回味。有一位家屬在參加家屬支援小組期間，分享他已經不離不棄地陪伴着他的妻子20個年頭；另一位家屬每天都會不辭勞苦地陪伴兒子到學校上課和參加公開試；又有一位家屬為了幫助孩子學習自立，每天悉心教導他如何下廚做飯。雖然對家屬來說，眼前的每一步都充滿艱辛，但他們卻對我們說：「永不放棄，明天會更好。」

對於復元人士來說，他們的家人是無比珍貴的資源（Chan & Yu, 2004; Lam, Ng, & Tori, 2013; Lam, Ng, Pan, & Young, 2015），但家人在擔當照顧者時也會碰到難關，長期累積的壓力甚至會削弱他們的照顧動力（Gupta, Isherwood, Jones, & Van Impe, 2015）。

隨着1980年香港的非院護化運動，復元人士的主要照顧工作便由醫院和醫護人員轉交到家庭及家人（Cheng & Chan, 2005），家人成為了復元人士最重要的照顧者（Chan & Yu, 2004）。但為了更好地照顧家人，許多家屬都需要裝備相關的知識和技巧（Cheng & Chan, 2005）。有時候，復元人士的異常行為或情緒波動會帶給家人很大的壓力（Fallahi Khoshknab, Sheikhona, Rahgouy, Rahgozar, & Sodagari, 2014）。最近有研究比較照顧思覺失調的家屬和非照顧者的生理及心理健康情況（Gupta et al., 2015），結果發現照顧思覺失調的家屬較容易出現失眠、痛楚、焦慮、憂鬱症狀，以及有較高機會接受憂鬱症治療。家屬在照顧的過程中所承受的心理負擔，亦與復元人士的思覺失調徵狀的嚴重性成正比（Arslantas & Adana, 2011）。由此可見，家人與復元人士的生活是緊密相關的，可謂唇亡齒寒。

從本質上，精神類的疾病和傷風感冒並無不同，人體無論是哪裏生病都需要求醫接受治療。不過，在中國的傳統觀念影響下，社會對罹患精神疾病的復元人士還存在歧視的現象，以至許多人對於家人患病的事情往往感到難以啟齒。以電影《一念無明》為例，戲中阿東的父親便是到了走投無路的處境才向非政府組織尋求協助。

其實，「家屬工作」是不可忽現的。家屬工作除了有助家屬的身心健康外，亦對復元人士的康復有一定程度的效益（Lee, Lieh-Mak, Wong, Fung, Mak, & Lam, 1998）。目前家屬工作中，「心理教育介入」和「支援小組」是主流的工作（Yesufu-Udechuku et al., 2015）。心理教育介入的主要目的是向家屬傳遞與思覺失調相關的知識與技巧（Jewell, Downing, & McFarlance, 2009）；而支援小組則着重協助家屬應對壓力，

以及應付在照顧過程中遇到的情緒（Bademli & Çetınkaya Duman, 2011）。以上兩種家屬工作都是以更好地照顧復元人士為宗旨。至於學術研究的數據分析結果，亦大大支持了這些工作在幫助照顧者的成效及對復元人士的益處（Chien & Chan, 2013; Chien & Thompson, 2014, Chien, Thompson, & Norman, 2008; Chiu, Wei, Lee, Choovanichvong, & Wong, 2013）。

在香港，有很多平台為復元人士的家屬提供服務。由香港大學精神科醫學院設立的愛思覺網上心理教育平台，為家屬提供最新資訊，透過網上互動幫助家屬認識及了解思覺失調，又設有網上討論區，促使家屬間彼此的連繫和相互的支援（關愛思覺中心，2014）。除了網上平台外，浸信會愛群社會服務處的精神康復者家屬資源及服務中心亦舉辦了不同的思覺失調課程、講座及工作坊，教導家屬有關思覺失調的徵狀、治療方法、衝突及突發危險行為的應對方法；此外，中心亦提供互助小組以幫助家屬建立互助支援網絡，以及舉辦照顧者朋輩大使計劃，讓家屬能以自身的經驗及同路人的角色去幫助其他家屬（浸信會愛群社會服務處，2017）。

除了由專業人士所提供的課程及由家屬所建立的互助網絡外，還有以結合專業知識傳遞為主、並由家屬擔當導師、以朋輩的角色進行分享及提供支援的社會組織——香港家連家精神健康倡導協會。該協會在香港中文大學精神科學系教授李誠醫生及香港城市大學應用社會科學學系副教授趙雨龍博士的協助下於2003年成立，主力支援家屬工作，並致力消除與精神病相關的歧視問題。除了倡導平等機會外，該協會還通過融合心理教育介入及小組支援的訓練課程去加強家屬對重型情緒及精神疾病的認識及相關的照顧技巧，以及訓練家屬和復元人士成為義務導師（香港家連家精神健康倡導協會, n.d.），期望透過義務導師的自身經驗及感受去幫助其他家屬，以提高助人自助的作用。以上提及的家屬工作，都可增加家屬對思覺失調的相關知識，提高擔當照顧者時所需要的技巧，並且幫助他們建立支援小組，透過教導和彼此分享，為家屬提供更多資源去應對照顧復元人士時所遇到的困難和問題。

事實上，每一個家屬都有自己獨特的能力和內在資源，他們在照顧家人的過程中，也會產生自身對思覺失調的認識，以及在遇到困難時建立出一套處理問題的方式和方法。在這一章節裏，筆者希望透過家屬的敘事實踐分享他們感人的故事、了解他們如何看待思覺失調、整理他們在照顧過程中所累積的智慧和經驗，以及分享他們在家人復元路上的巨大付出和一份永不放棄的堅持。家屬在照顧家人的同時，自己對人生亦有一份追尋和夢想，以及對人生的一份憧憬和盼望。在同一片天空下。家屬自我成長的故事與家人對抗思覺失調的故事，相互交織成一道明麗絢爛的彩虹，閃耀出家人攜手共渡難關和追求幸福的美好畫面。

敘事實踐在家屬工作中的應用

敘事實踐是一種幫助人們重新建構自己的故事和身份的干預方式（Goldenberg & Goldenberg, 2004; White, 2007），每個人都能從自己活着的故事中建構出一種對自身的生活意義和價值（White & Epston, 1990）。敘事實踐在思覺失調家屬工作中的應用較偏重於家屬的故事和家屬在擔當照顧者角色時的個人身份。個人故事中的自己是透過他／她的個人第一身敘述、個人回憶中過去的生活和現在的生活、個人在社交中的角色和個人角色，以及一些重要的關係去定義的（Payne, 2006）。敘事治療的焦點主要集中在家屬的內在強項、自我探索和自我描述來幫助家屬去積極面對在照顧過程中所遇到的困難（Bennett, 2008; Carlson, 1997; Ramsay & Sweet, 2009），並從他們的問題故事中找回埋藏在他們心中所渴望的故事（White & Epston, 1990）。同時，家屬在小組中，他們亦能慢慢從照顧者這個單一的角色和身份中解脫出來，與此同時，讓他們可以自由地重新編寫他們所嚮往的故事及從故事中找到新的生活意義（Phipps & Vorster, 2009）。

敘事實踐在思覺失調家屬工作中的應用成效，可從近年的學術研究中得到科學數據上的支持（Kordas, Kokodyńska, Kurtyka, Sikorska, Walczewski, & Bogacz, 2015）。該研究將敘事實踐融入到思覺失調的家屬工作中，並致力於家屬的故事上發揮功效，目的是希望重新建構家屬那個被思覺失調所改變的壓抑單向身份。研究結果顯示，家屬能夠在照顧者角色和他們心中寄望的角色中取得平衡、能夠從他們的角度去看待照顧的過程並採取較優良的應對策略，以及能夠在情感上與思覺失調相關的問題保持一段距離。當家屬的自我評價被提高的時候，他們擔當照顧者時所感到的情感負擔亦會同時地降低。

家屬小組——精分劇場

小組設計

"Schizophrenia"在早期被翻釋為「精神分裂」，後來才有「思覺失調」一詞的出現。這章節裏所提的思覺失調家屬工作小組是以敘事治療為基礎，並命名為「精分劇場」。精分劇場的「精分」是以雙關語的修辭手法呈現，「精分」意指「精神分裂」的縮寫；同時又含有精彩紛呈的意思，指疾病雖然會帶來痛苦，但我們卻可以從中發掘意義，讓人生變得精彩。世間上每一件事，都有其獨特的意義，有時並非顯而易見，但只要我們仔細品味及用心察看，便會產生一種新體會。以煙花為例，它的美麗猶如曇花一現，短暫卻美得扣人心弦。我們或許會惋惜它稍縱即逝，但那璀璨的瞬間已在記憶中成為永恆。根據開展與建設理論（Fredrickson, 2001），當我們能夠發現事物的正向意義，便能抓住這種意義從陰暗負面的經歷逐步邁向光明的正面經歷。因此這個小組的主旨就如精分劇場的雙關語一樣，希望幫助家屬從他們的故事和角度中，找到另一個故事和角度，並從中探索和發掘當中的正向意義。

目標

　　每一個人都有說故事和編寫故事的權利，而故事的形成正正展現出一個人成長的獨特旅程。精分劇場的目的是幫助家屬表達他們的故事，並且重新編寫一個他們所看重和期望的故事。家屬透過說故事和編寫故事的過程能從中發掘自己的長處及他們在照顧過程中所習得和累積的智慧和技巧。小組共有四個目標：

　　第一、協助家屬去外化他們在照顧過程中所遇到的問題，並能夠與問題保持一定的距離及重獲人生的操控感。我們認為人生不應該被問題拖着走，每個生命都可以選擇自己的生活方式，並且活得精彩。

　　第二、協助家屬從問題故事中找回自由，並且重新編寫一個屬於他們心中的故事和豐富他們心中所想的角色和身份。因為他們不只是家屬，他們擁有個人和自己所渴望的身份。舉例說，有一位家屬曾經獲得香港國際標準舞的冠軍，風華卓越，但她已近十年沒有在舞台上一展舞姿。透過小組，她回想到當時的自己是一個勇敢堅定和充滿自信的人。每個身份都與其獨特的故事，而每個人心裏也有一個自己深愛的故事。從故事中，家屬可找到力量、意義和快樂。

　　第三、協助家屬發掘和擁抱自己的長處和在照顧過程中所獲得的知識與技巧。這些珍貴的個人經驗和資源，都是值得我們去接受和承認的。

　　第四、鼓勵家屬共同討論及探索作為家屬的意義。每個人都有一個屬於自己的故事和對故事的看法和意義，透過共同討論和探索，能夠讓不同的人和事在同一空間中交織相連，編寫出更多更廣的意義。

小組的形式

　　小組採用團體敍事實踐的方式進行，每組由四至六位家屬和一名指定的小組導師組成。小組每星期會在東九龍日間精神科中心安排一次兩小時的輔

護航復元：思覺失調的療癒

導小組，並由小組導師帶領。小組為期連續八星期。小組會以組員之間和與小組導師間的彼此信任為基礎，讓大家能夠坦然分享自己在照顧過程中所遇到的困難、想法和感受。組員間的互相尊重、互相欣賞、彼此明白、保密和真誠都是建立小組的基石。

小組的八節課

精分劇場合共有八節（見表12.1）。每節都有不同的目的、元素和目標。每節的內容都是環環相扣的，當中以遞進的方式去協助家屬尋找生命中的新意義。所有家屬都是「精分劇場」裏的主角和編劇，喻意他們就是自己生命裏的主角，有權為自己的生命去編寫一個真真正正屬於他們的故事。因為很多時候，家屬都可能飾演了別人生命中的配角，而忘記了演活自己生命中的主角。小組導師會擔任「精分劇場」的場務職位、聆聽者和倡導者，透過發問問題、積極聆聽和參與觀察去協助家屬尋找事件中的另一層看法和意義，藉此帶出家屬內心的個人故事、長處和內在資源。

第一節課：我與他 ╱ 她的一日

第一節「我與他/她的一日」是希望幫助組員們建立一個安全互信的環境，讓他們能夠在小組中彼此真誠地分享。只有通過心與心的交流和碰撞，家屬才可以彼此協助，共同開展一趟生命探索之旅。

很多時候，「我」是很容易被自己忽略的。這一節課的目的是幫助組員認識彼此及建立關係，因此會邀請組員自我介紹，從而開展組員之間的互動及打開話匣子。我們在這一節會安排兩輪自我介紹環節：在第一輪的介紹中，家屬會不由自主地談到自己和復元人士的過去。當第一輪自我介紹完畢，小組導師會再邀請家屬進行新一輪的自我介紹，但這次自我介紹與第一次的有所不同，在第二次的自我介紹裏，導師會邀請家屬用一個自己喜歡

表12.1　精分劇場的八節小組

課節	敘事元素	課堂目標
1. 我與他/她的一日	遊蕩（loitering）	自我介紹，建立小組關係
2. 不速之客	外化問題（problem externalization）	形容、外化及評估問題
3. 見招拆招	獨特結果（unique outcome）	以獨特的方式明白並解決問題
4. 生命之舞	另類故事（alternative story） 重寫故事對話（re-authoring conversation）	反思及為以往的經驗賦予意義和分享和家人的正向溝通
5. 一個人的時候	聚焦（focusing） 重寫故事對話（re-authoring conversation）	放鬆身心、尋找生命的意義和內在的強項
6. 請你飲茶	重組會員對話（re-membering conversation）	邀請生命中最重要的人來豐富自己嚮往的身份
7. 待續的故事	重寫故事對話（re-authoring conversation） 治療檔案（therapeutic document）	重寫生命故事、確立人生目標
8. 流動的迴響	社員見證會（outsider witness） 個人身份詮釋及確立儀式（definitional ceremony）	見證重寫後的生命故事和身份，以及為彼此的成長慶祝

的名字和方式去讓組員和導師再一次認識自己。在第一次自我介紹裏，組員一般都以自己的全名或「王生、李太」去介紹自己，並不包含個人的意義、想法或者感受；但在第二次的自我介紹裏，部分組員開始嘗試用一些充滿個人意義的名稱去介紹自己。如一位組員稱自己為「龍龍」，喻意希望像龍一樣，在天空中自由自在、無拘無束；還有一位稱自己為「筱昕」，意指清晨的竹子，充滿生機。

通過兩輪的自我介紹，我們可看見組員能為自己的生命加入一點意思和色彩，以及賦予一種新的意義和運用新的演釋方法。在小組裏，小組導師會在組員自我介紹的時候，以繩子連結每一位組員。第一個發言人會拿着繩子的開端，然後把繩子傳到下一位組員，直至所有組員都完成自我介紹。大家一邊扯動着這根繩子，一邊體會當中的意義。家屬形容這種繩子的連結如：「代表我們之間的連繫」、「互相幫助、互相影響」和「有活力的、可鬆可緊」。如一位家屬分享到：「我感受到這根繩子存在着很多正能量，可以帶給我很多力量。」亦有家屬認為這繩子代表愛的傳遞，繩子連繫着彼此，亦連繫着小組裏的每個家庭。在繩子所形成的縱橫交錯的網絡裏，有家屬提到每個人生命中都可能存在着這樣或那樣的結。心有千千結，但只要有心，每個結都可慢慢地鬆開。雖然只是一根普通的繩子，但在小組中，大家就看到不同的意義，這正是小組動力的奇妙之處。

當打開話匣子後，組員便願意有更多的分享。如愛麗絲分享了一張她和她正在復元的弟弟在兒時的相片，她說腦海裏突然閃出這張相片。她清晰地描繪了拍攝照片時的環境、天氣、她和弟弟的心情，如像昨日發生一樣。這位組員除了表達了相片的情與境，她還表達了她對那一刻的懷念及那一刻對她的意義。有時候，快樂的回憶雖然存在於腦海裏，但卻很容易看不見它。透過第一節的分享，除了能讓家屬建立彼此之間的關係和打開話匣子外，亦能幫助家屬回憶他們開心的往事和從中發現新的意義。

第二節課：不速之客

　　第二節課以「不速之客」為題。組員用「毫無準備」、「不受歡迎」和「突然」來形容「不速之客」。他們認為用「不速之客」去形容思覺失調是非常合適的。在這一節裏，我們希望透過「不速之客」這個比喻去外化思覺失調，讓家屬有多些空間去探索他們和思覺失調之間的關係，以及思覺失調對他們的影響。承接着第一節所建立的關係和環境，小組導師會透過提問以下問題去了解及幫助家屬明白思覺失調在他們家庭中所帶來的問題及改變。

1.　不速之客第一次到訪你家是什麼時候？

　　家屬形容大多數的「不速之客」都是突如其來的，讓人防不勝防。有些家屬表示直到他們發現家人出現一些怪異行為或問題行為時，才察覺到不速之客的造訪。例如照顧兒子的Uncle朱説：「發病的時候都不察覺，只知道兒子不顧個人衞生，例如頭髮及指甲欠缺打理，覺得他不修邊幅。直至兒子出現異常行為，拆掉了房間才察覺到他病發」。照顧妹妹的心晴亦表達：「有時可能只是一個小問題，但是小問題慢慢變成了不速之客。」心晴會為當時未能及時察覺問題而感到遺憾，覺得在發現了問題時才幫助妹妹已經太遲了。可想而知，思覺失調真的如不速之客一樣，出人意料，讓家屬毫無防備。

2.　你會怎樣形容這個不速之客？

　　透過比喻思覺失調為不速之客，能讓家屬更容易去形容思覺失調。例如Leo的形容：「不速之客很頑固，他持續地讓我的媽媽堅信有其他人進入房屋，但顯然並沒有這樣的一回事。不過因為是她所感覺到的事情，所以她就會一直堅持這件事情是真實存在的，我們都不能改變她。」家屬心晴亦形容：「不速之客讓我的妹妹把虛構的事情當真，讓我感到無奈，想幫助她的同時又感到有心無力，不知道該從何入手。陪伴她到醫院後，她卻表現正常，讓我心情低落、束手無策和不知道應如何應對。」對於不速之客，家屬

都感到：「不速之客讓這裏每一個家庭都很辛苦和心力交瘁」，「讓家人受驚及不相信我們跟他們所説的話」。

3. 這個不速之客有什麼能力？

家屬表達了不速之客會讓家人「發脾氣、暴躁、不想外出、不想進食和只是一直躲在房間裏」，有時又「會破壞家中所有東西，導致家人受傷」，以及「千方百計要罵你」和「有少少抑鬱狂躁」。除了上述家屬所形容不速之客所帶來的破壞及傷害之外，不速之客還對家人產生了一些外人不容易感受或明白到的難處和苦況。例如不速之客會讓家人感到：「很害怕」、「總感覺到有人想傷害他」、「沒有安全感」、「讓家人自己和自己對話」及「常常聽到一把聲音」。有些家屬們認為不速之客讓「家人進入了另一個世界」和「讓他們的家庭變得很封閉」。以不速之客作為比喻來分享思覺失調對他們的影響，家屬能夠更具體地形容思覺失調為家庭所帶來的困境。通過把問題説出口，可以讓家屬更明白家人是怎樣受到思覺失調所影響；透過分享，亦能讓小組組員之間產生一種「路上不只有自己」的感覺，是一種彼此間的支持。

4. 你會怎樣去感受這個不速之客？

家屬Tony説：「只能接受。開始時當然是不開心，但慢慢讓時間過去，這個結也會隨着時間過去。到了了解這個疾病的時候，便樂觀地接受。盡量希望他能有一點點的進步，那就是對我最大的鼓勵。當事情發生了，只有接受它，就像傷風感冒一樣，終有一天會好起來。這個過程雖然非常漫長，但是因為我堅持下來，我感覺到自己也是堅強的。」

透過彼此的分享，他們的話語就像火柴一樣。當一枝火柴被燃點的時候，便會把熱力傳遞給另一枝火柴。照顧丈夫的美麗回應：「我也贊同那位先生所説的，我們要堅強走下去。我們只可以向前走，不能退後，因為人一定要向前走才看得見曙光，向後退便一定看不見前路的曙光。」接着，照顧

媽媽的Leo亦説：「一起。經驗告訴我，要和思覺失調一起。你既然不能趕走不速之客，就要接受他。你若然趕他走，他的反應可能會更大，可能更加拒絕你。所以我們要去找一個和平相處的辦法。」

從敍事小組裏，我們看得見家屬的心聲和他們真實的故事。有時候，我們在處理事情或解決問題時，很容易把「我」給忘記了。在小組的分享裏，家屬的表現反映他們開始明白「我」的重要性。如家屬肥飽説：「要自己走出來。走了入去就會連自己也生病了。我覺得要先處理好自己，才有能力去照顧別人」。雖然小組裏的家屬往往未能在第一時間或家人發病初期便察覺到不速之客的探訪，甚至已經面對着不速之客為他們家庭所帶來的影響，但他們依然積極地面對和努力生活，縱使前路有多崎嶇，仍提步前行，抱着一份永不言敗的精神去面對眼前的挑戰和逆境。

5. 在什麼情境下，這個不速之客會在你的家庭裏安守本分？

當小組導師問道在什麼情境下不速之客會安守本份時，家屬都各持己見，並分享其經驗。例如：「一定需要準時服藥，一旦停止服藥就會發病」和「他睡醒後會很明顯地變得不同，變得很清晰，好像正常的時候一樣。」除此之外，家屬與正在復元的家人亦能互相配合，共同營造出一個讓不速之客安守本分的環境。舉例説：「要順從他的意願和他喜歡的事情」、「融入他的生活和聆聽他説話」、「有時你不可以和他對辯，你要認同他，不要和他產生衝突」、「可能你要先得到他的信任。無論事情是真實或虛構，你也要想個方法去處理，讓他感覺舒適」。他們所累績的經驗和智慧在小組裏交織流動，除了讓家屬在照顧家人時能集思廣益之外，亦能讓家屬明白到在不速之客面前，他們並非束手無策，在某個層面上，他們能夠解決目前所面對的問題，並且能幫助正受着不速之客影響的家人。其實除了依靠藥物及滿足家人的需要之外，家屬亦能擔當一個主動的角式去讓不速之客自行變得乖巧，例如家屬分享：「發掘家人的興趣。讓他找回自信和對自己的肯定，讓他可以前進」、「多點稱讚家人」和「把主導權交給正着復元的家人」。在與家屬交談

的時侯，讓我們體會到夜空雖然黑暗，但細心觀察，總能發現一點點星光。受不速之客影響的家人如同夜空的天色一樣，沒有光彩；但只要我們把他們和漆黑的不速之客分開，仍可看得見高掛在夜空中的星星的光彩。

第三節課：見招拆招

小組內的每一個家庭都因為不速之客而面對着不同的處境和困難。承接着第二節以「不速之客」這個比喻外化思覺失調，第三節的主要目標是和家屬一同尋找有效解決問題的應對方法。不過，每個家屬各自有不同的背景和不一樣的生活，他們的資源和所面對的問題都是獨特的，因此我們相信每個家庭也有其獨特解決問題的能力和方法。

在這一節，我們希望能以中國武術的術語「見招拆招」作為比喻，協助家屬理解並且面對他們所遇到的問題。問題的解決方法往往蘊藏在問題本身當中，所以我們先要明白問題的本質，才能有效地解決問題。因此，我們先要「見招」，才能「拆招」。

家屬梓欣分享了她是怎樣處理女兒的幻覺問題：「我覺得她疑心很重，所以會先和應她，讓她心情冷靜下來。例如她感到有人在暗中錄影她，就與她一起去察看一下，探測是否屬實，先應酬她一會兒。基本上，我認為不能和她爭論，她往往比我更堅持。因為她是一個患有思覺失調的人，控制不了自己所想的東西，那麼為何不讓她渲泄一下？她根本不能夠找到事實的真相，既然找不到的話，就讓她平靜一下，然後和她解釋。」

在上述的分享中，家屬通過把問題外化，從而明白所遇到的問題都是由不速之客所引起，然後換個角度去面對和處理問題。透過明白問題所在，從而依其道有效地解決問題。

服藥也是其中一個家屬要面對的大困難。家屬都明白藥物的副作用，例如：「肥胖」、「心跳加速」、「手震」和「睡眠時間長」，因此家人往

往不願意自行服藥。縱使如此，家屬仍會想盡辦法去幫助家人。照顧妹妹的心晴分享了她的方法：「告訴她不是吃藥而是吃糖果。」其實，家屬悉心的照料才是思覺失調症患者的良藥，一顆真正沒有副作用的良藥。經過了這一節，家屬分享道：「其實他們（受不速之客影響的家人）的思維都是很正常，只是每個人都有自己的想法」，「他們的想法和我們不一樣」，「在問題的背後，我們只看到表面，但我們未曾深入地了解過」。透過明白「見招拆招」的概念，家屬們更能有效地面對及處理所面對的困難。

　　除了解決當下不速之客所帶來的影響之外，我們亦可以幫助正受不速之客影響的家人成長。有家屬表達要用正面眼光去看待家人：「多點欣賞一些你看不順眼的事情」和「欣賞他的缺點」。家屬更表達：「在照顧他們的過程中，我們創造了更多共同的回憶」、「透過照顧他們，我可以表達我對他們的愛」和「我為照顧他們而感到高興」。因此，家屬對復元人士的愛與支持，如小樹苗的根一樣，無論風怎樣吹、雨怎樣打，仍然默默地提供養分，讓小樹苗在生命的逆境中仍能展現出生命的奇妙和美麗。照顧媽媽的Leo的分享最為深刻，他說：「她和我一起吃飯就最開心。」他的分享帶出了一個小小的信息，其實快樂可以很簡單，簡簡單單地待在一起已經很足夠。不一定是花費金錢或花很多時間，因為我們也喜歡和心愛的人待在一起。

第四節課：生命之舞

　　第四節「生命之舞」是希望透過社交舞這個經驗學習的方式，讓家屬回顧自己在照顧家人的那段時間，並從中找到有別於以往的感受及意義，我們亦希望透過社交舞讓家屬領略一些和不速之客有效地正向溝通的方法。首先，各組員會以單人舞開始，然後再和組員以單對單的方式進行第二輪的社交舞。在社交舞結束時，小組導師會向組員提問每一節社交舞的分別和感受。在單人舞的時候，家屬都表示：「很舒適，很輕鬆。比較不緊張和隨意一點」，「一個人跳舞的時候覺得很享受」，「一個人可以自由發揮」。

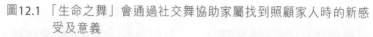
圖12.1 「生命之舞」會通過社交舞協助家屬找到照顧家人時的新感
受及意義

而要跟別人單對單地跳舞時，家屬則表示：「要合拍，要有『共同』的那種
感覺。不能一個快、一個慢」、「要合拍，要一齊前、一齊後」，「要有默
契，要有共識」，「兩個人一定要合作」。透過領略這些分別，家屬都會思
考要怎樣做才能達到合拍的節奏。例如：「互相遷就」，「如果雙人舞不合
拍，就好像人與人之間有摩擦一樣」，「要有一個溝通方法。而這個溝通方
法是要彼此都明白，並且大家都能在這個溝通方法下有互動，一個大家都能
理解的互動」。

　　通過這些思考和經驗，家屬便可把焦點放到正受着不速之客影響的家人
身上。例如：「我的妹妹喜歡剪紙。正正因為她喜歡剪紙而我不懂得，我便
會請她教導我，這樣我們便開始了互動」，「他很喜歡吃東西，和他一起吃
東西的時候，他會很開心」。但當不速之客正在影響家人時，家屬又可以或
應該怎樣做？家屬從社交舞這種經驗學習中得出一些感悟：「我要控制脾氣
和要有耐性。其實只要我能控制脾氣，所有事情都會有改善，因為他是一個
很平靜的人」，「可以放鬆心情。如果你的心情放鬆了，你說話的時候自然

就會輕鬆一點。不論他說的話是好或是壞，其實都是說話的一種，最重要是彼此能開心地談話。當你放鬆的時候，你自然會有很多說話想跟他說」。

有時候，我們希望改變不速之客；但亦有時候，如照顧兒子的肥飽所說一樣：「其實每個人都不可以改變另外一個人。應該自己先作出改變，當你改變了，做好你的本分，他就會改變。」如果堅持要改變他人，有時候是徒勞無功的；但是透過改變自己，可能會自然地令他人產生變化，就像以生命影響生命一樣，這樣可能更有成效。照顧弟弟的小月這樣表達：「只是他的病影響到他的情緒，從而影響到他對人的觀感，以致變了兩個人，左一個和右一個，很難走近他。但其實他也有他的優點。」因此，我們要分清楚自己的家人和不速之客。只有把家人和不速之客分開後，我們才能看清楚家人原本的模樣。

第五節課：一個人的時候

這一節是透過音樂和肌肉鬆弛的練習去幫助家屬尋找內在資源。通過音樂和鬆弛練習，可讓家屬倚靠着他們心中所想和所渴望的地方走去。

「當我們走到一些海闊天空的環境時，我們就會知道自己其實真的很渺小。天地這麼大，我們可以把目光放遠點，不要擁着問題，把自己弄得像不能沒有問題一樣。總言而之，就是要放鬆和把眼光放遠一點。」照顧兒子的倩儀這樣說。

透過這趟生命之旅，倩儀發現了自己的內在資源：「我真誠和率直。不開心就會掛在臉上，開心就是開心，非常真誠。我希望把我的愛給別人，也希望別人都愛着我。」亦有家屬知道自己很喜歡幫助別人，愛麗絲便形容自己像「天使」。藉着這樣的內心思考，照顧者都能暫時放下照顧者的身份，好好想一想自己的生活意義，好好地與自己來一趟生命之旅，再一次把人生的聚焦點放到「我」身上。

照顧妹妹的心晴這樣說：「人生是要開心地活着。人生對我來說是甜、酸、苦、辣，我曾經貧窮，亦曾經富貴。人生百態，有很多事情都還沒有出

現，希望下一次能再做好一點。彩虹很美麗，當你看到的時候，沒有理由不走近它。希望將來能過一些簡單和充實的生活。」

組員間的互動可讓組員凝聚在一起，並且點燃起每一位組員內心深處的燭光。他們對自己的生命也有一些分享：「生活中什麼都有，有開心、有挑戰、有煩惱，什麼也堆在一起」，「你的生命如果沒有自己的話，就什麼都不用說。所以一定要先處理自己，一定要讓自己開心，才可以照顧身邊的人」，「人生就好像一個跨欄比賽，有一個一個的難關。到了現在，生命都走過一圈了」。人生是一趟關於「我」的旅程，無論「她」或「他」在我們生命中有多麼重要和多麼需要我們，我們都不能忘記自己，要活出想要成為的自己。

在「卡片人生」的環節，家屬需要選出三張卡片去代表他們的過去、現在和將來。有兩位家屬的故事很值得分享：

照顧兒子的Tony說：「這卡代表我的過去。因為一開始我以為這個是珠寶箱。反正以前所有的經歷都是我們的財富，把它存起來就好了，因為過去已經成為過去。這卡代表現在，我們都在列車中，可能會遇到很多風雨，或者是狂風暴雨，但是我們都在經歷的過程中。這是將來，其實我們應該站得更高和更遠，然後去看多一點。」（見圖12.2）

照顧丈夫的小柔分享：「我感到這裏好像一個花園，很美麗。我覺得這是過去，因為以前的生活比較簡單，亦很開心。現在就比較迷惘，兩個人都在摸索的階段，蒙著雙眼。現在就是這個心情，又不能說是孤單，是兩個人一起處理現在的狀況，有很多挑戰和困難。我希望將來是美好的。有一隻白馬或者一個貴人，帶我們去到一個有彩虹的方向。」（見圖12.3）。

第六節課：請你飲茶

第六節「請你飲茶」的目的是讓家屬在找到生命中的意義和內在資源之後，能豐富他們心中所期盼的身份。「飲茶」是香港的傳統之一，可讓一班朋友或親人聚在一起享用一餐豐富的早餐，並藉此維繫彼此的感情。因此在這一節裏，小組裏會籌備一次茶聚，邀請每位組員帶來一份食物，並與其他

圖12.2 Tony選擇的Dixit卡片

過去

現在

將來

圖12.3 小柔選擇的Dixit卡片

過去

現在

將來

組員一同分享。此外，藉着「飲茶」的比喻，又會邀請每位組員以一張相片的形式去邀請一位他們認為自己生命裏最有影響的人一起「飲茶」。這個小組形式可讓家屬在一個舒適的環境裏用餐和輕鬆交談。每個人都有不同的故事，而在他們心裏，亦有着一位舉足輕重的巨人。對於旁人來說，這位巨人可能微不足道；但對於家屬來說，那人可能是影響他們一生的人。

例如倩儀邀請了她的舞蹈老師，她形容這位老師：「讓她有目標及感覺到人生去到最高峰的時候」，以及讓她感受到「人生有很多燦爛的回憶」。除此之外，這位老師亦欣賞她和培養她，讓她明白到：「只要有目標，就會做得到」和「不要有太高要求，有時要放鬆一點」。透過這樣的分享和回顧，

倩儀表達了她能把跳舞的經驗及老師的教導應用在面對不速之客的處境之上。她説：「把它應用在生活裏面，就是凡事都要放鬆點，把事情自然化。因為有些事情不是你所能控制的，你能做多少便做多少，盡量去做。假若盡力仍做不好，都不要勉強，因為這已經是定局。」她亦跟組員分享：「享受你自己的人生和享受你身邊的人。今日的我和你，以前都做了很多不同的事情，我們都已經做了好一段日子了。所以可以好好享受一下從以前的事情所得來今天的成果。」

　　照顧媽媽的可欣則邀請了她的爸爸。在她的記憶和印象中，她的爸爸是：「很了不起和很上進，不會受環境所局限，亦不會被藉口困着而不上進。我覺得我不容許自己懶散做人也是受到爸爸的影響。」可欣更形容她的爸爸：「好像『定海神針』一樣；媽媽很依靠爸爸，很相信他。因此爸爸在的時候，媽媽就不會太慌張。」透過對爸爸的印象和影響，可欣在面對正受着不速之客影響的媽媽時，希望學習爸爸，做媽媽的「定海神針」，她會跟媽媽説「萬大事有我」。可欣亦透過回憶起爸爸的上進，讓她在面對問題時想到：「我們身邊有什麼可以做得到的便應該走前兩步，有時候，真的是很微小的事情；可是我們卻很忙碌，或是懶惰，不願意去走那一步。我覺得如果可以走前一步，這個世界就會很不一樣。」

　　通過回憶起一位能影響他們一生的人，可以喚起家屬那個已被歲月忘記了的「我」、能力、價值或者一個身份。藉着這個喚醒的過程，可把生命的聚光燈再一次照射到家屬身上，讓他們以照顧者的身份去照顧家人時，能從眼前的逆境中重新找回一點意義。儘管可能只有一點意義，但它可能就是人生的轉折點。

第七節課：待續的故事

　　第七節的開始亦代表課堂將近結束。和家屬一起走過了六個星期，經歷了不同的感悟和一次一次的反思，到了這一節，相信他們已能找到

圖12.4　家屬Joyce對未來盼望的圖畫，題為「驚喜與奇遇」

「我」。「待續的故事」喻意每位家屬組員都能成為一個人生編劇，為自己編寫人生的下一集，帶着盼望去展望一個屬於他們的將來。在這一節裏，家屬會繪畫一幅心目中所盼望的將來的圖畫。一般的情況下，組員都能利用圖畫表達出自己的想法、感受和領悟。例如一位家屬繪畫了一幅名為「相聚一刻」的圖畫，畫中所畫的都是她和家人相聚時的畫面：有玩音樂的時候，也有在遊樂園玩耍的時候。照顧弟弟的愛麗絲表達：「因為相聚不是必然，能夠珍惜一刻已經很美好。」在圖畫裏，就像世間一切比不上和家人相聚一刻來得珍貴。

又如照顧哥哥的Joyce畫出了自己的將來（見圖12.4）：「我第一步就是計劃進修，暫時在會計這個行業發展。當較穩定的時候，就會參加多一些活動。我打算報讀一些跳舞課程。那個就是未來的寶箱。那個麻包袋就代表着將來的驚喜或是未來未知的事情，讓自己的人生更加多姿多采。此外，就是融入大自然，我會多做一些運動。那些是蒲公英，在樹上面的是車厘子。接

圖12.5　家屬玉橋的圖畫，題為「彩虹下的果樹」

觸大自然，逐漸把圈子向外擴。最後，我想朝着音樂的路進發，因為我的最終願望是學彈鋼琴和作曲；而雲就代表着和諧。」

　　照顧兒子的玉橋亦找到生命的意義去面對人生中的跌碰（見圖12.5）。她的改變和領悟如一場自我成長歷程，讓她可以在面對人生種種難關時，仍能自強不息地在人生路上往前跑。她這樣描述自己的畫作：「有九個果子。果子是有名字的，分別是仁愛、喜樂、和平、忍耐、恩慈、良善、信實、溫柔和節制。這些是我人生需要學習的。雖然真的有很多高高低低，順境或是逆境，但是我的心就好像彩虹一樣。我知道自己要學習，好像這九個果子一樣。」

　　照顧媽媽的Leo從畫中表達了他在照顧路途上所累績的一點智慧（見圖12.6）：就算面對巨大難關時也不感到害怕，因為他知道當我們跨過了這個艱難的困境之後，將來的路都是平坦的。他說：「我一開始畫了一條船，我想着自己在船上航行着。但我又想起家人比較重要，雖然我的爸爸已經離開了，但我都是畫了四個風帆。不論他在或是不在，船上都坐着四個

圖12.6 家屬Leo的圖畫，題為「No. 4」

人。我們四個人在向前行，後面有很大的波浪，當駛到中間的部分就會開始平坦，浪開始平靜下來。而前方會出現一些色彩，雖然我不知道是什麼顏色，但是我覺得將來一定是有色彩的。我認為做人要有黑色和白色，就像有開心和不開心。因為不開心的時候才知道開心的時候，有了以前的大浪，你才知道現在的浪其實是很小的。」

家屬描述畫作的時候，除了表達了他們對未來懷着盼望之外，也顯示他們對自己的生命有一些的觀察、改變，並找到一些意義。

第八節課：流動的迴響

最後一節「流動的迴響」，是希望讓家屬回顧自己的故事及所編寫的新故事，並從中欣賞自我的成長。經歷了過去七節的課堂，家屬都在這一節分享了他們的成長、改變、看法和得着。在漫長的人生路上，有時候難關不會擊倒我們，即使我們被擊倒了，在那漫長的路上，跌倒一兩次其實不算是什麼。讓我們在面對難關時，仍能呼一口氣，平常輕鬆地面對。

在第八節課，許多家屬都表達了他們通過把不速之客這個問題外化，從而看清楚他們的家人，並且能夠更加明白家人的需要。相信這樣對照顧者和被照顧者都是一件好事，如敘事實踐所提倡一樣，問題是問題，人不是問題，這取決於照顧者的心態。在這八節課將近告終的時候，家屬表達了他們的心聲。例如：「每一個家庭都有他們的故事，大家在當中都有過喜和樂。大家的分享讓我有很多學習」、「家家都有本不同的經，需要照顧的人也不同，所以要懂得放下，開心一點」、「有些時候從另一個角度去看，雖然他生病了，但自己也認識了很多東西」。

照顧兒子的Tony表達：「我原本是帶着學一些招數的想法前來，看看有沒有更好的方法、有什麼絕招。但之後我發現一件事，原來這個小組主要是幫助我們自己，幫助我們在照顧家人的時候能開心起來，同時能擁有屬於自己的生活。我們照顧的對象，他們有自己的看法；所以在照顧他們的同時，我們也應該有自己的人生。」

家屬在八節課後都有一些的成長和領悟，能以一個新的角度去看待及面對處境，以及找回一點「我」。因為「我們」才是自己人生的主角。

結語

這個敘事實踐小組中，我們共接觸了194位正在照顧思覺失調復元人士的家屬和他們的家庭。如果要逐一分享他們每個的故事和經歷，相信一本書的篇幅也未能盡錄他們的話語、想法和感受。因此筆者只能摘取點滴，冀與讀者碰撞共鳴。

家屬的心聲和盼望

每位家屬在面對人生逆境時都有不同的感受。很多時候，他們有一些內心的話不容易說出口、不願意說出口或是沒有機會說出口。在小組裏，我們

讓家屬有機會表達他們的感受、回顧自己的人生和說出內心的話語。我們相信，如能說出內心的話和感受，便能從中找到新的意義。縱使他們正面對着人生的難關和挑戰，但仍然能努力面前。他們對家人的愛，亦從他們的分享裏充分地得到證明。例如：「如果家人不斷去愛他、包容他，我相信鐵柱可以磨成針」、「愛是無條件的和不計較的。計較，你就會很不甘心，所以我們要活出這份愛。你要去了解他，亦要讓他去了解你，你愛他，你也要讓他知道你的愛」。他們又用比喻說明他們的愛，例如：「我畫了一片平地，一棵樹，一個太陽。孩子就是一棵樹，我就是太陽，為他帶來陽光；地就是家的土壤，希望他能夠成長，希望他受了挫折後可以長大」，「照顧的家人就好像一棵樹，所有親朋好友都是土壤，要給這小孩成長」。

在小組裏，家屬對家人的愛從沒有減退，無論是在人生的逆境或是順境，他們都依然不離不棄，深深愛着家人。愛，從來不會計較何人、何地和何時，愛就是簡單的一個愛字，單純地愛着。家屬都盼望着家人：「將來有一個幸福的家庭，過着幸福的人生就好了」，「希望他的人生可以精采一點。能夠幸福一點。我沒有想過任何回報」，「我希望兒子健康、快樂和幸福」，「我也希望他將來可以結婚，有兒有女，開開心心」。以上每一言每一語都帶着家屬濃濃的愛，寄語他們家人的將來能有幸福的人生和温暖的家。儘管前路未必平坦，但家人不離不棄的愛如影隨行，會陪伴着正受着思覺失調影響的家人一起去走這條復元之路。

如Tony跟他的兒子說：「既然它必然存在，我們就承認它的存在。你就是要想辦法，就算它存在，也不要影響自己的生活。就像打仗一樣，看看誰能夠堅強起來，誰就能獲勝。你可以承認這個聲音，我就說，反正透過食藥是可以釐清的。但是如果它存在，你也要想辦法。我就跟他說，如果有什麼事，我跟你一起，和你一起共同去面對。」

的確，路不怕難走，只要不是孤獨地走。

「我」的故事及成長

　　除了家屬對家人的寄語、心聲和盼望之外，家屬也在照顧的經歷中認識自我，回味人生。像正照顧哥哥的奇遇所說：「我覺得人生是有喜有悲的。有快樂就必然會有痛楚。對我來說，人生就好像一套舞台劇。」他們亦分享：「人要積極樂觀，人生有悲歡離合，如月有陰晴圓缺一樣，有時很開心，有時也很傷悲」，「我覺得人生不是一定一帆風順的，是會起起跌跌的」，「有笑有淚，有淚的同時亦有很多開心，哭出來後，又可以開懷歡笑」。人生可以說是一趟百感交集、有高有低的旅程。

　　有時候，只要重新找回生活的意義、一個自己喜歡的人生和角色，以及從另一個角度去看同一件事情的時候，我們便能獲得力量、成長和盼望。當人生逆境和困難來到的時候，我們也許無力招架，被困境囚禁在悲傷和黑暗裏，但我們能從盼望裏找回人生的色彩，然後跳出黑暗，積極面對人生的挑戰。

　　換個角度去看同一件事情，可以有不同的感受和意境。在面對逆境和困難的時候，一些家屬說：「面對逆境時要懂得去面對，無論遇到什麼事情都要去解決那個困難」，「每個人都會面對困難，在逆境裏去生存和改變，而改變的關鍵就是依靠自己」。如他們所說，每當面對困難時，我們都要以積極樂觀的角度向前看，當你回頭一看的時候，其實困難不如你想像般大。我們應如風帆選手，學會乘風破浪，努力面對不速之客的影響及人生中種種的挑戰。

　　除了怎樣去面對人生中的逆境，家屬亦分享了他們找到的人生意義和成長。如家屬Tony的分享：「我想起有一次生病，我坐在醫院的車上，大概在五月份的時候，我已經躺在病床上很久了。我在床上看到鳳凰木花開，開得非常紅。讓我感到人生是可以長、可以短的。就像樹一樣，它有花開的時

候，也有花落的時候。我們都希望有精彩的一瞬間，生命的長短其實並沒有所謂。人生真的不在乎長短或多少，着眼的應該是怎樣去過自己的人生和走一條怎樣的人生路。」

亦如家屬愛麗絲所說：「人生是無常的。因為你不知道下一秒會怎樣，會發生什麼事情。最重要的是珍惜現在的事情，因為你未必能夠重新開始。雖然感覺人生無常，但我亦覺得人生是要充滿色彩的，應該是很繽紛和盡量生活得有意義。」

在這段特別的照顧經歷中，家屬對人生有了不一樣的領悟。他們說：「我覺得要做好每一天。因為你不能夠掌管亦不能夠預測明天」，「人生經歷了快樂，又有憂愁，即是每一步都走過，我覺得無憾了」，「我覺得人要用平常心去面對事情。對我來說，人生是要經歷甜、酸、苦、辣的」。家屬正在走着一段不算平坦的人生路，嘗過人生裏的高低和真正的甜酸苦辣，最難能可貴的是那顆平常心。

家屬亦表達了他們對自己未來的一點盼望，把聚光燈照到自己的生命裏。他們說：「喜樂的心乃是良藥」，「人是要有夢想的。對我來說，人生就是一個不斷成長的過程」。除了這些生活態度外，他們更表達了自己所期盼的生活：「跟我的伴侶悠閒地逛沙灘」和「有一間愉快屋。我希望有一塊地，可以看見山和海。即是有很多大自然的東西。我希望下田，自給自足」。人生的美好與否都是主觀的感受和選擇，每個人都可以決定自己的人生，活得精彩美麗。照顧受思覺失調影響的家人是一件不容易的事情，但除了照顧者的身份和家人的生活之外，其實家屬也有屬於自己的故事，不要忘記了「我」。

陪伴及照顧受思覺失調影響的家人的路可能是漫長和艱辛的，但在這條路上，家屬還可在這段經歷中找到難能可貴的意義。他們分享：「照顧他豐富了我的人生經歷」，「照顧他使我人生變得精彩」和「照顧她是與之同行的人生之旅，我們患難與共」。

最後，引用一位家屬雙兒的分享作為總結：「希望我將來有美滿的人生。希望這裏所有的家屬都有希望和盼望。下雨的感覺不是太好，但樂觀地看，雨後就會有彩虹，或者有更好的事情，例如簡單、充實和美好的將來。希望大家都有更好的將來。」

(本章中的家屬名字多為匿名及化名。鳴謝所有參加敍事小組的家屬真誠地分享美好的生命故事，尤其感謝那些同意讓筆者在本章中分享其生命故事以激勵同行者的家屬們。)

參考資料

香港家連家精神健康倡導協會（n.d.）。〈關於我們〉。www.familylink.org.hk/home.html

浸信會愛群社會服務處（2017）。〈關於我們〉。http://carer.bokss.org.hk/about-us

關愛思覺中心（2014）。〈愛思覺iPEP〉。www.ipep.hk

Arslantas, H., & Adana, F. (2011). The burden of schizophrenia on caregivers. *Psikiyatride Guncel Yaklasimlar*, 3(2), 251–277. Retrieved from www.psikguncel.org

Bademli, K., & Çetınkaya Duman, Z. (2011). Family to family support programs for the caregivers of schizophrenia patients: A systematic review. *Turkish Journal of Psychiatry*, 22(4), 255–265. Retrieved from www.turkpsikiyatri.com/en/defau lt.aspx?modul=summary&id=823

Bennett, L. (2008). Narrative methods and children: Theoretical explanations and practice issues. *Journal of Child and Adolescent Psychiatric Nursing*, 21(1), 13–23. doi: 10.1111/j.1744-6171.2008.00125.x

Carlson, T. D. (1997). Using art in narrative therapy: Enhancing therapeutic possibilities. *American Journal of Family Therapy*, 25(3), 271–283. doi: 10.1080/01926189708251072

Chan, S., & Yu, I. W. (2004). Quality of life of clients with schizophrenia. *Journal of Advanced Nursing*, 45(1), 72–83. doi: 10.1046/j.1365-2648.2003.02863.x

Cheng, L. Y., & Chan, S. (2005). Psychoeducation program for Chinese family carers of members with schizophrenia. *Western Journal of Nursing Research*, 27(5), 583–599. doi: 10.1177/0193945905275938

Chien, W. T., & Chan, S. W. (2013). The effectiveness of mutual support group intervention for Chinese families of people with schizophrenia: A randomised controlled trial with 24-month follow-up. *International Journal of Nursing Studies*, 50(10), 1326–1340. doi: 10.1016/j.ijnurstu.2013.01.004

Chien, W. T., & Thompson, D. R. (2014). Effects of a mindfulness-based psychoeducation programme for Chinese patients with schizophrenia: 2-year follow-up. *The British Journal of Psychiatry*, 205(1), 52–59. doi: 10.1192/bjp.bp.113.134635

Chien, W. T., Thompson, D. R., & Norman, I. (2008). Evaluation of a peer led mutual support group for Chinese families of people with schizophrenia. *American Journal of Community Psychology*, 42(1–2), 122–134. doi: 10.1007/s10464-008-9178-8

Chiu, M. Y., Wei, G. F., Lee, S., Choovanichvong, S., & Wong, F. H. (2013). Empowering caregivers: Impact analysis of familylink education programme (FLEP) in Hong Kong, Taipei and Bangkok. *International Journal of Social Psychiatry, 59*(1), 28–39. doi: 10.1177/0020764011423171

Chou, K. R., LaMontagne, L. L., & Hepworth, J. T. (1999). Burden experienced by caregivers of relatives with dementia in Taiwan. *Nursing Research, 48*(4), 206–214. doi: 10.1097/00006199-199907000-00003

Fallahi Khoshknab, M., Sheikhona, M., Rahgouy, A., Rahgozar, M., & Sodagari, F. (2014). The effects of group psychoeducational programme on family burden in caregivers of Iranian patients with schizophrenia. *Journal of Psychiatric and Mental Health Nursing, 21*(5), 438–446. doi: 10.1111/jpm.12107

Fredrickson, B. L. (2001). The role of positive emotions in positive psychology: The broaden-and-build theory of positive emotions. *American Psychologist, 56*(3), 218–226. doi: 10.1037/0003-066X.56.3.218

Fredrickson, B. L., & Levenson, R. W. (1998). Positive emotions speed recovery from the cardiovascular sequelae of negative emotions. *Cognition and Emotion, 12*(2), 191–220. Retrieved from http://search.proquest.com/docview/619303860? accountid=16720

Goldenberg, I., & Goldenberg, H. (2004). *Family therapy: An overview.* CA: Thomson, Brooks/Cole.

Gupta, S., Isherwood, G., Jones, K., & Van Impe, K. (2015). Assessing health status in informal schizophrenia caregivers compared with health status in non-caregivers and caregivers of other conditions. *BMC psychiatry, 15*(1), 162. doi: 10.1186/s12888-015-0547-1

Jewell, T. C., Downing, D., & McFarlane, W. R. (2009). Partnering with families: Multiple family group psychoeducation for schizophrenia. *Journal of Clinical Psychology, 65*(8), 868–878. doi: 10.1002/jclp.20610

Kordas, W., Kokody ska, K., Kurtyka, A., Sikorska, I., Walczewski, K., & Bogacz, J. (2015). Family and schizophrenia-psychoeducational group in a pilot programme. *Psychiatria Polska, 49*(6), 1129-1138. doi 10.12740/PP/38934

Kung, W. (2003). The illness, stigma, culture, or immigration? Burdens on Chinese American caregivers of patients with schizophrenia. *Families in Society: The Journal of Contemporary Social Services, 84*(4), 547–557. doi: 10.1606/1044-3894.140

Lam, P. C., Ng, P., & Tori, C. (2013). Burdens and psychological health of family caregivers of people with schizophrenia in two Chinese metropolitan cities: Hong Kong and Guangzhou. *Community Mental Health Journal, 49*(6), 841–846. doi: 10.1007/s10597-013-9622-6

Lam, P. C., Ng, P., Pan, J., & Young, D. K. (2015). Ways of coping of Chinese caregivers for family members with schizophrenia in two metropolitan cities: Guangzhou and Hong Kong, China. *International Journal of Social Psychiatry, 61*(6), 591–599. doi: 10.1177/0020764014565797

Lee, P. W., Lieh-Mak, F., Wong, M. C., Fung, A. S., Mak, K. Y., & Lam, J. (1998). The 15-year outcome of Chinese patients with schizophrenia in Hong Kong. *Canadian Journal of Psychiatry, 43*, 706–713. doi: 10.1177/070674379804300705

Li, Z., & Arthur, D. (2005). Family education for people with schizophrenia in Beijing, China. *The British Journal of Psychiatry, 187*(4), 339–345. doi: 10.1192/bjp.187.4.339

Payne, M. (2006). *Narrative therapy* (2nd ed.). London: Sage.

Pearson, V. (1993). Families in China: An undervalued resource for mental health? *Journal of Family Therapy, 15*(2), 163–185. doi: 10.1111/j.1467-6427.1993.00752.x

Phipps, W. D., & Vorster, C. (2009). Narrative therapy: A return to the intrapsychic perspective? *South African Journal of Psychology, 39*, 32–45. doi:10.1177/008124630903900103

Ramsay, G. G., & Sweet, H. B. (2009). *A Creative Guide to Exploring Your Life: Self-reflection Using Photography, Art, and Writing.* Philadelphia, PA: Jessica Kingsley.

Ran, M. S., Xiang, M. Z., Chan, C. L. W., Leff, J., Simpson, P., Huang, M. S., Shan, Y. H., & Li, S. G. (2003). Effectiveness of psychoeducational intervention for rural Chinese families experiencing schizophrenia. *Social Psychiatry and Psychiatric Epidemiology, 38*(2), 69–75. doi: 10.1007/s00127-003-0601-z

White, M. (2007). *Maps of narrative practice.* New York: W. W. Norton & Co.

White, M., & Epston, D. (1990). *Narrative means to therapeutic ends.* New York: W.W. Norton & Co.

Yesufu-Udechuku, A., Harrison, B., Mayo-Wilson, E., Young, N., Woodhams, P., Shiers, D., Kuipers, E.; & Kendall, T. (2015). Interventions to improve the experience of caring for people with severe mental illness: Systematic review and meta-analysis. *The British Journal of Psychiatry, 206*(4), 268–274. doi: 10.1192/bjp.bp.114.147561

護航復元：思覺失調的療癒

第13章 朋輩支援專家的經歷

饒文傑
東華三院樂情軒精神健康教育及推廣服務中心主任

陳綺君
東華三院樂康軒精神健康綜合社區中心外展社工

朋輩支援專家的起源

在精神健康的領域，朋輩支援工作的出現及發展其實得來不易。早在18世紀、19世紀初期，復康服務一直着重精神醫療專業，只強調以治療方式來改善病情，卻忽視了精神病康復者的人權及意見，更遑論有朋輩支援。

後來，在1960至1970年代的民權運動浪潮下，精神醫療消費者運動興起，關注復元人士的權益及重視他們的意見。很多美國復元人士更於1980年代開始著書分享自己如何與病共存相處。其中，最經典的是茱蒂張伯倫（Judi Chamberlin）於1978年刊登《靠我們自己：精神健康系統的病人控制性替代方案》，提出除了藥物治療外，還有很多社會心理介入手法都能有助復元人士復康。（Chamberlin, 1978）

在1980年代，復元人士認識到自己是精神醫療服務的「消費者」，而不是被動的「病人」。1985年，英國更成立了國家精神健康消費者協會，消費

者團體並沒有廢除傳統精神醫療系統，反而要求傳統精神醫療系統作出改革，讓精神醫療消費者有更多選擇，可以得到最好的服務。另一方面，消費者團體更開始組織不同的自助及倡導團體，提供不同的消費者服務（吳淑瓊等，2015）。這便是朋輩支援工作的開始及興起。

外國經驗及成效

早在19世紀開始，「朋輩支援」已在外國開展及提供不同的服務，根據美國精神醫學學會顯示，直到2014年，已有46個國家有完整的朋輩支援工作訓練，其中英美等國家心理衞生協會更系統化地設立國家認證的朋輩支援工作訓練，有正式認可的「朋輩輔導員」，提供不同的支援服務，支援精神病康復者，與他們同行復元路。

根據Repper及Carter於2011年的文獻研究，主要分析朋輩工作實行的成效，發現朋輩工作對復元人士、朋輩支援專家本身及服務提供者皆有正面影響。這些正面影響對復元人士而言，包括減少社會排斥、改善生活質素、加強自信心及獨立性；對朋輩支援專家來說，則可以改善經濟狀況、有更佳的個人發展、建立不同的技巧，更願意及維持就業；對於精神健康服務提供者而言，可以改善資訊的交流、更好地認識服務對象的困境挑戰、減少入院。由此可見，除了傳統的專業醫護及社福服務，朋輩工作也能有效幫助精神病康復者於社區復元。

朋輩支援在香港的實行現況

香港的精神健康服務由2011年起逐漸引入「朋輩支援」概念，各大社會服務機構與大專院校合辦了不同類型的朋輩支援工作訓練計劃。當中包

括由香港大學及明愛於2011年合辦的「友愛暖流」同路人支援計劃(香港明愛，2012)；於2012年由四間社會服務機構——心理衞生會、新生會、浸信會愛群及明愛——獲思健基金資助，並與香港中文大學及香港大學合作，舉辦為期三年的「思健」朋輩支援計劃(東網，2015)；東華三院亦於2013年舉辦為期兩年的「友伴同行」朋輩支援計劃。各項計劃旨在向復元人士提供一系列培訓，以「過來人」身份擔任朋輩支援專家，與服務使用者同行復元路，並提供情緒支援及鼓勵，以助他們融入社會。除了上述機構提供的朋輩支援訓練計劃外，其他提供精神健康服務的社會服務機構包括善導會、利民會、扶康會、基督教家庭服務中心等，都在各自服務單位中聘請朋輩支援專家以提供朋輩支援服務。

青山醫院自2010年率先引入「康復進程」服務模式，除了着重控制病徵外，更加入「整全」概念，當中注重夥伴關係及朋輩支持，更於2011年率先聘請復元人士為「朋輩支援專家」，及後九龍醫院及葵涌醫院亦相繼增設相關職位，期望讓復元人士以過來人的復元經驗，鼓勵及促進仍然住院的康復者與醫護人員之間的溝通(蘋果日報，2011)。葵涌醫院近年更積極將朋輩支援服務推行至日間服務中，由受過專業培訓的朋輩支援專家及醫護人士共同為服務使用者提供教育活動。由此可見，「朋輩支援」概念不論在醫院或社會服務機構中也在不斷擴展，社會福利署有見及此，於2016年3月透過獎券基金撥款，推行為期兩年的「在社區精神康復服務單位推行朋輩支援服務先導計劃」，由11間營辦精神健康綜合社區中心的機構負責提供服務，培訓合適的復元人士成為朋輩支援專家，向服務使用者提供情緒支援，陪伴他們走過復元路(香港特別行政區政府，2015)。署方在完成先導計劃的檢討工作後，在2017年將朋輩支援服務常規化，當中涉及約60個全職或半職工作崗位(香港特別行政區政府，2017)，進一步奠定朋輩支援在精神健康服務的地位。

個案分享

*Kitty*的故事——我是我本身的傳奇

我是Kitty，是東華三院樂康軒的朋輩支援專家！現在的我看起來與平常人沒有分別，但你可曾想過我也曾經跌進黑暗的幽谷！就讓我分享一下我的故事！

我在中三時證實患上思覺失調，這個病與我的成長有着不可分割的關係。我是家中獨女，母親由內地來港，她和父親在年齡上有很大差距，感情本已不深，一心以為來到香港後生活可得到改善，卻發現理想與現實之間有很大落差。於是，夫妻間的關係開始變得惡劣。從小到大，我都在充滿爭吵的環境下成長。父母關係不好，令我感覺不到一絲的家庭溫暖。

中學時，母親決定離婚，自此便餘下我和她相依為命。她既要工作，又要照顧我，其實相當辛苦。由於她只有我這個女兒，於是對我有很大期望。她深信知識改變命運，時常提醒我要出人頭地，才能脫離貧窮。從此，讀書和考試，成為揮之不去的夢魘。

可是，我本來就沒有讀書天分，無論我如何努力也考不到理想的成績，每當想到會令母親失望，我便會十分沮喪。漸漸地，我在學校開始變得沉默寡言，常常自我隔離，不願意與其他同學相處；他們卻覺得我高傲，於是一起欺負我、排斥我。我就像一個「孤獨精」，身邊連一個朋友也沒有，更不要說有人會關心我……漸漸地，我開始恐懼別人，害怕會被別人傷害。我沒法抒發內心的感受，直至有一日，我的不安情緒終於爆發了。

升上中三後，有一天我突然覺得某位同學在我家中安裝了高科技儀器，並全天候監視着我的生活。我不斷尋找，始終沒辦法找出那儀器，感到徬徨無助。其後我覺得連上街也會被人跟蹤，我不清楚為何這些事會發生在自己身上，我不斷猜想：「誰是主謀？」、「誰有這樣大的勢力？」我的腦袋無法靜下來，那種恐懼令我害怕得終日躲在家中，更衍生了輕生的念頭。母親看見我的情況越來越惡劣，決定帶我去急症室求醫，結果證實我患上了思覺失調。

我在醫院接受了數星期的診治後出院，病情穩定了，不過受到藥物的副作用影響，每晚我都睡得不好，早上無法起床，就算回到學校也恍如置身夢中，根本沒法專注上課，接下來的測驗和考試全部不及格；另一方面，同學們很快便知道我患有「精神病」，並將件事大肆宣揚開去，令我感到無比難過，亦間接埋下了令我復發的種子。

中四時，我努力去準備會考，和大部分同學一樣，我也希望能夠升讀大學，這也是母親一直以來的心願。可是礙於資質所限，加上受到思覺失調的影響，無論我如何努力都無法獲取好成績。但我不想令身邊的人失望，於是不斷思考如何取得更高的學歷，其間我更瘋狂地搜集往外國升讀大學的資料……

就在此時，我開始聽到一些不存在的聲音，想不到就連「幻聽」也一併出現！我聽到一些女人的笑聲，她們會跟我打招呼、問我是否知道她們的身份？我不斷追問，她們表示自己是持工，任務就是要對付我！我問她們為什麼要這樣做？她們則以大笑回應！我感到彷徨無助，只懂不斷哭，耳邊的笑聲卻從沒停止過！後來那些「聲音」更變本加厲，不停用粗言穢語罵我，又罵我是一條狗、有精神病、叫我「早死早着」！

與此同時，我的妄念「回歸」了，我覺得自己被監視、偷拍，於是我開始思考自己的身份。難道我是恐怖分子？所以別人要來對付我？頓時我覺得自己身處險境，但我知道說沒有人會相信，只能一個人默默忍受！我心想：「為什麼天父要這樣懲罰我，令我這麼痛苦？」

最後，我再次被母親強行送院。但我不希望、亦不甘心一切要重新開始，尤其那時候醫生已將我的藥物調至最低分量！我希望自己已經完全康復，不用再受到別人的歧視，所以在醫生面前，我一直採取不合作的態度，只不斷表示自己沒有問題，由於未能掌握我的病情，醫生難以給予正確的藥物，結果反而令自己的病情惡化、反覆⋯⋯

面對反覆的病情，有一刻，我真的想過放棄，尤其看見媽媽為我奔波勞碌至筋疲力竭，我真的不想再拖累她了，想放棄自己的生命！可是，我又不甘心，好像有一把聲不斷提醒自己：「自殺不是一種解脫！只是逃避現實，你想令『敵人』開心嗎？更何況母親只有你這個親人，你想她永遠傷心難過嗎？」

直至一個晚上，我看見有院友和家人正在禱告，於是我也嘗試去禱告⋯⋯很神奇！我凌亂的心好像「叮」了一聲，整個人好像清醒了！然後我向母親道歉，承諾會接受及面對自己的病。另一方面，我亦決定坦誠告訴醫生我的病情，讓他能對症下藥。漸漸地我的病情改善了，有顯著的進步，再一次步向復元之路。

出院後，我被轉介到東華三院接受復康訓練及參加活動。我在這裏學會了如何面對壓力，慢慢開始重建信心。另一方面，我嘗試多做運動，例如行山、跑步、游泳等，這對自己的身心都有幫助，自此更養成做運動的良好習慣。

及後，中心推出朋輩支援訓練計劃，我便嘗試參加，希望以過來人的經驗協助其他同路人。在訓練過程中，我需要重整自己的人生，

護航復元：思覺失調的療癒

我發現原來自己過往一直太在意成績、太在意母親對我的期望。我慢慢學會放下，明白凡事盡力做好便無悔，畢竟每個人都有自己的限制，既然自己不是讀書的材料，那麼就向其他方面發展吧。

經過一連串的訓練和實習後，現在我已成為朋輩支援專家，會定期探訪其他復元人士，運用自身經驗去幫助他們。我又會透過復元小組，與其他組員分享復元的概念及為自己的「病」賦予重新的意義。我還會到不同院校分享自己的生命故事，提升大眾對精神健康的意識之餘，希望減少社會對復元人士的標籤。

記得在處理眾多個案中，有一位患有思覺失調的年青人提到她上班會慣性遲到，於是我和她分析誘因，以及為她訂下守時的目標，嘗試改善遲到問題。我更持意送了一本記事簿給她，好讓她記錄自己的上班時間，並一步一步作出改善。在多番鼓勵下，她已由從前的每天遲到，進步到現在才偶然遲到數分鐘，能夠看見她重新建立信心，我也感到很大滿足感。

還有一位中年婦女，每次探訪，她都很沉靜，不苟言笑，起初我還以為她不喜歡我，後來我跟她分享自己的故事，之後她對我的態度開始轉變，更主動約我和分享她的心事，又提到與家人相處的問題。「家家有本難唸的經」，我只能用心聆聽及給予支持。離開時她告訴我：「我終於找到一個願意關心我的人，有你明白我的心事已經足夠了！」

其實朋輩的角色並不是單純關心案主，而是讓她們知道在康復路上並不孤單，我們願意與她們比肩同行！我有幸可以將自己的經歷轉化成對別人的祝福，以朋輩支援專家的身份，以生命影響生命！

坤哥的故事——同心·同行復元路

　　青少年時期我曾有一段刻骨銘心的愛情，還記得對方沒有嫌棄我窮困，和我一起走過十個寒暑。奈何對方的父母卻認為我讀書少、賺錢少，多年來都不願見我，又經常在女兒面前批評我。最終我們的感情無疾而終，及後她更突然舉家搬離香港，沒有給我留下任何聯絡方法。

　　面對這次感情創傷，我確實無法用筆墨形容那種「痛」。我不斷思考着一連串問題：「一起這麼多年了，為什麼最後仍經不起考驗而分手？」「為什麼對方那麼決絕，離開也不告訴我？」……與此同時，我又會責怪自己當初不肯努力讀書，責怪自己很沒用，連愛人也留不住。我開始失眠，自我封閉，足不出戶，沒有跟任何人聯絡，與整個世界隔絕起來，終日躺在床上睡覺。家人看見我的情況，不但沒有安撫我，更罵我：「早叫你努力讀書，現在後悔太遲了！」

　　於是，憤怒、自責、悲傷等情感不斷在我內心翻滾，而我只懂壓抑一切。直至有一天，我開始聽到聲音，那是一把男性的聲音，他不斷地辱罵和譏諷我：「你真無用，又窮又無學識，無資格和女朋友一起，她離開是應該的。」那些聲音不單真實，而且每一句都正中我的要害，令我十分困擾。為逃避這些聲音，我決定每天做兩份工作，日天做物流，晚上做保安。除了希望透過工作來麻醉自己外，我更希望向別人、自己證明「我不是廢柴」，希望透過不斷賺錢來填補心中那份不安及自卑感。

　　可是，聲音並沒有因為我努力工作而停下來，也許是因為我始終不願面對及接受自己的傷痛，那種聲音從沒間斷地出現。不過，我

就是不希望被身邊的人看扁，強忍着這些聲音的同時，繼續偽裝自己是強者，能夠同時勝任兩份工作。

這個情況維持了十多年，直至2013年1月，我終於捱壞了身子，被診斷患上急性肝病，並需要進行換肝手術，可是親人卻未能提供合適的活肝移植，而等候屍肝似是遙遙無期。那時候我內心有一種說不出的苦況，一方面很想有合適的肝臟移植，另一方面又受到幻聽的折磨而希望自己的生命快點完結，內心十分矛盾。

此時，醫生突然告訴我有病人逝世，並願意捐出肝臟，給我一個重生的機會。我心中不斷反問自己，為何一個與我毫不相識的人，竟會願意捐贈器官給我延續生命？要知道有幾多人因為等不到器官移植便離世，但我卻幸運地得到這個機會……我決定不再偏執於過去，纏結在不愉快的回憶中，浪費寶貴的時間。恰巧病人在進行換肝手術前需要見心理醫生，一切似乎冥冥之中自有安排，我終於鼓起勇氣，告訴醫生自己一直被幻聽纏身。原來，我一直患有「思覺失調」。

換肝令我感悟到重生的意義，這種捨己救人的精神，給予我重生的力量，能夠重新振作，並決定接受治療，積極面對和正視幻聽的問題。另外我認識了一班教友，我們一起祈禱，日子慢慢地度過，我漸漸從祈禱中感悟到一種放鬆的感覺，平靜下來後，發覺自己過於偏執，需要學習放下，將自己釋放出來。

現在，當「聲音」出現時，我會嘗試以平常心去看待及處理，就當作是噪音，不要太過在意，專注於自己的工作；另一方面，我會聽從醫生的吩咐，按時服食藥物，因此幻聽出現的次數便開始減少了。此外，家人及朋友都十分關心我，希望把我從低谷中拯救出來，他

們陪我旅遊散心，又不斷從旁安慰。他們的不離不棄令我領悟到不應停留在痛苦的回憶中，執意於過往的不愉快經歷只會令自己更加痛苦，過去的日子已無法追回，只有前瞻才是人生正確的態度。

回想起當年我對精神病的認知有限，即使患上思覺失調仍沒有想過尋找任何協助，其實若能夠及早接受治療，便能夠縮短被病魔折騰的歲月。我決定以生命影響生命，開始將自身的經驗與其他精神病患者分享，告訴他們精神病是可以治癒的，切勿諱疾忌醫而逃避，以免延誤康復的進程及影響日常生活。

其後，透過朋友介紹，我認識了東華三院樂康軒的社工，成為會員後，我更參與了朋輩支援訓練課程，令我學習到很多助人技巧，並能夠探訪中心許多會員、帶領小組及戶外活動，為更多會員提供服務，一同在復元路上互相支持和鼓勵。

還記得有一位復元人士一直希望可以拜祭自己的母親，可惜他年事已高，墳場的位置又偏遠，身邊並沒有可信賴的人願意陪他前往，故多年來一直沒有機會盡孝道。朋輩支援專家的角色除了分享自己的復元故事，更重要的是與案主同行，陪伴他們實踐自己的夢想。於是我決定陪伴他前往拜祭母親，路途雖然遙遠，到了墳場還要拾級而上，非常艱辛。不過我們最終亦完成任務，看見他對着亡母盡訴心中情，看見他釋然的神情，更令我相信我的工作是有價值的。

但願將來我可以繼續以生命影響生命，幫助更多同路人走過一段又一段的復元路。

朋輩支援專家之重要性

「沒有經歷過，你永遠不會明白！」這是社工最常聽見的話。作為一位從事精神健康的社工，在同行路上，他可以給予資源、輔導、支持，卻無法感同身受地明白每一個康復者所面對的痛苦和壓力。

幸好，近年朋輩支援服務的興起，正好彌補此不足。作為過來人，朋輩支援專家明白究竟幻聽和幻覺有多煩擾、心情抑鬱時有多絕望、等候覆診的時間有多漫長、藥物帶給他們的副作用有多難受……這份感同身受的體會，讓案主覺得有人能夠明白自己，自己並不是一個人孤單面對難關。當朋輩支援專家分享他們如何重拾信心去面對病患、如何與精神病共存、如何與家人分享自己的情況、如何一步一步地復元……對案主來說，朋輩支援專家不僅是他們的模範，更燃點他們的希望，讓他們在夾縫中看見曙光，找到出路。

一直以來，社會大眾對於復元人士仍存在不少偏見，他們常常被標籤為「癡線」、暴力、行為是無法被預測的，應該敬而遠之。因為這些負面標籤，阻礙了他們的復元進度，更令他們難以融入社會。朋輩支援計劃將復元人士重新定位，由以往服務使用者的角色轉化為服務提供者，要成為朋輩支援專家首要條件必須曾經或現正患有精神病，並以「過來人」的身份與復元人士同行及提供支援，促進彼此復元。朋輩支援專家由以往覺得患有精神病是一件羞恥的事情，擔心讓別人知道，到現在將病患視為「資產」與人分享復元經歷，鼓勵同路人，並在社區進行公眾教育，目標是消除精神病帶來的污名，將病患重新賦予意義。

「思健朋輩支援計劃」於2013年展開，同時又委託香港中文大學及香港大學分別進行量性及質性研究，以評估計劃成效。「量化研究」報告指出朋輩支援專家的自尊感、自信心與動力由課程至就業後三個月均有明顯上升。（Tse & Mak, 2017）朋輩支援專家在投身工作前需完成一系列課程，他們除了獲得有關精神疾病的知識外，更認識一些自助工具、溝通及公開演講技巧，令他們更有信心進行助人的工作。同時透過重覆講述自己的生命故事，營造機會讓他們不斷自我檢視，令他們更了解自己的情況，以致更有效管理自己的病患。朋輩支援專家現以受薪形式在不同的社會服務機構提供朋輩支援服務，角色深得業界肯定，更成功向政府爭取朋輩職位常規化，漸見社會對他們存在的價值。此外，透過受薪工作，可令朋輩支援專家提升能力感和自尊感，讓他們自給自足，更可為社會作出貢獻。

朋輩支援專家的感受

Kitty：自己患病已超過十個寒暑，復元路上一直起起跌跌，從來沒有想過自己能成為一位朋輩支援專家，用自身的經歷去幫助別人！

回想起最初成為朋輩的一分子，對於自己能否勝任真是沒什麼信心，但經過不斷鍛鍊，由最初慢慢摸索，到現在總算可以獨立處理不同的工作。在案主慰問中，我學懂怎樣和服務對象建立關係；還有開展復元小組，不單與別人分享復元理念，當中亦增加了對自己的認識！

這份工作十分有意義，因為我可以用過往患病的經驗去扶持、關懷身邊的同路人。我很慶幸能投身朋輩支援工作，擁有自己的一份工作，可以照顧自己及家人的生活！我很高興有更積極的人生。

Wendy：十多年前病發的我，怎樣也想不到自己竟可以將自身的經歷化為別人的祝福，鼓勵和陪伴同路人，協助她們找到人生目標。

朋輩支援這份工作需要很大的耐性和同理心，而且我先要開放自己，與對方分享自己的故事，這樣同路人才願意對我打開心窗。另一方面，我也會前往社區不同地方，包括大學、中學、小學分享自己的復元故事。我由最初害怕面對公眾，直至現在可以充滿自信地分享自己的生命故事。這正是我在朋輩工作員及人生中獲得的最大得着。

嘉輝： 我從2016年10月開始成為朋輩支援專家，起初什麼也不懂，一切由零開始；但是經過一段時間的磨鍊後，我發現自己成長了，面談時不會再啞口無言，總會有話題吸引對方與我交談，我還會運用創意去幫助案主，讓他們重新融入社區，建立自信。

我覺得這份工作實在很有意義，助人自助，當每次分享自身經歷時，自己就好像打了一支強心針一樣，更有力量去幫助一些同路人，將來我希望繼續以生命影響生命，去幫助更多同路人。

機構培訓及支援

事實上，不同機構都開辦了朋輩支援專家課程，無論課程內容、訓練時間的長短均有所不同。以東華三院為例，復元人士通過面試後，需要接受理論及實習課程合共約100小時的訓練。理論課程內容如下：

朋輩支援專家理論課程		
節數	項目	內容
一	一切從復元開始	• 義工互相認識 • 簡介大樓、計劃理念與內容、培訓內容、對朋輩支援專家的期望及角色 • 認識及了解復元概念
二	樂康友伴同行	• 認識及了解朋輩支援理念 • 了解朋輩支援專家應有的態度（如尊重、非批判、接納等） • 了解朋輩支援專家應有的守則（如保密、與服務使用者的界線）

三	說故事的人	• 教導演說技巧，例如聲線運用、咬字等 • 教導如何透過分享個人復元經歷，把正面訊息帶給其他人
四	溝通之道	• 了解朋輩支援專家說話技巧：適當的回應、聆聽、沉默、反映、發問等 • 了解與會員交談的注意事項
五	精神健康知多D	• 簡介何謂精神病 • 探討精神分裂症和抑鬱症的病徵，以及患有以上兩種精神病之人士之特徵和需要 • 探討治療及康復之方法 • 認識合適的社區資源
六	壓力管理由我做起	• 了解及認識壓力 • 訂立康復身心行動計劃，以便在有需要時有效地協助自己
七	帶領活動技巧	• 教導組員策劃及帶領活動技巧，並了解帶領活動的注意事項
八及九	愛與共融體驗營	• 學習正向思想技巧
十	危機處理	• 認識危機處理技巧 • 總結工作坊內容 • 了解實習安排

復元人士成為朋輩支援專家後，便會負責跟進案主、舉辦小組及推行社區教育活動，並分享他們的復元故事。社工會緊密地與他們進行督導，除了協助他們盡快適應工作環境外，亦會支援他們因為工作壓力而引起的情緒反應。機構亦會安排朋輩支援專家參與一些課程，例如帶領小組技巧、復元概念等課程，增進他們的知識及技巧。若朋輩支援專家在工作期間精神狀態欠佳，機構會彈性處理，安排他們休假或調節他們的上班時數。

參考資料

吳淑瓊、李蘭、李孟智、李龍騰、周碧瑟、季瑋珠等（2015）。《公共衛生學（中冊）》。台北：國立臺灣大學出版中心，402–405頁。

香港明愛（2012）。《明愛年報》。www.caritas.org.hk/chn/webpage/agency_publication/annual_report/2012/Ch_2（Chi）.pdf

香港特別行政區政府（2015）。《二零一五年施政報告》。香港：香港特別行政區政府。

香港特別行政區政府（2017）。《二零一七年施政報告》。香港：香港特別行政區政府。

〈青山聘精神病康復者〉，《蘋果日報》，2011年11月4日。https://hk.news.appledaily.com/local/daily/article/20111104/15771350

〈過來人協助精神病康復者　雙方同增自信〉，東網，2015年3月30日。http://hk.on.cc/hk/bkn/cnt/news/20150330/bkn-20150330140411644-0330_00822_001.html

American Psychiatric Association (2017, March 23). Peer support: Making a difference for people with mental illness. Retrieved from www.psychiatry.org/news-room/apa-blogs/apa-blog/2017/03/peer-support-making-a-difference-for-people-with-mental-illness

Chamberlin, Judi (1978). *On our own: Patient-controlled alternatives to the mental health system*. New York: Hawthorne.

Repper J., & Carter T. (2011). A review of the iiterature on peer support in mental health services. *Journal of Mental Health, 20,* 392–411.

Tse, S., & Mak , W. (2017). *Qualitative and quantitative evaluation on the effectiveness of peer support worker training and services–longitudinal prospective study among peer support workers, service users, and co-workers*. Hong Kong: The Mental Health Association of Hong Kong; Caritas Hong Kong; Baptist Oi Kwan Social Service; New Life Psychiatric Rehabilitation Association.

第14章 個案經理的經歷

朱漢威
香港註冊職業治療師及美國認可認知治療師

梁志海
香港註冊護士（精神科）
黃大仙區「個案復康支援計劃」高級個案經理

鄭偉莉
黃大仙區「個案復康支援計劃」個案經理

張健英
黃大仙區「個案復康支援計劃」助理個案經理

「社區精神科服務」的起源與轉變

「社區精神科服務」，可說是精神科復康服務與社區「愛的連結」；人與社區、服務與服務、專業與專業、以至人與人之間，以個人化（personalization）為首，社區為本，來推行精神科復康服務。而這項服務由醫院延伸至社區，早於1980年代就以當時社會需要應運而生，三十多年的光景，服務也隨着社會的變遷及需求，不斷更新求變；增撥資源、擴闊專業領域、推展至不同地區（成立各區個案復康支援小組）等，現時服務變得更深入、更專業、更廣闊。筆者有幸能與這項服務同行多年，正正也是與自己的專業與人生閱歷共同成長。

服務理論根基 (knowledge base)

所謂「愛的連結」，它並非口號，也不是空談，它重視個人化（personalization），即是以個案管理模式（Case Management Model）(Ziguras &

Stuart, 2000; Ziguras, Stuart & Jackson., 2002)為每一位案主的個別需要訂定服務方案（Personalized Care Program）。當中個案經理擔當着非常重要的角色與案主連結，他們透過定期家居探訪，為案主提供復元進度評估及精神健康教育，切切實實地了解他們的復元需要，並配合他們的個人優勢（strength）（Francis, 2012; Rapp & Goscha, 2011），再而適切地聯繫各種社區資源，甚或案主的家庭支援系統（family support system）（Early & Glenmaye, 2000）等，幫助案主在社區一步一步地踏上復元之路。由此可見，個案經理與案主有着非常緊密的聯繫。從手上接過一個個牌版上的名子，跟着親身面見一張張真實的臉孔，再以自身的生命承載一段段好不容易的經歷。個案經理與案主之間就如此以愛，連結起來……

個案分享

　　四位個案經理手上接過牌版，真真實實地展開「愛的連結」同行之旅。以下將分享四位個案經理與復元人士同行的故事。

張健英——去除污名化——「認識」與「接納」

　　大眾對思覺失調復元人士大多抱有負面的看法，除了覺得他們行為古怪和有滋擾性外，還覺得他們是暴力和危險的。這些看法令大眾害怕復元人士，產生抗拒，甚至避免與他們接觸。但事實上，並非所有復元人士都如大眾所想那樣。而這些負面的看法和態度表示了思覺失調被「污名化」了。

　　在我接觸思覺失調的個案時，不難發現污名化對案主的影響。他們不敢告訴列人自己患病，以免被他人排擠；他們亦不敢告訴僱主，因為擔心因此而失去工作機會；他們甚至否定自己，覺得自己是一個不正常、有問題的人；此外，他們的家人亦不接納他們。

在一次探訪案主阿圻（化名）時，她說她跟奶奶吵架了，奶奶說她現在要吃精神科藥物是因為她是「傻」的。阿圻說：「平常人聽到別人說他傻，可能沒什麼感覺；但因為我有這個病，所以我聽到後心裏覺得很不舒服。」阿圻覺得奶奶嫌棄她、貶低她，令她感到很難受。其實阿圻的情況只是冰山一角，在污名化下，復元人士受着自身、家人和社會的不接納，以致他們的復元之路變得困難重重。

　　要消除污名化並非一朝一夕的事，我認為第一步是要認識思覺失調這個病。記得在從事精神科工作前，我也認為有這個病的人是危險的，但隨着逐步認識這個病及與復元人士接觸後，我對他們有了新的看法：其實大多數的復元人士並不危險，他們的病況穩定並且如平常人一樣生活。

　　要增加社會大眾對思覺失調的認識，需要精神健康教育的推廣。而在復元人士及其家人的層面上，個案經理可以協助案主認識、了解自己的病況和相關的治療，從以增加他們的病感感，以及讓他們知道如何管理自己的病以穩定病情。個案經理亦會提供屬支援，幫助家人認識案主的情況、教導他們如何處理緊急狀況，以及鼓勵家人多聆聽和關心案主的需要以支持案主走復元路。這些都是個案經理工作的重要一環。

　　我希望透過個案工作，讓案主及其家人從「認識」做到「接納」。尤其希望案主能夠接受自己的病，並學習與之「共存」，即是雖然患病，案主仍能將病情維持穩定狀況，以減少病情對自己的影響，從而令自己可以過日常的生活和做到自己的社會角色。這樣他們就能夠以自身作為一個例子去消除人們對思覺失調的一些誤解，就正如阿圻能夠告訴奶奶雖然自己有病，但她如其他人一樣可以工作和照顧孩子，吃藥是為了要預防病情復發一樣。

　　由「認識」到「接納」，可能是一條很漫長的路，路途上又豈只有阿圻……

鄭偉莉—同行者：社區生活不是一個人

難忘的經歷？感人的經歷？

個案經理？社康護士？

「你可以幫什麼忙？」「為什麼要家訪？」

晴天？陰天？

以上的種種，都是個案經理每天面對的問題！

日晴（化名），25歲，患有精神分裂，於兩年前開始接受精神科治療，沒有自殺或暴力的紀錄，與家人同住……兩個月前因精神狀態不穩而被家人帶到急症室，然後安排入院治療。我看過轉介信，了解了案主的資料，評估其需要及風險。

「鈴鈴……鈴鈴……你已經接駁到留言信箱。」

「鈴鈴……鈴鈴……你已經接駁到留言信箱。」

「鈴鈴……鈴鈴……你已經接駁到留言信箱。」

「喂，喂，請不要收線，日晴，我是社康姑娘……」

不知道從何時開始，電話能接上已經是值得感恩和幸運的事情。首次的電話談話是第一關，不是不是，第一關是電話能成功接上。而第二關是電話中的談話，治療關係的建立，取得案主的信任，簡潔地介紹自己及服務，收集基本資料，從而評估家訪的安全，案主的精神狀況……

「地址是……對嗎？請問家中有否飼養寵物？好吧，那星期一下午二時於家中見，有需要時歡迎與我聯絡，再見。」

電話有；雨傘有；警報器有；水有；名片有；太陽溫暖地支持我，行過大路小路，上村落村。

大廈管理員說：「探訪哪一個單位？你是哪一個機構？」

「你好，我是醫管局的外展護士……」基於案主私隱的關係，精神科的個案經理不用穿上制服，而工作證上只寫上是隸屬醫院管理

局，「精神科」這三字於社區中總帶着神秘色彩，而我這位神秘女子要靈巧地處理管理員的提問，為的是保障案主的私隱。採訪前於管理處的登記手續，就如乘搭飛機的登機手續一樣，代表旅程即將開始，每次的旅程都不一樣，我帶着緊張又期待的心情去旅行，最希望旅途安全，以及與我的「同行者」一起有所得着及進步。

第一次見面　晴

「你好，我是個案經理姑娘……今天天氣很好……」為營造輕鬆的氣氛，建立良好關係及增加日晴對我的信任，見面的第一句是閒話家常，簡單介紹自己。入院治療後回家的感覺一定很好，日晴與她的媽媽都面帶笑容。日晴於醫院接受兩個月的治療前，每次也準時覆診，我們談到入院的經過，日晴聲淚俱下地解釋，她想如常工作，想做「普通人」，所以私下停藥了。日晴的「想做普通人」令氣氛變得凝重，媽媽嘆氣一聲，發洩她的氣餒。

日晴住院期間的兩個月，她家附近的商場有大型的翻新維修工程，商店面目全非。我提議與日晴到商場走走，轉換環境氣氛，同時製造空間讓日晴與我單獨傾談。走到商場，日晴的心情轉好了，說話多了，讓我更了解日晴的想法和需要。她想工作，不想成為家庭的負擔，想認識更多人和想走更遠的路。我與日晴一起制定了短期目標後便回家。日晴高興地告訴媽媽她在商場的所見所聞，如小朋友第一次去主題公園那樣興奮，媽媽也聽得很陶醉，笑得很開懷。

「媽媽，我和姑娘一起訂了目標，這次我們一定可以！」日晴滿有自信和希望地說。

「日晴，下次見，我們保持聯絡，歡迎你致電給我。」這次旅程雖然完結了，但不代表我離開了我的同行者。而且，我的工作進入了另一階段。見過日晴後，我需要記錄下來，與醫生和同事開會，同時制定日晴的個人復元計劃。

第二次見面　雨天

　　日晴的笑容如她名字一樣令人很溫暖，令我忘記雨天探訪的不便。原來日晴的幻聽症狀增加了，藥物有所調校，媽媽比日晴更為擔心。我講解過藥物及輔導後，日晴主動和滿有自信地支持媽媽。個案經理不單要跟進案主，還要跟進其照顧者，因為社區生活不是一個人的。而我更相信精神健康教育應是全面及多元化的。

最後一次的見面　晴　　但日晴哭了

　　第三次見面，我與日晴一起回顧我們所制定的個人復元計劃及進行個人藥物調適法。滿滿的內容，日晴一一接收。到最後，媽媽告訴我，她們為了照顧年長的公公，要搬到公公的家。我與日晴的關係要完結了，因為個案復康支援計劃是根據地區而提供服務的，如果日晴搬家，她的個案便需要轉由那個地區的個案經理跟進。解釋過後，日晴哭了……

　　與日晴新的個案經理聯絡和交接個案後，我與日晴的服務關係終結了。

　　每位案主都是獨特的，有個人化的需要及治療。個案經理與案主的關係緊密，互相同行。最後我與日晴的關係看似無疾而終，但從她在聖誕卡中感謝我的努力和照顧的語句，我看到她的信心和希望，她努力地繼續復元之路，我相信這三次見面，我倆彼此都有所得着。

　　作為個案經理，提供社區支援。與案主同行於社區，是我的動力，是我所想的。經歷不需要驚濤駭浪，不需要轟轟烈烈。我感恩的是有案主與我在社區同行的路，以及一起的經歷。

　　縱使長路漫漫，能繼續走下去，皆因深信處境是可以改變的，前路總有希望……

朱漢威——擁抱希望：走過「復元」之路

「你好，朱先生，多謝你，有了你的鼓勵和實際的就業支援，我漸漸適應了工作的要求。現在，我對重投社會工作有了很大的信心……」

在最近的一次家訪裏，很欣慰聽到復元人士阿榮（化名）的一段話。

回想自2013年起，我以個案經理的身份參加了黃大仙區「個案復康支援計劃」的團隊，協助一些在社區裏曾患上精神病的復元人士。其中，最大的挑戰可算是如何在社區落實「復元」的概念（Slade, 2012）；再加上身為一個職業治療師，怎樣在社康團隊與一眾社康護士一起合作，發揮團隊精神，以協助復元人士，也是一項新的嘗試。（Hospital Authority, 2017）

其實，類似阿榮的個案在社區裏很普遍。起初接觸阿榮的時候，他總是日上三竿仍抱頭呼呼大睡，每天躲在家裏，沒有工作、沒有朋友、沒有動力，更談不上有什麼人生目標。在阿榮的心裏，他的人生好像沒有希望、沒有意義似的，人生的一切也彷彿被精神病摧毀了。起初見到他和聽他傾訴時，我也感受到他的那份無助感。在最初的家訪裏，了解了他的過去經歷和患病情況，我評估了他的興趣和優勢（Mueser et al, 2002），討論了他的服務需要，我跟阿榮一起訂立了一些他個人的復元目標，其間運用了一些輔導技巧——動機式訪談方法，了解他的取向，了解他改變的動力和身處的階段，從而協助他的自我探索和洞察自己，以喚起自我意識和啟發計劃（Miller & Rollnick,

2013）。經過一番前期的牽引及輔導，他漸漸有了一點兒動力去重新考慮工作，可是他也不知道從何開始。於是我為他訂立了幾項實際可行的短期目標，介紹了「生活重整」的概念（葵涌醫院，2016），利用了他最喜愛的運動作為啟發他動力的泉源，藉此與他一起重新訂定生活作息的時間表。後來我更在個案討論會議中，參考了顧問醫生的意見。我們主動聯絡主診醫生，調整了早上藥物的處方，藉此減低一些藥物的副作用，提升他的動力。其間更請教了一位資深護師，與阿榮分享了有關「藥物調適」的重點，改善了他的服藥習慣。細心分析過阿榮的情況後，我發覺他的思想總是有點負面，這成為了他踏出第一步的障礙。作為一個認可認知行為治療師，我仔細分析他的「思想陷阱」和箇中的原因（Beck，2011），並就此建議他運用一些方法和練習，他亦嘗試克服了一些思想的障礙，踏出嘗試的一步。隨後我把他轉介到輔助就業服務（Wong et al 2008），與他去準備尋找工作，組織他的職業興趣，安排簡單的工作能力評估，裝備他的求職及面試技巧等。經過三個多月的實踐，終於成功找到一份辦公室助理的工作。（Wong et al, 2000）

不過復元的路並不是平坦的，工作也為阿榮帶來沉重的壓力，例如一些工作的完成期限、同事之間的人際關係、一些自我的污名、一些服藥和請假覆診實際的安排等，這些壓力差點兒令阿榮放棄。幸好在其後的探訪中，我觀察到阿榮的緊張情緒，於是大家彼此分享，誠懇地討論了壓力的來源，再為他建議了一些方案，以助他處理好職場的壓力。除了令壓力變成動力外，同時也改善

了他的睡眠健康（Mueser & Gingerich, 2008）；我們也主動聯絡了職場朋輩支援師，以參考他們以過來人身份分享的解決方法（Taggart & Kempton, 2015）。除此之外，阿榮媽媽的叮嚀也許會不知不覺地為阿榮帶來壓力，因此在一次會面中，我們與阿榮和他的媽媽一起會面，嘗試了解媽媽的期望，以及阿榮的感受和壓力，透過彼此真誠的對話，這次會面適當地調節了大家的期望和感受。現在的阿榮已很有信心地工作，工作表現也不錯！

我很欣喜看見到阿榮的改變，這使我明白到作為一個個案經理，必須細心分析復元人士的需要，與復元人士在復元路上攜手並肩而行，彼此擁抱希望，相信「復元」是每位復元人士也可以做到的。(Deegan, 1996)

常言道：「辦法總比問題多。」時光荏苒，轉眼間我在團隊工作已五年多。過去幾年，作為一個個案經理，我接觸了很多不同的個案，嘗試了很多不同的處理技巧，使我深深體會到我們需要很靈活地運用自己所學的去協助復元人士。用心，讓生命茁壯成長！面對不同的復元人士，經常提醒自己要更加努力不懈，全心全意協助他們走過復元之路，讓他們的生命綻放色彩。

難關難過，關關過，感恩的是，沿途一直同行⋯⋯

個案經理生命分享故事四
梁志海──等待與同行

「你不要再打電話給我，我沒什麼跟你說，ZXY……」。陳生（化名）在牢騷中掛斷了電話線。我從事了多年的社區復康工作，陳生可稱得上是一位使筆者留下非常深刻印象的案主。起初他總是不情願與我們聯繫，很抗拒服務。我們之間的接觸，就只限於電話中短短兩三句話，他的語氣往往少不免也帶點怒氣。因此我每次致電給他，心裏也不禁屏着鼻息，嚴陣以待，未見其人，就先聽其洪亮有勁的聲線，陳生的鐵漢形象已不經意留在我的腦海裏。

吃過多次的「閉門羹」，好不容易與陳生預約會面，約定了下午3時，等到了3時半還未出現，4時也不見人影，看來要「食白果」了。一不離二，二不離三的爽約，心中暗自盤算，要與陳生會面，似乎還要多走一段路！其實，不單只是陳生，其他服務對象以粗言相待，或是爽約，實在是從事個案工作中經常面對的挑戰與難題。案主轉介到社康服務，都帶着自己的故事與重重經歷。服務開展初期，案主與個案經理素未謀面，如陌路人，在自我保護的意識（self-protection awareness）下，內心難免有點芥蒂或抗拒，這是可以理解的。我作為個案經理也經常自我提醒，先要倒空一些自身的想法，設身處地理解他們暫時拒絕服務皆因未有足夠的安全感（sense of security）及心理準備（readiness）。因此即使遇上上述的情況，都用不着灰心、失望。「閉門羹」也好、「食白果」也好，或許這些「等待」也是復元人士復元歷程的一部分。此時，個案經理更加要堅持地守護着，時刻敏銳跟隨復元人士的心理步伐，等待着介入的良機……

如陳生起初不願意接聽電話，以致到勉強口頭答應赴約，可見他漸漸放下戒心，這是一個重要的心理進程。隨之，記得一次電

話響起，終於等到「良機」出現，陳生遇到一些麻煩事，竟然想起自己，主動來求助。我們之間的信任就如此一步一步建立起來。後來，陳生的一句話：「為什麼我常常用粗言罵你，你還受得了？」筆者不禁報以微笑來回應他。最終，陳生放下防線，敞開心扉，真誠地與個案經理聯繫，甚至接受服務與治療。能夠與他同行到這一步，內心的欣喜與安慰，真的難以形容，這些點滴正正是我們工作的重要回饋與動力。

上述四位不同職級、不同專業領域的個案經理，承載着不同的生命故事，但共同之處是與案主的互動中都離不開「愛」，不經不覺，互相之間以「愛」連結起來⋯⋯

回饋、前瞻與遠景

我們在人生中也會遇上需要求助及幫助別人的時候。每位復元人士發病後就如打破了的玻璃瓶，變成一堆有尖角又零碎的玻璃碎片，一不留神很容易弄傷自己、家人或身邊的人。倘若我們學懂怎樣以愛與他們同行，適當地陪伴他們，回饋他們的改變。相信他們不但可以走進復元之路，也能活出精彩的人生，成為別人的幫助。就如零碎的玻璃碎片經歷重塑（rebuild）與連結（reconnect），也能變成獨特而美麗透光的「馬賽克」。

至於等待與同行，確實是一份不容易的功課。社康服務踏足社區已超過三十載，感恩筆者即使服務多年仍對工作充滿熱忱；近年有不少新進的同事加入團隊，表現炯炯有神，幹勁十足，筆者難免漸漸覺察到自己早已多生華髮，增添不少歲月的痕跡。但筆者期盼以愛的等待與同行不止於個案經理與案主，同時個案經理與個案經理之間亦能同行互勉、經驗承傳，等待着後起的同事能青出於藍，讓服務薪火相傳。

參考資料

葵涌醫院（2016）。《生活重整樂動方程「適」學員手冊》。香港：葵涌醫院。

Beck, J. S. (2011). *Cognitive behavior therapy basics and beyond* (2nd ed.). New York: The Guilford Press.

Deegan, P. E. (1996). Recovery and conspiracy of hope. Presented at "There's a person in here." The sixth annual mental health services conference of Australia and New Zealand. Brisbane, Australia.

Early, T., & Glenmaye, L. (2000). Valuing families: Social work practice with families from a strengths perspective. *Social Work, 45*(2), 118–130.

Francis, A. (2012). Journey towards recovery in mental health. In V. Pulla, L. Chenoweth, A. Francis, & S. Bakaj (Eds.). *Papers in strengths based practice* (pp. 19–33). New Delhi: Allied Publishers.

Hospital Authority (2017). *Clinical standards for adult community psychiatric service*. Hong Kong: Hospital Authority.

Lee, C. C., Ip, G., Chu, M., Lo, T. L., & Ip, Y. C. (2014). From psychiatric rehabilitation to recovery-focused practice in Kwai Chung Hospital, a mental hospital in Hong Kong. *Asia Pacific Journal of Social Work and Development, 23*(1–2): 17–28.

Miller, W. R., & Rollnick, S. (2013). *Motivational interviewing helping people change* (3rd ed.). New York: The Gilford Press.

Mueser, K. T., Corrigan, P. W., Hilton, D., Tanzman, B., Schaub, A., Gingerich, S., Essock, S. M., Tarrier, N., Morey, B., Vogel-Scibilia, S., & Herz, M. I. (2002). Illness management and recovery for severe mental illness: A review of the researc. *Psychiatric Services, 53*: 1272–1284.

Mueser, K. T., & Gingerich, S. (2008). Illness self-management training. In K. T. Mueser & D. V. Jeste (Eds.). *Clinical Handbook of Schizophrenia* (pp. 268–278). New York: Guilford Press.

Rapp, C. A., & Goscha, R. J. (2011). *The strengths model: A recovery-oriented approach to mental health services*. New York: Oxford University Press.

Slade, M. (2012). Recovery research: The empirical evidence from England. *World Psychiatry, 11*: 162–163.

Taggart H., Kempton J (2015). The route to employment. *The Role of Mental Health Recovery Colleges*. London: CentreForum.

Wong, K., Chiu, L. P., Tang, S. W., Kan, H. K., Kong, C. L., Chu, H. W., & Chiu, S. N. (2000). Vocational outcomes of individuals with psychiatric disabilities participating in a supported competitive employment program. *Work, 14*: 247–255.

Wong, K., Chiu, R., Tang, B., Mak, D., Liu, J., & Chiu, S. N. (2008). A randomized controlled trial of a supported employment program for persons with long-term mental illness in Hong Kong. *Psychiatric Services, 59*: 84–90.

Ziguras, S. J. & Stuart, G. W. (2000). A meta-analysis of the effectiveness of mental health case management over 20 years. *Psychiatric Services, 51*: 1410–1421.

Ziguras, S. J., Stuart, G. W., & Jackson, A. C. (2002). Assessing the evidence on case management. *The British Journal of Psychiatry, 181*:17–21.

第
14
章

個
案
經
理
的
經
歷

復元實用資源錦囊

你的自我本身，就是治療的關鍵。
你必須是那一個畫定自己航道的人，
自己人生的作者。

Dr. Daniel Fisher
患有思覺失調的精神科醫生

本書命名為「護航復元：思覺失調的療癒」，是因為我們相信，在復元路上，復元人士是自己最好的舵手，他們能勇於掌舵，為自己復元的航線立定方向並持守前進。無論是精神科醫生、臨床心理學家、社工或個案經理，他們所做的工作都是為了為復元護航。在這個過程中，祝願復元人士和家屬能根據自己的需要和實際情況，更多地了解醫院管理局和社區資源，從而選取最適合的服務，朝着復元的方向乘風破浪、揚帆直航！

第15章 醫院與社區資源

程志剛
香港心理衞生會助理總幹事

余翠琴
葵涌醫院資深護師（精神科）

醫院管理局的資源

　　醫院管理局（下稱：醫管局）致力提供以病人為中心的照顧，為市民提供全面的成人精神科服務，包括住院服務、精神科復康服務、社區精神科服務、諮詢會診精神科服務及早期思覺失調介入服務。

早期思覺失調介入服務

　　醫管局於2011年成立「早期思覺失調介入服務」，專為15至64歲思覺失調復元人士而設。思覺失調服務包括公眾精神健康推廣，為思覺失調復元人士提供及早介入、評估和延續治療。服務由跨專業醫療團隊組成，提供一站式服務並接受開放式轉介，盡早為復元人士於不同階段作出針對性治療方案，以減低復元人士帶來的長遠影響，並且減低惡化、縮短未治期和促進復元，希望預防或早期識別和治療精神病併發症，包括抑鬱症、焦慮障礙和物質濫用，促進復元人士適應生活及在社交及心理的康復。

思覺失調服務計劃

「思覺失調服務計劃」是一個針對思覺失調復元人士而設的服務計劃。復元人士若得不到及早和適切的治療，將會對他們的心理、生理及社交各方面造成長遠的影響。計劃除了會透過大眾傳媒做一連串的健康教育推廣，使全港市民認識思覺失調的情況及徵狀外，還會提供一站式及開放式的服務，令求診者可以在合適的環境下，盡早得到評估及治療。公眾需要明白什麼是思覺失調，才能識別其徵狀，從而協助到身邊的照顧者、家人、同事、朋友作出轉介。因此思覺失調服務計劃的其中一環十分着重廣泛公眾教育，使大眾明白思覺失調是什麼，懂得識別及如何協助轉介及早治療的重要性。

此計劃除個案經理為期三年的個案跟進外，並設有支援照顧者活動、朋輩支援活動、門診及住院服務，還會舉行其他治療小組、公眾教育和科研活動。

完成思覺失調服務計劃後，主診醫生會按照復元人士的需要而轉介至社區精神科服務。

社區精神科服務涵蓋三層服務模式，包括社區專案組、個案復康支援計劃和精神科社康服務。透過跨專業、跨社區協作，為市民建立完善的精神科服務網絡，為復元人士及照顧者制定一站式的、全面的、社區化的復康計劃。醫院致力推行「復元」模式，不同的服務單位會與復元人士及其照顧者共同制訂適切的復元計劃，全面照顧患者身、心、社、靈的需要，讓他們在復元過程中再次啟動生命的力量，克服或適應病症所帶來的問題，培養盼望，融入社區，重建生活。

社區精神科服務採用個案管理模式，由跨專業醫療團隊照顧有不同程度風險和需要的復元人士，促進他們在社區中復元。此服務已覆蓋全港醫管局七個聯網（包括港島東、港島西、九龍中、九龍東、九龍西、新界東和新界西），而個案復康支援計劃和精神科社康服務則以地區劃分。

圖15.1 思覺失調服務計劃的內容

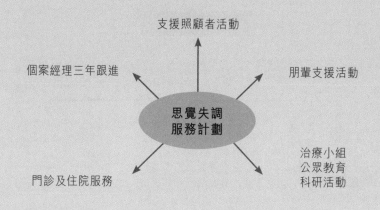

　　社區專案組主要為高風險和有甚複雜需要的復元人士提供密切的社區照顧，包括危機干預和社區精神治療，以減低精神病造成的風險和傷害。

　　個案復康支援計劃的主要服務對象是經常復發及有重大社會心理需要的嚴重精神病復元人士，支援計劃會為他們提供個人化照顧，使其精神健康和社會心理需要得到支援，目標是促進患者融入社會和復元與地區內的社區夥伴協作，為有需要人士服務。

　　精神科社康服務的主要服務對象為需要支持的精神病復元人士，使其保持精神狀況穩定，並促進其在社區生活的能力提供支援，避免不必要的住院治療，從而融入社區生活。

個案復康支援計劃

　　2011年，醫管局投放資源於推行個人化、長期性、以復元為概念的社區支援模式。患有嚴重精神病的人是有可能復發的長期殘疾（醫院管理局、社會

圖15.2 社區精神科服務的三種服務

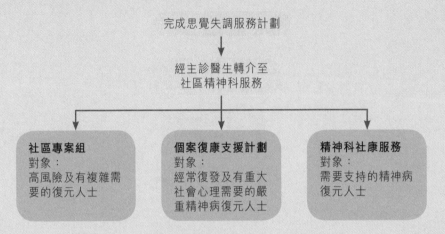

福利署，2016），「個案復康支援計劃」的產生就是為嚴重精神病的復元人士
提供更加個人化的護理，因應病人的康復需求、優勢、願望和生活方式，在
個案經理和復元人士進行討論下共同決策的復元計劃。因此，「個案復康支
援計劃」的主要目的，是以個人化的個案管理方法，為病人及護理人士提供
更多的社區支援和照顧，增強和社區夥伴（包括社會福利署、房屋署、警務
處）的協作以促進社區重整和加強復元人士的康復。

　　個案經理負責為復元人士提供不少於一年的家訪和外展服務，協助復
元人士融入社區和提供家屬支援。個案管理模式，是指從復元人士出院的安
排以至社區的支援，均由一位指定的個案經理負責，他會為服務使用者提供
全方位的服務，又會與服務使用者建立緊密的關係，透過定期接觸，深入了
解個案的康復進度和需要，並根據情況制訂個人化的護理計劃，如協助學習
生活技能、情緒控制技巧等。此外，個案經理會支援和輔導服務使用者的家
人，提供適切的服務，包括教導一些溝通方法，以及針對疾病的徵狀，建議
簡單的處理方法等。

個案經理會因應復元人士的情況為他們安排合適的社區服務，特別是社會福利署設立的「精神健康綜合社區中心」提供的服務，照顧復元人士的社會需要。該計劃的服務內容包括：定期家訪、電話聯繫、個人及家庭輔導、協助建立個人生活技能訓練（例如個人自理、情緒控制技巧、壓力調適管理）、藥物認知、求職面試、工作技巧訓練等全人服務。此外，個案經理還提供公眾精神健康教育，與「綜合精神健康中心」的同工作個案討論和舉辦社區活動，以促進復元人士融入社區。

精神健康專線

另外，社區精神科服務已擴展至電話延續關顧服務，由個案經理轉介至「精神健康專線」，提供一般為期六個月至一年的服務，關懷服務使用者及其家屬，並且跟進治療進展。精神科護士會主動跟進復元人士，協助他們進一步適應社區，如遇緊急情況，亦可提供即時的協助。此外，「精神健康專線」已分階段在各聯網提供缺診者跟進服務，有關服務現時已覆蓋大部分的精神科專科門診，主動跟進缺診的復元人士，並為他們補辦覆診日期。

此外，醫管局明白到復元人士、家屬和市民可能在不同時間（非辦公時間）也需要協助，因此在2012年設立「精神健康專線」（電話：2466 7350），進一步加強社區支援。透過精神科護士的專業知識，結合資訊科技、通訊和臨床資料的系統，更有效為市民提供精神科服務的諮詢要求。

該熱線24小時運作，是由專業精神科護士接聽的精神健康熱線，為復元人士、照顧者、相關持份者及市民提供與精神健康相關之專業意見及支援，並安排適時的轉介服務。護士除了可在電話支援市民，亦能通過局方的電子醫療病歷紀錄取得病人最新的病歷，並按指引作初步評估及建議。

精神科專科門診

　　除了精神科社康服務外，醫管局亦會為市民作進一步精神科專科門診跟進，為19歲至65歲有需要的復元人士提供方便和全面的精神科專業診斷及復康服務，醫療團隊包括精神科醫生、精神科護士、職業治療師、臨床心理學家和醫務社工。服務範圍則包括診症、治療、檢查及復康服務，服務地點除了精神科門診部、精神健康診所、兒童身心全面發展服務診所外，還有護士診所、日間醫院、朋輩支援服務、病人互助小組、家屬互助小組和家屬資源中心。

(1) **精神科護士診所（失眠）**：於2011年經醫管局認證後正式於西九龍精神科中心成立，目的是透過精神科資深護師的專業評估，從而提供全面的非藥物治理方案，協助受失眠困擾的人士改善其睡眠質素。

(2) **日間醫院**：為康復者提供康復訓練，加強康復者的工作能力、生活技能、社交技巧、社區認知和對藥物認識的能力，更會以會所模式提供職業訓練，此服務需由主診醫生作出轉介。

(3) **病人互助小組**：目的是推動復元人士的互動和關愛精神，推廣精神健康和社區教育，從講座、定期聚會、聯誼活動中增強自我價值並提升復康者使用社區醫療的能力。

(4) **家屬互助小組**：為照顧者舉辦定期的座談會和工作坊，提升照顧技巧和舒緩壓力，讓同路人互助互動。

(5) **家屬資源中心**：鼓勵使用者積極參與多元化的精神健康活動，包括「關懷家屬工作坊」、「認知障礙工作」、「情神健康急救課程」、「活得樂觀小組」、「知己知彼，抑鬱不再」小組和其他專題講座。

(6) **兒童身心全面發展服務診所**：為區內患產後抑鬱和受到情緒困擾的母親，提供適切的藥物和心理治療。當精神科護士在母嬰健康院進行評估時發現產後抑鬱症的婦女，便會直接轉介以上診所讓精神科醫生提供進一步治療。

(7) **精神健康診所**：為非緊急類別和常見精神障礙的病人提供更快捷的診治安排。精神科護士、職業治療師會先後作出詳細評估，再由精神科醫生提供診治。其間會因應病人的個人需要而轉介至臨床心理學家、精神科護士或職業治療師，提供綜合心理治療服務。

由於醫管局之精神科門診需由註冊西醫轉介，所以，當遇到緊急情況，就要到就近急症室處理，並由醫管局之「諮詢會診精神科服務」的精神科醫生或護士進行初步評估。

「諮詢會診精神科服務」的成員包括精神科醫生、臨床心理學家及精神科護士，讓患有身心問題、心理障礙、出現精神及行為異常人士得到適切治療和護理，從而減少不必要的精神科住院服務。該服務接受聯網醫院病房及急病室轉介，為一般出現短暫心理障礙的住院和求診的復元人士作詳細評估，給予藥物治療、安排住院服務或轉介門診服務。

由2007年10月開始，多位精神科資深護師已於聯網醫院增設的急症室病房當值，協助評估和護理情緒或精神有問題之復元人士。此服務已擴展至瑪嘉烈醫院、明愛醫院、仁濟醫院、廣華醫院和北大嶼山醫院。

醫管局亦提供精神科住院服務，賴以安全、現代化及適切的治療環境，跨專業團隊會因應復元人士的情況，作出觀察、評估及診斷，從而制訂適切的、個人化的復康計劃。當復元人士經治療後，病情便穩定下來，醫護團隊便因應病患者的情況安排出院及適切的跟進服務。

毅置安居服務計劃

醫管局於2001年推出「毅置安居服務計劃」（下稱：毅置居），提早讓需要延展護理的精神科早日融入社區（涉及的三所醫院包括青山醫院，葵涌醫院和東區尤德夫人那打素醫院），將空置的醫院宿舍改建為家庭式的環境，為有複雜需要的、有需要在醫院逗留更長時間的慢性復元人士提供更緊密的康復

訓練。該計劃為復元人士提供住院服務，以復元概念為本，由跨職系的醫護團隊和復元人士共同商討並制訂個人化的復元計劃。毅置居的家居環境令復元人士可發展獨立生活的能力。毅置居提供多元化的復元活動及緊密的自理訓練，讓長期住院的復元人士能重新建立自我照顧的能力，以及在朋輩支援下自我主導，尋找自己的人生目標及希望，邁向個人的復元旅程，重投社區生活。

醫院內的復康活動治療中心務求促進復元人士發揮潛能、克服障礙和重過有意義的希望人生。此外，我們亦致力協助復元人士與照顧者及社區夥伴建立一個有效的支援網絡，陪伴復元人士邁向復康旅程。

醫管局所提供的一站式精神科服務，在於預防（精神健康教育）、及早治療（及早介入和適切轉介）、減少復發（個案跟進）。透過全人服務，幫助復元人士在身、心、社交及工作上能達到理想的水平，克服或適應病患所引致的障礙，重返社區生活。

社區資源問與答

問題1：「思覺失調」服務計劃有沒有查詢電話？

　答：2928 3283可提供查詢及即時轉介服務。

問題2：我希望我的家人有個案經理跟進，可以怎樣做？

　答：照顧者可以到復元人士所屬的門診向主診醫生提出，醫生會根據個案的需要和風險評估而作出轉介。

問題3：如果我的家人還未到期覆診，但又有復發跡象，可以怎辦？

　答：可聯絡個案經理、精神科門診職員、「精神健康專線」或「綜合精神健康中心」，詢問有關提早覆診、病徵管理或進行風險評估的安排。

醫管局轄下聯網醫院設有的成人精神科門診包括：

地區	成人精神科門診位置
香港	• 西營盤：戴麟趾康復中心 • 柴灣：東區尤德夫人那打素醫院
九龍	• 深水埗：明愛醫院 • 鑽石山：東九龍精神科中心 • 亞皆老街：九龍醫院 • 荔枝角：西九龍精神科中心（位於瑪嘉烈醫院專科門診部） • 觀塘：容鳳書紀念中心
新界	• 大埔：雅麗氏何妙齡那打素醫院 • 沙田：威爾斯親王醫院 • 上水：北區醫院 • 屯門：屯門精神健康中心

問題4：我今年35歲了，倘若我已獲得一封由香港註冊西醫提供的轉介信，建議我到醫管局成人精神科門診排期，可以怎辦？

答：醫管局會為市民作進一步精神科專科跟進，包括診症、治療、檢查及復康服務，市民須帶同以下文件/資料到精神科專科門診診所作新症預約，包括：

- 香港身份證（或有效身份證明文件）；
- 本地註冊醫生在最近三個月內簽發的醫生轉介信及住址資料。

問題5：現時一個新的轉介需要等候多久？

答：根據醫院管理局顯示（醫院管理局，2019），精神科門診新症輪候時間（2016年10月1日至2017年9月30日）。以九龍西聯網為例，緊急新症的

輪候時間為少於一星期，半緊急新症為三星期，穩定新症為75星期。（以上資料只供參考，精神科門診部的醫護人員會因應復元人士的病況而決定復元人士在專科門診就診的先後緩急。復元人士如在輪候專科門診服務期間出現緊急情況，應立即到就近急症室求診。）

問題6： 醫管局還有什麼服務提供予其他有情緒需要和年齡層面的人士？

答： 除了以上的成人精神科和思覺失調組外，醫管局亦設有兒童及青少年精神科、老人精神科、精神科智力障礙組、酗酒診療所和物質濫用診療所，為不同年齡和需要的市民服務。

社區精神康復服務資源

對不幸患上精神病的人士而言，復元不單是回復穩定的精神狀況或是徵狀消失，而且還應包括復元人士能重新適應其社會角色及重投社會生活。因此，復元人士及其照顧者除了要認識醫療的資源外，還需了解不同的社區康復服務資源，方能使復元人士在復元的路上獲得最大的效益。筆者嘗試在這個章節中為大家整理香港現有的社區康復服務資源，讓大家能因應各自的需要而有所參考。

香港現時為精神病復元人士提供的社區康復服務主要由社會福利署以直接津助的形式，交由非政府機構所提供。概括而言，這些服務的目標旨在協助復元人士在其復元路上的限制下，發展其自身的強項，重建自信和確立自己的復元目標，以致最終能能重新融入社會生活。現時香港的社區康復服務大致可分為社區支援服務、職業康復服務、住宿服務及其他服務。以下將為大家介紹各項服務的內容、服務對象、申請和聯絡方法：

社區支援服務

精神健康綜合社區中心

　　社會福利署自2010年10月起於全港各區開設精神健康綜合社區中心，目的是加強對復元人士提供的支援，並且協助他們盡早融入社區生活。中心的服務是為有需要的復元人士、懷疑有精神健康問題的人士、他們的家人/照顧者及居住當區的居民，提供由及早預防以至危機管理的一站式、地區為本和便捷的社區支援及康復服務。

精神健康綜合社區中心概況	
服務內容	為會員提供偶到服務、外展服務、個案輔導工作/治療及支援小組等：
	• 組織互助網絡服務，包括社交及康樂活動、關愛探訪等
	• 為會員提供日間職業治療服務及外展職業治療服務
	• 為會員提供朋輩支援服務
	• 為家屬/照顧者提供支援及小組服務
	• 舉辦教育活動，加強社區人士對精神健康的認識
	• 轉介有需要的個案至醫管局的服務，以接受臨床評估及精神科專科治療等
服務對象	只限於居住在當區的居民。包括：
	• 15歲或以上的復元人士
	• 15歲或以上懷疑有精神健康問題的人士
	• 上述人士的家屬或照顧者
	• 有意進一步認識或改善精神健康的居民
申請方法	• 自行向中心申請服務
	• 或經由醫生、社工、輔助醫療人員或政府部門轉介

服務機構及聯絡方法

服務區域	機構名稱	電話號碼
中西南區	扶康會	2518 3880
	東華三院	2814 2837
離島區	新生精神康復會	2363 5718
東區	浸信會愛群社會服務處	2967 0902
	利民會	2505 4287
灣仔	浸信會愛群社會服務處	3413 1641
黃大仙	利民會	2322 3794
觀塘	香港心理衞生會	2346 3798
將軍澳(南)	基督教家庭服務中心	3521 1611
西貢及將軍澳(北)	香港神託會	2633 3117
九龍城	香港善導會	2332 5332
油尖旺	新生精神康復會	2977 8900
深水埗	新生精神康復會	2319 2103
荃灣	香港明愛	3105 5337
葵青	浸信會愛群社會服務處	2434 4569
葵涌	新生精神康復會	2652 1868
沙田	香港神託會	2645 1263
	新生精神康復會	3552 5460
大埔	香港心理衞生會	2651 8132
北區	香港明愛	2278 1016
元朗	香港善導會	3163 2873
	新生精神康復會	2451 4369
屯門	新生精神康復會	2450 2172
	安泰軒(新生精神康復會)	2450 2172
	香港聖公會福利協會有限公司	2465 3210

以上資料截至2019年5月，資料內容不定時更新，詳情可參考社會福利處網站：http://swd. gov.hk/tc/index/

護航復元：思覺失調的療癒

日間訓練或職業康復服務

庇護工場

　　透過特別設計的訓練環境，為因殘疾而未能在公開市場就業的人士提供合適的職業及生活技能訓練，讓他們可以盡量發展社交、經濟及個人潛能。同時，增強他們的工作能力，讓他們有機會轉往輔助就業或在公開市場就業。

庇護工場概況	
服務內容	培養學員的工作習慣： ● 為學員提供可賺取訓練津貼的工作技能訓練（訓練津貼一般按學員所接受的工作訓練類別及參與程度計算） ● 持續評估學員的進度 ● 舉辦活動以配合學員的發展及社交需要
服務對象	15歲或以上、具基本自理及工作能力的殘疾人士
申請方法	可經學校社工、醫務社工、家庭個案工作員或康復服務單位的職員轉介至社署康復服務中央轉介系統申請
服務機構及聯絡方法	可向社署康復及醫務社會服務科查詢（2892 5156或2892 5147），亦可瀏覽社會福利署網頁www.swd.gov.hk

第15章　醫院與社區資源

輔助就業

輔助就業服務為殘疾人士提供就業支援，以便在共融的公開環境中工作。

輔助就業概況	
服務內容	包括安排就業，提供職業分析及就業選配： • 提供支援服務，包括與就業有關的技能訓練、在職訓練和督導，以及向各學員、其家屬及僱主提供與職業有關的輔導及意見 • 為學員提供切合實際需要的支援服務 • 為學員提供可賺取訓練津貼的工作技能訓練
服務對象	• 15歲或以上、工作能力介乎庇護工場與無需支援而可公開就業之間的中度殘疾人士 • 或在缺乏支援的情況下無法適應公開競爭的職業市場，但有良好工作能力的復元人士
申請方法	直接向服務機構申請服務，或經社會福利署康復服務中央轉介系統轉介
服務機構及聯絡方法	可向社署康復及醫務社會服務科查詢（2892 5156或2892 5147），亦可瀏覽社會福利署網頁www.swd.gov.hk

綜合職業康復服務中心

綜合職業康復服務中心透過特別設計的訓練環境，顧及殘疾人士的限制，為他們提供一站式綜合而連貫的職業康復服務，讓他們接受工作訓練，發展社交技巧和經濟潛能，完成更進一步的職業康復培訓，為日後投身公開就業市場作好準備。

綜合職業康復服務中心概況

服務內容	包括安排就業、就業選配、在職督導及持續支援： • 提供在職培訓，包括就業見習、在職試用及就業後跟進服務 • 提供再培訓及其他職業訓練服務 • 為學員提供可賺取訓練津貼的工作技能訓練
服務對象	15歲或以上、需要職業訓練或支援以便在公開市場就業的殘疾人士
申請方法	• 可經學校社工、醫務社工、家庭個案工作員或康復服務單位的職員轉介至社會福利署康復服務中央轉介系統 • 轉介者或申請人亦可直接向服務機構提出申請
服務機構及聯絡方法	可向社署康復及醫務社會服務科查詢（2892 5156或2892 5147），亦可瀏覽社會福利署網頁www.swd.gov.hk

綜合職業訓練中心

　　為殘疾人士提供全面有系統的職業技能訓練，以助他們投身公開就業市場及發展其優勢。

綜合職業訓練中心概況	
服務內容	包括提供技能訓練、再培訓及輔助就業等服務，以協助學員發展職業技能及培養良好的工作習慣： • 安排就業見習，讓學員在實際工作環境中獲取及應用就業技能 • 為學員提供可賺取訓練津貼的工作技能訓練 • 安排職業分析及就業選配 • 提供多元性的生活技能訓練及活動
服務對象	15歲或以上、需要職業訓練或支援以便在公開市場就業的殘疾人士
申請方法	直接向服務單位提出申請或由服務機構轉介申請
服務機構及聯絡方法	可向社署康復及醫務社會服務科查詢(2892 5156或2892 5147)，亦可瀏覽社會福利署網頁www.swd.gov.hk

殘疾人士在職培訓計劃

透過積極主動的培訓，加強殘疾人士的就業能力；並透過提供工資補助金，鼓勵僱主為殘疾人士提供職位空缺，讓僱主試用這些殘疾人士，以了解其工作能力。

殘疾人士在職培訓計劃概況	
服務內容	服務機構會因應參加者的就業需要而提供工作相關的培訓及輔導服務：
	• 服務機構會為參加者安排為期最長三個月的見習。參加者如出勤率符合要求，便會獲發每月2,000元的見習津貼。完成見習後，服務機構會協助他們在公開市場尋找合適工作或在職試用職位
	• 僱主可透過在職試用計劃試用參加者，以了解其工作能力。在試用期間，僱主可獲發最多六個月的補助金，金額為每位參加者每月實得工資的一半，上限為4,000元，兩者以金額較少者為準。
	• 服務機構會向每位找到工作的參加者提供不少於六個月的跟進服務，以協助他們盡快適應工作
服務對象	• 殘疾人士及轉介者可直接聯絡服務機構，由服務機構為其進行評估
	• 僱主如有意提供職位空缺，可直接聯絡服務機構，服務機構會物色最合適的求職者給僱主考慮
申請方法	直接向服務單位提出申請或由服務機構轉介申請
服務機構及聯絡方法	可向社署康復及醫務社會服務科查詢（2892 5156或2892 5147），亦可瀏覽社會福利署網頁www.swd.gov.hk

創業展才能計劃

透過以市場導向為主的方式，直接為殘疾人士創造更多就業機會，以改善殘疾人士的就業情況。創業展才能計劃透過撥款資助作為起動基金，協助非政府機構開設小型企業/業務，確保殘疾人士可在一個經細心安排而且氣氛融洽的工作環境中真正就業。有興趣人士可於社會福利署網頁下載相關指引及表格（www.swd.gov.hk）。

職業康復延展計劃

此計劃目的是為因年老或工作能力衰退而無法繼續日常工作訓練的庇護工場或綜合職業康復服務中心學員提供服務。

職業康復延展計劃概況	
服務內容	包括維持工作能力的活動、社康及發展性節目及滿足學員健康及身體需要的照顧服務
服務對象	• 40歲或以上的庇護工場/綜合職業康復服務中心學員（60歲以上學員無須接受評估；40–59歲學員須接受職業/物理治療師的職業評估） • 因年老或工作能力衰退而需要職業康復訓練以外的服務
申請方法	由提供職業康復延展計劃的中心直接收納個案
服務機構及聯絡方法	可向社署康復及醫務社會服務科查詢（2892 5156或2892 5147），亦可瀏覽社會福利署網頁www.swd.gov.hk

「陽光路上」培訓計劃

計劃透過積極主動的培訓，加強殘疾或出現精神病早期徵狀的青少年的就業能力，以及透過提供工資補助金，鼓勵僱主（特別是未僱用過殘疾青少年的僱主）為殘疾或出現精神病早期徵狀的青少年提供職位空缺，讓僱主試用這些青少年，以了解其工作能力。

「陽光路上」培訓計劃概況

服務內容	服務機構會因應參加者的就業需要提供工作相關指導和輔導服務：
	• 為每位參加者提供180小時的就業培訓，有關培訓可涵蓋個人及社交技巧、職場導向、工作技能培訓等
	• 為每位參加者安排為期最長三個月的見習工作。在見習期內，參加者如出勤率符合要求，便可獲發每月2,000元的見習津貼。完成見習後，服務機構會協助他們在公開市場尋找合適工作或在職試用職位
	• 僱主可透過在職試用計劃試用參加者，以了解其工作能力。在試用期間，僱主可獲發最多六個月的補助金，金額為每位參加者每月實得工資的一半，上限為4,000元，兩者以金額較少者為準
服務對象	殘疾青少年或經精神科醫生診斷為出現精神病早期徵狀的青少年，年齡須介乎15至29歲，而且有需要接受就業培訓、見習及支援，才可在公開市場就業
申請方法	• 殘疾青少年及轉介者可直接聯絡服務機構，由服務機構為其進行評估
	• 僱主如有意提供職位空缺，可直接聯絡服務機構，服務機構會物色最合適的求職者給僱主考慮
服務機構及聯絡方法	可向社署康復及醫務社會服務科查詢（2892 5156或2892 5147），亦可瀏覽社會福利署網頁www.swd.gov.hk

(1) 輔助宿舍

為有能力過半獨立生活的復元人士而設，讓他們無須居住於生活較為團體化和規律化的中途宿舍，以便日後重返社區生活。

輔助宿舍概況	
服務內容	• 提供家庭式的住宿服務和膳食服務（部分機構或不提供膳食服務） • 職員會在日常生活上提供有限度的協助
服務對象	申請人為復元人士並須符合以下條件： • 年滿15歲或以上 • 能夠過半獨立生活，即有自我照顧能力，但在煮食或洗滌等家務，或購物等社區生活活動方面，需要某程度的輔導/協助 • 目前正以某種形式就業或接受日間訓練 • 身體和精神狀況都適合過群體生活 • 身體健康，沒有患上傳染病，亦沒有濫用藥物/酗酒
收費	• 50%殘疾成人，每月$53 • 100%殘疾成人或領取傷殘津貼者，每月$932 • 以上收費按社會福利署規定會作周期性調整
申請方法	• 可經由社工及康復服務單位的工作人員轉介至社署康復服務中央轉介系統申請有關服務 • 現時亦有部分非政府機構提供自負盈虧的輔助宿舍服務，申請人可直接向機構查詢申請手續，無需中央轉介。收費詳情請向服務機構查詢
服務機構及聯絡方法	可向社署康復及醫務社會服務科查詢（2892 5156或2892 5147），亦可瀏覽社會福利署網頁www.swd.gov.hk

(2) 中途宿舍

為復元人士提供過渡時期的住宿照顧，幫助他們提升獨立生活的能力，以助日後得以重新融入社會獨立生活。

中途宿舍概況	
服務內容	• 提供住宿及膳食服務 • 宿舍社工和精神科護士會為復元人士提供輔導、生活和工作訓練 • 提供康樂活動 • 宿舍職員會指導復元人士依時服藥和覆診
服務對象	申請人為復元人士，並須符合以下條件： • 15歲或以上 • 精神狀況穩定，身體健康，無患上傳染病，也沒有酗酒或濫用藥物 • 具有一定的工作能力和有意在公開市場就業 • 能夠自我照顧；並能與其他人和睦相處 • 其中的特建中途宿舍接受「緊密跟進組別」：包括有嚴重犯罪案底，暴力行為或傾向的復元人士
收費	• 每月租金連膳食收費為$1,171 • 以上收費按社會福利署規定會作周期性調整
申請方法	可經由社工及康復服務單位的工作人員轉介至社署康復服務中央轉介系統申請有關服務
服務機構及聯絡方法	可向社署康復及醫務社會服務科查詢（2892 5156或2892 5147），亦可瀏覽社會福利署網頁www.swd.gov.hk

(3) 長期護理院

為精神狀況穩定、但仍需護理服務的長期精神病患者提供住宿照顧。

長期護理院概況	
服務內容	<ul><li>住宿及膳食服務</li><li>訓練計劃，讓舍友學習家居照顧、社交技巧</li><li>輔導及康樂活動，院舍職員亦會指導舍友依時服藥</li><li>職業治療服務</li></ul>
服務對象	申請人為長期精神病患者，並須符合以下條件：<ul><li>15歲或以上</li><li>精神狀況穩定，無需即時藥物治療或護理</li><li>精神狀況令患者需要長期住院服務</li><li>五年內沒有暴力傾向</li><li>無感染傳染病、酗酒或毒癮</li><li>獲醫院個案會議推薦入住</li></ul>
收費	<ul><li>50%殘疾成人，每月$1,605</li><li>100%殘疾成人或領取傷殘津貼者，每月$1,813</li><li>以上收費按社會福利署規定會作周期性調整</li></ul>
申請方法	可經由社工及康復服務單位的工作人員轉介至社會福利署康復服務中央轉介系統。
服務機構及聯絡方法	可向社署康復及醫務社會服務科查詢（2892 5156或2892 5147），亦可瀏覽社會福利署網頁www.swd.gov.hk

護航復元：思覺失調的療癒

(4) 體恤安置服務

體恤安置服務是一項房屋援助計劃，目的是為有真正及迫切的房屋需要、而沒有能力自行解決的個人或家庭提供房屋援助。復元人士可以與個別關係較佳的家人或親戚，甚至獨自向社會福利署申請體恤安置，入住公屋單位。一般來說，康復者需要得到主診醫生、醫務社工或中途宿舍的社工推薦，才可轉介到社會福利署申請。

其他服務

(1) 家屬資源中心

資源中心提供一個集中的地點，讓有類似問題的復元人士的家屬/照顧者可交流經驗，並在中心職員的協助下互相幫助。透過這項服務，可讓精神病康復者的家屬及其他家庭成員/照顧者更加認識及接納復元人士，且增強整個家庭的功能，使家屬/照顧者能夠應付在照顧復元人士時所遇到的壓力及困難。

家屬資源中心概況	
服務內容	為家屬/照顧者提供精神支持和實際意見，協助家屬解決困難 • 提供支援服務，包括個別、小組及大型活動 • 提供相關的資源資料 • 推行社區教育活動
服務對象	復元人士的家屬/照顧者
申請方法	直接向家屬資源中心申請
服務機構及聯絡方法	可向社署康復及醫務社會服務科查詢（2892 5156或2892 5147），亦可瀏覽社會福利署網頁www.swd.gov.hk

機構	地址	電話號碼
浸會愛群社會服務處精神康復者家屬資源及服務中心	九龍彩虹邨彩葉樓C翼地下	2560 0651
基督教愛協團契有限公司	九龍長沙灣青山道244號達明大廈2字樓	2958 1770

(2) 病人自助組織

　　由復元人士、家屬、親友或關心康復者人士組成，他們的共同目的是促進復元人士或家屬的互助精神，彼此協助融入社會，共同爭取社會權益；以及透過社區活動，促進市民接納復元人士和增加市民對精神病的認識。

病人自助組織概況	
服務內容	• 電話諮詢 • 個人輔導及支援性小組 • 講座 • 會員通訊 • 文字、影音資料借用等
服務對象	復元人士的家屬/照顧者
申請方法	直接向任何一間殘疾人士家長/親屬資源中心申請成為會員

服務機構及聯絡方法

機構	地址	聯絡電話
恆康互助社	油麻地眾坊街60號 梁顯利油麻地社區中心地下G0室	2332 2759
	新界天水圍中心	6777 9687
康和互助社聯會	九龍石硤尾南山邨南逸樓 3–10號地下	3586 0567 6826 0728
基督教愛協團契	九龍長沙灣青山道244號 達明大廈2字樓	2958 1770
香港精神健康 家屬協會	九龍中央郵箱72368號	9093 7240 5606 7551
香港精神復康者聯盟	九龍石硤尾南山邨 南逸樓3–10號地下 自助組織發展中心	3586 0567 3586 0569
香港家連家 精神健康倡導協會	九龍油麻地新填地街288–290號 美嘉商業大廈7字樓	2144 7244

（欲查詢更多有關病人組織資料，可以瀏覽「智友站」：www.21.ha.org.hk）

(3) 朋輩支援工作員

朋輩支援工作員是由經過培訓的精神復元人士，以「過來人」的身份與其他復元人士同行，藉分享個人復元經驗及對朋輩的日常關顧，促進彼此的復元。朋輩支援工作員又會透過不同形式的公眾教育活動，加強公眾人士對精神復元人士的認識與接納程度。有關服務可向各區的精神健綜合社區中心查詢。

(4) 電話熱線及手機應用程式

4.1　電話熱線

機構	熱線電話	備註
醫院管理局精神科熱線	2466 7350	精神科健康問題，由精神科護士接聽，可協助危機處理或緊急求助。
社會福利署熱線	2343 2255	各項服務查詢
醫院管理局思覺失調服務計劃	2928 3283	「思覺失調」查詢及轉介熱線
東華三院芷若園	18281	24小時危機熱線
明愛向晴軒	18288	家庭危機支援熱線

　　除以上電話熱線外，部分非政府機構亦設有很多不同的電話熱線服務，難以詳錄，有需要人士可下載香港社會服務聯會的手機程式——「社會服務熱線總覽」查閱。

4.2　手機應用程式

程式名稱	所屬機構	內容	支援系統
輔負得正	香港心理衛生會	提供心理健康遊戲、各種精神健康問題資訊、壓力、抑鬱、焦慮等測試，以及線上輔導服務	Google Play App Store
社會服務熱線總覽	香港社會服務聯會	提供手機版及網上版的熱線資料，內容包括有關服務、服務時間、聯繫方式、電話、電郵、網址等	Google Play

減壓情識	青山醫院精神健康學院	了解個人情緒，鼓勵正向思維，教授如何更有效地應付生活上的壓力，生活過得開心一點	App Store
焦積家庭	香港家連家精神健康倡導協會	提供遊戲、情緒健康的資訊內容、自我測試問卷及紀錄、由醫生提供的情緒健康貼士等。提升大眾對情緒問題、特別是經常焦慮症的認識及關注	App Store
精神健康達人	浸信會愛群社會服務處	提供壓力、抑鬱、焦慮等測試，並提供有關焦慮症、思覺失調、情緒病等精神問題；並提供真人發聲鬆弛練習	Google Play App Store
病人組織一覽	醫院管理局	詳列各類病人自助組織資料，鼓勵自助	Google Play App Store
Radio-i-care 友心情	東華三院	網上電台提供精神健康和減壓資訊	Google Play App Store
Mental Health First Aid	精神健康急救國際	介紹世界各地精神健康急救課程及提供相關資訊	Google Play App Store

(5) 經濟援助

　　當事人如果有經濟困難，可向社會福利署轄下的社會保障分區辦事處申請綜合社會保障援助；康復者若獲得醫生的證明書，可申請傷殘津貼。另外，社署設有一項信託基金供康復者申請，以支付搬屋，購買家具等費用。

　　申請者須先向區內的家庭服務部或所屬的醫療單位內醫務社工申請，經有關的社工進行評估後，再轉介往各區所屬的社會保障部跟進及審批。

結語

　　總括而言，讀者可因應各自的需要參考以上的服務介紹。香港精神康復社區服務的覆蓋範圍雖然相當廣泛，但實質上各類服務的輪候時間相差卻十分之大，尤其是長期護理院和庇護工場服務，輪候時間可以是以年計算。讀者或會留意到筆者在首部分先介紹了精神健康綜合社區中心的服務，而且還列舉了詳細的聯絡方法，其實，筆者的用意是方便大家在遇上尋求或申請合適的康復服務的問題時，可直接到居住當區的中心查詢，中心的社工十分熟悉各類服務的內容、申請資格和手續、輪候時間等，相信能為讀者提供有用的資訊，甚或可直接提供支援和協助轉介。最後，隨着社會的進步和服務使用者需要的改變，有關的服務亦會有所改變，建議讀者可不時瀏覽社會福利署網頁（www.swd.gov.hk）以獲得最新的服務資訊。

護航復元：思覺失調的療癒

參考資料

醫院管理局。「思覺失調服務計劃」：http://www3.ha.org.hk/easy/chi/index.html

葵涌醫院網頁：http://kch.ha.org.hk/TC/default

醫院管理局網頁各精神科門診電話：www.ha.org.hk/visitor/ha_visitor_index.asp?Content_ID=10053&Lang=CHIB5&Ver=HTML

醫院管理局、社會福利署（2016）。〈香港成年嚴重精神病患者個人化復康支援服務框架〉。見醫院管理局網站：www.ha.org.hk/haho/ho/icp/Service_Framework_of_Personalised_Care_for_Adults_with_SMI_in_HK_TChi.pdf

醫院管理局（2019）。「專科門診」，載醫院管理局網站：www.ha.org.hk/visitor/ha_visitor_index.asp?Content_ID=10053&Lang=CHIB5&Dimension=100&Ver=HTML

鳴謝

　　本書出版獲得大學資助委員會研究局提供「為精神分裂症患者照顧者充能：對比家連家心理教育、團體敘事實踐小組和綜合型朋輩互助成長組的干預成效」UGC/FDS15/M01/15項目研究經費的資助。但本書觀點僅代表各位作者個人觀點，與資助單位無關。